光波工学の基礎

Fundamentals of Light Wave Engineering

井筒雅之　著

社団法人 電子情報通信学会編

序　文

　20世紀の最後の25年，光ディスクや光ファイバ通信など，光エレクトロニクス，フォトニクス技術が急速に発展し社会に浸透した．21世紀においても，これら情報通信分野はもとより，LED照明や太陽電池，加工などの分野も含め，光技術が活躍する場はますます拡大し，電気・電子・情報工学分野だけでなく，他の工学分野との結び付きを深めている．産業応用が広がるとともに，医学や生物学，理学，更には芸術分野などに活用される機会も増え，社会を支える上でなくてはならない基盤技術として，これからも，ますます重要性が大きくなるものと予想される．

　光エレクトロニクス，フォトニクスを支える基幹の一つは光波工学である．光波が電磁波としてどのように振る舞うのかを正しく把握しておくことが，様々な光デバイスやシステムの動作原理を理解する上で不可欠である．近年，計算機による電磁波シミュレーション技術が急速に発達し，ともすれば，光波の振舞いを深く考察する以前に，シミュレーションに頼ることも多い．しかし，光波利用の新しい着想を得たり，技術分野を切り開いていく上で，光波の振舞いを概念的に理解する力は極めて重要である．

　本書では，光波を電磁波として捉え，マクスウェルの方程式を前提として，平面波，スペクトル，回折，複屈折，導波現象などの基礎をまとめ，光波モードについて述べている．ただし，光波モードの変化や相互作用については他に譲ることとして，その前の段階，光波モードの概念の導入，までにとどめている．光波工学を修める上で，光波モードの変化や相互作用を理解することは極めて重要であり，本書は，まずそのための基礎を確かめるところに目標を置いている．読者には，電気系の大学卒業程度の知識を前提としている．大学院学生，あるいは，技術分野で活躍する社会人が，これらの基礎を確かめる際に役立てばと願っている．

2012年2月　　　　　　　　　　　　　　　　　　　　　　著　者

目　　次

第1章　電磁波としての光波

1.1　マクスウェルの方程式 …………………………………………… 1
1.2　波動の伝搬：平面波 ……………………………………………… 3
1.3　ポインティングベクトルと電力流 …………………………… 10
1.4　ポテンシャル ……………………………………………………… 13
1.5　偏　　　波 ………………………………………………………… 15

第2章　平面波の反射と透過

2.1　境界面への垂直入射 ……………………………………………… 20
2.2　斜 め 入 射 ………………………………………………………… 29

第3章　多層構造における反射と透過

3.1　波動インピーダンス ……………………………………………… 42
3.2　電圧伝達行列 ……………………………………………………… 49
3.3　散 乱 行 列 ………………………………………………………… 54

第4章　フーリエ解析

4.1　フーリエ変換 ……………………………………………………… 63
4.2　波形の標本化 ……………………………………………………… 70
4.3　離散フーリエ変換 ………………………………………………… 74

第5章 応答とスペクトル

- 5.1 インパルス応答 …………………………………… 80
- 5.2 因果律と分散関係式 ……………………………… 83
- 5.3 解析信号 …………………………………………… 87
- 5.4 位相速度と群速度 ………………………………… 91
- 5.5 干渉とコヒーレンス ……………………………… 95

第6章 光波と媒質

- 6.1 誘電分極 …………………………………………… 102
- 6.2 クラマース・クローニッヒの関係 ……………… 108
- 6.3 誘電損失と導電性 ………………………………… 110
- 6.4 磁気光学材料 ……………………………………… 111
- 6.5 左手系材料 ………………………………………… 116

第7章 複屈折

- 7.1 誘電率テンソル …………………………………… 122
- 7.2 複屈折性媒質中の平面波 ………………………… 126
- 7.3 屈折率楕円体 ……………………………………… 131
- 7.4 結晶の対称性と屈折率楕円体 …………………… 135

第8章 回折

- 8.1 回折波の平面波展開 ……………………………… 137
- 8.2 フレネル回折 ……………………………………… 142
- 8.3 レンズ ……………………………………………… 146
- 8.4 フラウンホーファー回折 ………………………… 153
- 8.5 近接界 ……………………………………………… 158

目　次　v

第9章　ビーム波

9.1　ガウスビーム ……………………………………………166
9.2　高次モード ………………………………………………171
9.3　ファブリペロー共振器 …………………………………177
9.4　$ABCD$ 行列 ………………………………………………184
9.5　モードマッチング ………………………………………188

第10章　光導波現象，導波モード

10.1　誘電体平面光導波路と導波モード …………………191
10.2　TE 導波モード …………………………………………194
10.3　TM 導波モード …………………………………………199
10.4　モードの直交性 ………………………………………201

第11章　放射モード，その他のモード

11.1　放射モード ……………………………………………205
11.2　表面波モード，遮断モード，漏洩波 ………………210
11.3　導波路材料とモード …………………………………217

第12章　種々の光導波路

12.1　チャネル光導波路 ……………………………………219
12.2　曲がり導波路 …………………………………………223
12.3　屈折率分布型光導波路 ………………………………232
12.4　多層光導波路 …………………………………………236

参 考 文 献 ……………………………………………………246
索　　　引 ……………………………………………………247

第 1 章

電磁波としての光波

　光の波動としての性質を理解する基礎として，本書ではマクスウェルの方程式を出発点とする．ガウスの法則やファラデーの法則，更にはアンペールの法則などから，マクスウェルの方程式を導くところまでは既に理解されているとし，また，ベクトルやテンソルの基本的な演算も説明なしに使用するので，これらに不明の点がある場合は他を参照することとする．この章では，まず，マクスウェルの方程式から電磁波の振舞いを解析する上で基礎となる波動方程式を導き，次に，波動方程式から最も基本的な波動である平面波を導くとともに電力流，偏波について議論している．

1.1　マクスウェルの方程式

　誘電率 ε [F/m]，透磁率 μ [H/m] をもつ媒質中の電磁界を考える．このとき，電界 E [V/m] と電束密度（電気変位）D [C/m^2]，磁界 H [A/m] と磁束密度 B [T] の間には，それぞれ，

$$D = \varepsilon E \tag{1.1a}$$
$$B = \mu H \tag{1.1b}$$

の関係がある．これらを，電磁界の構成方程式と呼ぶ．界を与える基本量，E と D，及び H と B が，物質定数，ε 及び μ，で結び付けられているので，(1.1) は，物質方程式と呼ばれることもある．

　E, D, 及び H, B はベクトル量であり，それぞれ，三つの直交する成

分(例えば,直角座標系ではx, y, zの3方向成分,円筒座標系ではr, ϕ, zの3方向成分)の組によって表される.以下ではベクトル量には$\boldsymbol{A}, \boldsymbol{X}$のようにボールド体を用い,各成分は$A_x, X_\phi$のように,添字によって表すこととする.また,これらの量が,位置的,時間的に変動している場合を扱うので,各ベクトルの方向成分は,それぞれ,三つの位置座標(直角座標系を例にとれば,x, y, z)と時間tの,四つの変数の関数として表される.例えば,電界のx方向成分は,$E_x(x, y, z, t)$,などと表記できる.

εやμは,媒質を特徴づける定数である.$\boldsymbol{D}$が$\boldsymbol{E}$と,$\boldsymbol{B}$が$\boldsymbol{H}$と,それぞれ,位置や方向に無関係に単純な比例関係にあるなら,εとμはスカラ定数である.場所によってε, μの値が変化する不均質媒質では,εやμは位置の関数として与えられる.また,それぞれの位置で,$\boldsymbol{E}, \boldsymbol{H}$の向きによって,$\boldsymbol{D}, \boldsymbol{B}$との比例の大きさが変化したり,$\boldsymbol{D}, \boldsymbol{B}$がそれぞれ$\boldsymbol{E}, \boldsymbol{H}$との平行からずれるような非等方媒質では,$\varepsilon$や$\mu$は2階のテンソル量となる(詳細は第7章で議論する).更に,εやμの値が,$\boldsymbol{E}$や$\boldsymbol{H}$の大きさによって変化する(あるいは,時間的に変化する)非線形媒質を扱う必要のある場合もある.

光波では,電界や磁界が時間的に振動しているが,時間変動のある電磁界では,$\boldsymbol{E}, \boldsymbol{D}, \boldsymbol{H}, \boldsymbol{B}$が,以下のマクスウェルの方程式によって互いに結び付けられる.

$$\operatorname{curl} \boldsymbol{H} = \boldsymbol{J} + \frac{\partial \boldsymbol{D}}{\partial t} \tag{1.2a}$$

$$\operatorname{curl} \boldsymbol{E} = -\frac{\partial \boldsymbol{B}}{\partial t} \tag{1.2b}$$

$$\operatorname{div} \boldsymbol{B} = 0 \tag{1.2c}$$

$$\operatorname{div} \boldsymbol{D} = -\rho \tag{1.2d}$$

ただし,$\boldsymbol{J}$ [A/m^2]は電流密度(ベクトル),ρ [C/m^3]は電荷密度である.(1.2a)は変位電流を含むアンペールの法則から,(1.2b)はファラデーの法則から導かれ,(1.2c), (1.2d)はそれぞれ磁荷,電荷に対するガウスの法則である.

光波を扱うので，特別の場合を除いて，静電界，静磁界を無視し，電磁界の時間変化分のみを考えればよいが，そのような場合には，(1.2c)，(1.2d) は (1.2a)，(1.2b)，及び，電流連続の式

$$\mathrm{div}\,\boldsymbol{J} = -\frac{\partial \rho}{\partial t} \tag{1.3}$$

から導出できる．

1.2 波動の伝搬：平面波

まず，最も基本となる，電流や電荷のない ($\boldsymbol{J}=0$, $\rho=0$)，等方で均質，線形な無損失媒質中における平面波を考える．先に述べたとおり，等方媒質では媒質の性質が方向によって違わないので，ε, μ はスカラ量，すなわち，$\boldsymbol{E}$ と $\boldsymbol{D}$, $\boldsymbol{H}$ と $\boldsymbol{B}$ はそれぞれ同じ方向にある平行なベクトルとなる．均質媒質では，媒質の性質が場所によって異なることがなく，ε と μ は空間座標によらない定数となる．また，線形媒質では，$\boldsymbol{D}$ と $\boldsymbol{B}$ がそれぞれ $\boldsymbol{E}$ と $\boldsymbol{H}$ に比例（比例定数がそれぞれ ε 及び μ）する．損失媒質については第6章で述べ，ここでは損失が無視できる（無損失の）場合を取り扱う．

このような場合，マクスウェルの方程式は以下のように書ける．

$$\mathrm{curl}\,\boldsymbol{H} = \varepsilon \frac{\partial \boldsymbol{E}}{\partial t} \tag{1.4a}$$

$$\mathrm{curl}\,\boldsymbol{E} = -\mu \frac{\partial \boldsymbol{H}}{\partial t} \tag{1.4b}$$

時間的に振動する電磁界を対象としているので，$\mathrm{div}\boldsymbol{B}=0$, $\mathrm{div}\boldsymbol{D}=0$ は，上の2式より自動的に導かれ，議論の対象から外すことができる．

平面波を取り扱うので，電磁界の時間的，空間的な変化は一つの方向のみと考える．この方向を直角座標系の z 軸にとり，x 及び y 方向には電磁界は一様で変化がないとする．すなわち，(1.4a)，(1.4b) において，$\partial/\partial x = \partial/\partial y = 0$ とおくことができるとする．(1.4a) より，

$$-\frac{\partial H_y}{\partial z} = \varepsilon \frac{\partial E_x}{\partial t} \tag{1.5a}$$

$$\frac{\partial H_x}{\partial z} = \varepsilon \frac{\partial E_y}{\partial t} \tag{1.5b}$$

$$0 = \varepsilon \frac{\partial E_z}{\partial t} \tag{1.5c}$$

また，(1.4b) より，

$$-\frac{\partial E_y}{\partial z} = -\mu \frac{\partial H_x}{\partial t} \tag{1.6a}$$

$$\frac{\partial E_x}{\partial z} = -\mu \frac{\partial H_y}{\partial t} \tag{1.6b}$$

$$0 = -\mu \frac{\partial H_z}{\partial t} \tag{1.6c}$$

(1.5c)，(1.6c) より，E_z，H_z（の時間的に変動する成分）は 0 であることが分かる．進行方向を縦方向，進行方向に垂直な面内にある方向を横方向と呼ぶが，平面波では，電磁界に縦方向成分がなく，横方向成分のみであることが分かる．また，(1.5a) と (1.6b) は E_x と H_y を，(1.5b) と (1.6a) は E_y と H_x を結び付けていて，E_x と H_y，E_y と H_x の組は互いに独立であることが分かる．それぞれの組で電界と磁界とは直交しているので，二つの組を足し合わせて得られる一般の状態でも，電界と磁界とは，進行方向に対して横方向にあり，かつ互いに直交している．二つの独立な組に本質的な違いはないので，以下では，E_x と H_y の組に対して議論を進めることとする（**図 1.1** 参照）．

(1.5a) と (1.6b) より，以下のように，E_x，H_y に対する波動方程式が得られる．

$$\frac{\partial^2 E_x}{\partial z^2} - \varepsilon\mu \frac{\partial^2 E_x}{\partial t^2} = 0 \tag{1.7a}$$

$$\frac{\partial^2 H_y}{\partial z^2} - \varepsilon\mu \frac{\partial^2 H_y}{\partial t^2} = 0 \tag{1.7b}$$

ここで，$\xi = t - \sqrt{\varepsilon\mu}\,z$，$\zeta = t + \sqrt{\varepsilon\mu}\,z$ の変数変換を行うと，両式は，それ

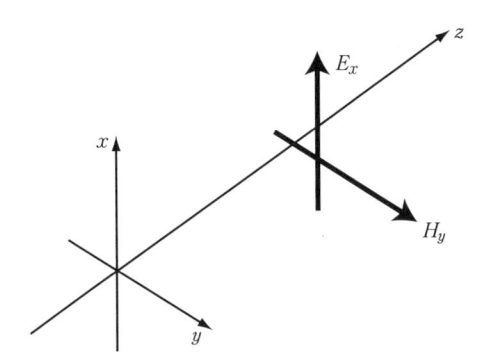

図 1.1 z 方向に進む平面波の電磁界
電界は x 方向,磁界は y 方向にあるとする.

ぞれ,以下のように変形される.

$$\frac{\partial^2 E_x}{\partial \xi \partial \zeta} = 0 \tag{1.8a}$$

$$\frac{\partial^2 H_y}{\partial \xi \partial \zeta} = 0 \tag{1.8b}$$

これより,E_x は,任意の関数 f, g を用いて,以下のように与えられることが分かる.

$$E_x = f(\xi) + g(\zeta) \tag{1.9a}$$

変数を z, t に戻すと,

$$E_x = f\left(t - \frac{z}{v}\right) + g\left(t + \frac{z}{v}\right) \tag{1.10a}$$

ただし,

$$v = \frac{1}{\sqrt{\varepsilon \mu}} \ [\mathrm{m/s}] \tag{1.11}$$

である.
一方,H_y は,E_x と同様に,任意の関数 f', g' を用いて,

$$H_y = f'(\xi) + g'(\zeta)$$

$$= f'\left(t - \frac{z}{v}\right) + g'\left(t + \frac{z}{v}\right) \tag{1.9b}$$

(1.5a), (1.6b) を用いると，

$$f' = (\varepsilon v)f = \frac{f}{\mu v} = \frac{f}{\eta} \tag{1.12a}$$

$$g' = -(\varepsilon v)g = -\frac{g}{\mu v} = -\frac{g}{\eta} \tag{1.12b}$$

ただし，

$$\eta = \sqrt{\frac{\mu}{\varepsilon}} \quad [\Omega] \tag{1.13}$$

であることが分かるので，H_y は，f, g を用いて，以下のように表される．

$$H_y = \frac{f\left(t - \frac{z}{v}\right) - g\left(t + \frac{z}{v}\right)}{\eta} \tag{1.10b}$$

$t-z/v$ が定数であれば $f(t-z/v)$ も一定値となるので，f は形を変えずに速度 v で $+z$ 方向に移動する波形を表していることが分かる．同じく g は $-z$ 方向に進行する．すなわち，v は電磁界の伝搬の速度（位相速度）である．f と g は一定の速度 v で互いに逆方向に進行する二つの進行波（$+z$ 方向に進む前進波：f と，$-z$ 方向に進む後退波：g）を表している．この様子を**図 1.2** に示している．

η は，媒質によって定まる電界と磁界の強度比で，固有インピーダンスと呼ばれる．回路理論で用いられる電圧と電流の比，インピーダンスに対応して，電磁界理論においては電界と磁界の比を波動インピーダンスと呼ぶ．この呼称に従って，固有インピーダンス η を，特性波動インピーダンスと呼ぶこともある．これにより，前進波の電界及び磁界，それぞれ $E_x{}^+$, $H_y{}^+$，後退波の電界及び磁界，それぞれ $E_x{}^-$, $H_y{}^-$，は，

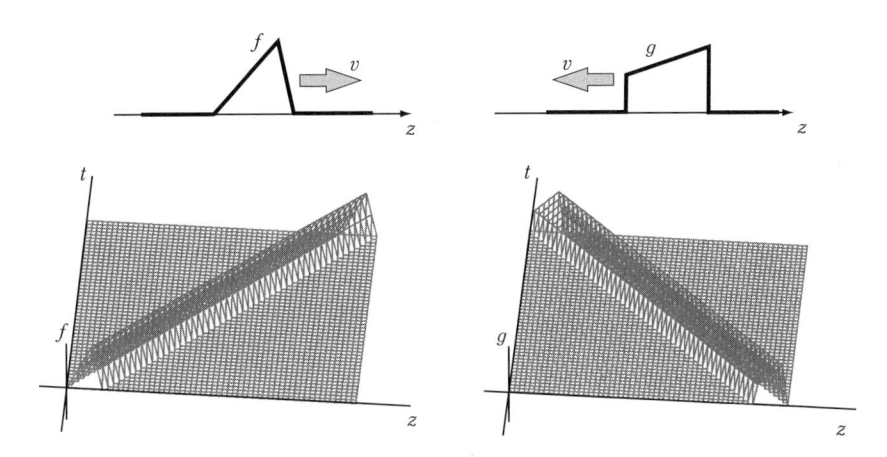

図 1.2 f と g の z 及び t に対する変化の様子の一例

$$E_x{}^+ = f\left(t - \frac{z}{v}\right) \tag{1.14a}$$

$$H_y{}^+ = \frac{f\left(t - \dfrac{z}{v}\right)}{\eta} \tag{1.14b}$$

$$E_x{}^- = g\left(t + \frac{z}{v}\right) \tag{1.14c}$$

$$H_y{}^- = \frac{g\left(t + \dfrac{z}{v}\right)}{\eta} \tag{1.14d}$$

と記すことができる．図 1.3 は，$E_x{}^+$ と $H_y{}^+$，$E_x{}^-$ と $H_y{}^-$ の様子の一例である．前進波，後進波それぞれについて，電界と磁界それに進行方向の三つが右手系の関係をなしている．このように，無損失で線形・等方など，理想的な性質の媒質中では，進行方向に垂直な断面内で一定の値をもち，進行方向に垂直，かつ互いに直交する電界と磁界（常に，磁界振幅の η 倍が，電界振幅に等しい）からなる電磁波が，時間（進行方向）波形を変えず，速度 v で進行する．

電磁界は，前進波と後退波を足し合わせたものとなっている．

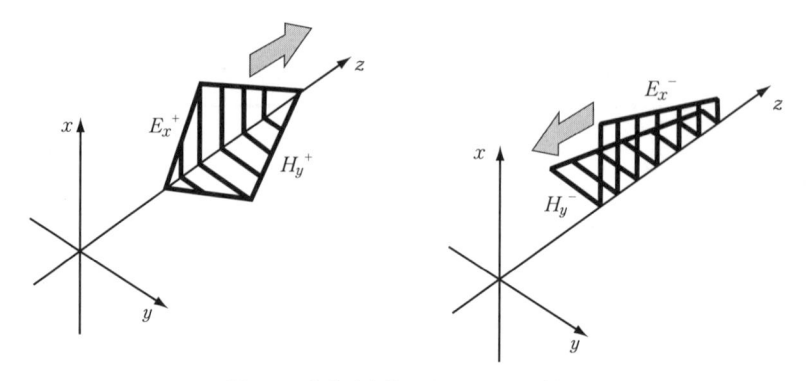

図 1.3 前進波と後退波の電磁界の様子

$$E_x = E_x^+ + E_x^- \tag{1.15a}$$

$$H_y = H_y^+ + H_y^- \tag{1.15b}$$

また，電界と磁界の比を取ると，前進波，後退波，それぞれについて，

$$前進波：\frac{E_x^+}{H_y^+} = \eta \tag{1.16a}$$

$$後退波：-\frac{E_x^-}{H_y^-} = \eta \tag{1.16b}$$

であるので，(1.15b) は次のように書ける．

$$H_y = \frac{E_x^+ - E_x^-}{\eta} \tag{1.15c}$$

図 1.4 は，z と t に対する E_x と ηH_y の様子の一例である．E_x, H_y の z 方向分布が，時間的にどのように変化していくかの例を示している．

　ここまでは，波動方程式の解としての電磁界を，できるだけ一般的な形で表すように努めてきたが，これからは，電磁界の時間変化が sin や cos などの正弦波（あるいは三角）関数で表される場合を考えることとする．任意の時間波形を扱う必要がある場合も，フーリエ解析を用いれば，任意波形を正弦波関数成分の足し合わせとして展開することができるので，電

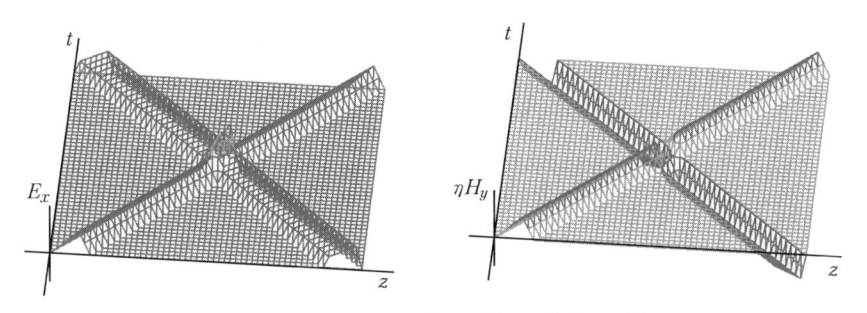

図 1.4 E_x と ηH_y の z と t に対する変化の一例

磁界の時間関数が,角周波数 ω の正弦波関数で与えられる場合について考察しておくことは,極めて有効である.

複素表示(フェーザ表示とも呼ぶ)を導入する.複素表示では,ある関数 $A(z, t)$ に対して,その時間変化が角周波数 ω の正弦波関数である場合に,新たに,時間関数 $\exp[j\omega t]$ との積の実部が元の関数 $A(z, t)$ となるような,複素数で与えられる振幅 $A(z)$ を導入する.$A(z, t)$ に対して $A(z)$ をフェーザと呼ぶ.元の関数 $A(z, t)$ を用いる表現が瞬時値表示,あらたに導入したフェーザ $A(z)$ を用いる表し方が複素表示である.$A(z, t)$ と $A(z)$ の関係は,以下のように表すことができる.

$$A(z, t) = \mathrm{Re}\,(A(z)\exp[j\omega t])$$

$$= \frac{1}{2}(A(z)\exp[j\omega t] + A^*(z)\exp[-j\omega t])$$

$$= \frac{1}{2}A(z)\exp[j\omega t] + \mathrm{c.c.} \tag{1.17}$$

ただし,Re は実部を取る操作を表し,* は複素共役を,c.c. は複素共役項を示す.

先の (1.15a, c) において,$E_x{}^+$,$E_x{}^-$ は時間変化が ωt で表される正弦波関数であるとする.すなわち,例えば以下のように書けるとする.

$$E_x{}^+\left(t - \frac{z}{v}\right) = \dot{C}_1 \cos\left(\omega\left[t - \frac{z}{v}\right] + \phi\right) \tag{1.18a}$$

$$E_x{}^-\left(t+\frac{z}{v}\right) = \dot{C}_2\cos\left(\omega\left[t+\frac{z}{v}\right]+\theta\right) \tag{1.18b}$$

ただし，$\dot{C}_1$, $\dot{C}_2$ は振幅，ϕ, θ は位相で，それぞれ実定数である．

これらに対して，複素表示を行うと，$E_x{}^+$, $E_x{}^-$ に対するフェーザ，E^+, E^- は，それぞれ，

$$E^+ = C_1\exp[-jkz], \quad E^- = C_2\exp[-jkz] \tag{1.19}$$

ただし，k は位相定数で，

$$k = \frac{\omega}{v} \tag{1.20}$$

である．また，

$$C_1 = \dot{C}_1\exp[j\phi], \quad C_2 = \dot{C}_2\exp[j\theta] \tag{1.21}$$

を，複素振幅と呼ぶ．

正弦波の単位時間当りの振動回数を周波数 $f(=\omega/2\pi)$ [Hz] と呼ぶが，波長 λ を用いると，$f=v/\lambda$ の関係があるので，$k=2\pi/\lambda$ である．k を波数とも呼ぶ．

フェーザ表示された電界，磁界を，それぞれ E_x, H_y, 時間因子を $\exp[j\omega t]$ とすると，(1.15 a, b, c) に対応する複素表示は以下のようになる．

$$E_x = E^+\exp[-jkz] + E^-\exp[jkz] \tag{1.22a}$$

$$H_y = H^+\exp[-jkz] + H^-\exp[jkz]$$

$$= \frac{1}{\eta}(E^+\exp[-jkz] - E^-\exp[jkz]) \tag{1.22b}$$

ただし，E^+, $H^+=E^+/\eta$ は前進波の，E^-, $H^-=-E^-/\eta$ は後退波の，それぞれ電界及び磁界複素振幅である．

1.3 ポインティングベクトルと電力流

ベクトル公式の一つに以下の関係がある．

$$H \cdot \mathrm{curl}\, E - E \cdot \mathrm{cur}\, H = \mathrm{div}\,(E \times H) \tag{1.23}$$

ここに，マクスウェルの方程式

$$\mathrm{curl}\, H = J + \frac{\partial D}{\partial t} \tag{1.2a}$$

$$\mathrm{curl}\, E = -\frac{\partial B}{\partial t} \tag{1.2b}$$

を代入すると

$$-H \cdot \frac{\partial B}{\partial t} - E \cdot \frac{\partial D}{\partial t} - E \cdot J = \mathrm{div}\,(E \times H) \tag{1.24}$$

この式の意味を考えるために，対象とする空間 v で（1.24）の両辺を積分すると，

$$\int_v \left(H \cdot \frac{\partial B}{\partial t} + E \cdot \frac{\partial D}{\partial t} + E \cdot J \right) dv = -\int_v \mathrm{div}\,(E \times H)\, dv \tag{1.25}$$

右辺は，ベクトルの発散の体積積分なのでベクトルの表面積分に書き直せて，

$$\int_v \left(H \cdot \frac{\partial B}{\partial t} + E \cdot \frac{\partial D}{\partial t} + E \cdot J \right) dv = -\oint_s (E \times H)\, ds \tag{1.26}$$

これがポインティングの定理である．**図1.5**はこの式が示す関係の概念図である．ある体積中の電磁エネルギーと，電力流の間の重要な関係式である．

媒質が線形で，また，誘電率や透磁率が時間的に変化しないとすると，(1.26) は次のように書き換えられる．

$$\int_v \left(\frac{\partial}{\partial t}\left(\frac{B \cdot H}{2}\right) + \frac{\partial}{\partial t}\left(\frac{D \cdot E}{2}\right) + E \cdot J \right) dv = -\oint_s (E \times H)\, ds \tag{1.27}$$

$D \cdot E/2$ は単位体積当りの電気エネルギーであり，$B \cdot H/2$ は同じく磁気エネルギーであるので，左辺の積分の中に含まれる第1項と第2項は，

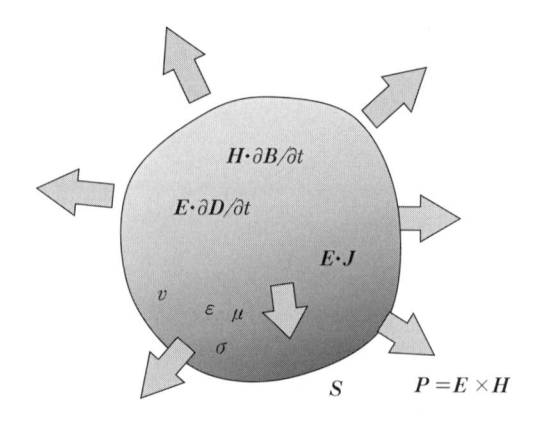

図1.5 ポインティングの定理が表す関係

それぞれ，磁界及び電界によって空間に蓄積されたエネルギーの時間当り増加量を表している．また，第3項は $J=\sigma E$（σ は導電率）で与えられる伝導電流，あるいは $J=\rho v$（v は電荷の速度）で与えられる対流電流による損失電力密度である．また，もしそれらの電流が外部電源により発生しているとすると $E \cdot J$ は負となって，その空間に電力が供給されていることになる．

以上より，(1.25)の左辺は，対象とする空間に流れ込み，蓄積あるいは消費される単位時間当り全エネルギー量を表していることが分かる．

その空間から流れ出す全電力を W とすると，上式の符号を反転し，

$$W = \oint_s P ds \quad [\text{W}] \tag{1.28}$$

ただし，

$$P = E \times H \quad [\text{W/m}^2] \tag{1.29}$$

は，ポインティングベクトルである．対象としている空間の体積を極限まで小さく取った状況を考えることによって，P はその空間の一点から流れ出す単位時間当りエネルギーの密度と方向を表していると考えることができる．

複素表示を用いる上で，瞬時値の積が必要な，例えば電力を求めるような場合，注意が必要となる．角周波数の等しい二つの瞬時値 $A(z,t)$ と $B(z,t)$ の積を例にとると，(1.17) より，

$$\begin{aligned}
A(z,&t)B(z,t)\\
&= \mathrm{Re}(A(z)\exp[j\omega t]) \times \mathrm{Re}(B(z)\exp[j\omega t])\\
&= \frac{1}{4}(A(z)\exp[j\omega t]+A^*(z)\exp[-j\omega t])\\
&\quad \times (B(z)\exp[j\omega t]+B^*(z)\exp[-j\omega t])\\
&= \frac{1}{2}\{\mathrm{Re}(AB^*)+\mathrm{Re}(AB\exp[j2\omega t])\}
\end{aligned} \qquad (1.30)$$

右辺，第1項は時間平均値，第2項は角周波数 2ω での振動項となる．

この関係を用いると，複素電磁界 $\boldsymbol{E}$, $\boldsymbol{H}$ によって運ばれる単位面積当りの伝送電力（ポインティングベクトル）の時間平均値 P_{av} は，

$$P_{av} = \frac{1}{2}\mathrm{Re}(\boldsymbol{E}\times\boldsymbol{H}^*) \qquad (1.31)$$

これを，z 方向に進行する平面波（電界は x 方向）に当てはめてみる．先の (1.22a, b) を (1.31) に代入すると，z 方向単位面積当り平均電力は，

$$P_{av} = \frac{1}{2}\frac{E^+E^{+*}-E^-E^{-*}}{\eta} \qquad (1.32)$$

当然ながら，z 方向に運ばれる平均電力が，前進波の運ぶ電力から後退波の運ぶ電力を差し引いたものとなっている．

1.4 ポテンシャル

のちの議論で用いるので，ここで，ベクトルポテンシャル $\boldsymbol{A}$ と，スカラポテンシャル ϕ について記しておく．

任意のベクトル界 $\boldsymbol{X}$ は，回転が0の部分 $\boldsymbol{X}_\ell$（層状ベクトル界）と，発散が0の部分 $\boldsymbol{X}_s$（管状ベクトル界）とに分離できる（ヘルムホルツの定理）．$\boldsymbol{X}_\ell$ は回転が0であるので，スカラポテンシャル ϕ が定義できて $\boldsymbol{X}_\ell =$

$\operatorname{grad}\phi$ と書ける.一方,X_s は発散が 0 なので,ベクトルポテンシャル A が定義できて,$X_s = \operatorname{curl} A$ と書ける.X はこれらの和,すなわち,

$$X = X_\ell + X_s = \operatorname{grad}\phi + \operatorname{curl} A \tag{1.33}$$

$\operatorname{div}\operatorname{curl} A = 0$,$\operatorname{curl}\operatorname{grad}\phi = 0$ なので,任意のベクトル界 X は,$\operatorname{div} X = \operatorname{div} X_\ell$ と,$\operatorname{curl} X = \operatorname{curl} X_s$,すなわち,回転と発散,が与えられれば,一意的に決まる.

磁束密度 B の発散は 0,$\operatorname{div} B = 0$,であるので,ベクトルポテンシャル A を導入すると,次式のように表すことができる.

$$B = \operatorname{curl} A \tag{1.34}$$

$\operatorname{curl} E = -\partial B/\partial t$ なので,

$$\operatorname{curl}\left(E + \frac{\partial A}{\partial t}\right) = 0$$

すなわち,

$$E + \frac{\partial A}{\partial t} = -\operatorname{grad}\phi \tag{1.35}$$

と書くことができる.ここで,ϕ はスカラポテンシャルである(習慣的に grad の前に $-$ 符号を付ける).

媒質が一様であるとして,$\operatorname{curl} H = J + \partial D/\partial t$ に (1.34),(1.35) を代入すると,

$$\operatorname{curl}\operatorname{curl} A = -\varepsilon\mu\frac{\partial^2 A}{\partial t^2} - \varepsilon\mu\frac{\partial}{\partial t}\operatorname{grad}\phi + \mu J$$

ここで,$\operatorname{curl}\operatorname{curl} A = \operatorname{grad}\operatorname{div} A - \nabla^2 A$ の関係を用いると,

$$\nabla^2 A - \operatorname{grad}\left(\operatorname{div} A + \varepsilon\mu\frac{\partial\phi}{\partial t}\right) - \varepsilon\mu\frac{\partial^2 A}{\partial t^2} = -\mu J \tag{1.36}$$

ベクトル A の導入に際して,回転は $B = \operatorname{curl} A$ で決定したが,発散はま

だ与えられていない．そこで，

$$\mathrm{div}\,\boldsymbol{A} + \varepsilon\mu\frac{\partial \phi}{\partial t} = 0 \tag{1.37}$$

で，ベクトル $\boldsymbol{A}$ の発散を規定する．このような発散の決め方をローレンツゲージと呼ぶ．これによって，(1.36) は，

$$\nabla^2 \boldsymbol{A} - \varepsilon\mu\frac{\partial^2 \boldsymbol{A}}{\partial t^2} = -\mu\boldsymbol{J} \tag{1.38}$$

一方，$\mathrm{div}\,\boldsymbol{D} = \rho$ を (1.35) に代入することにより，

$$\mathrm{div}\left(\varepsilon\frac{\partial \boldsymbol{A}}{\partial t} + \varepsilon\,\mathrm{grad}\,\phi\right) = -\rho$$

ローレンツゲージを用いるので，$\mathrm{div}\,\boldsymbol{A} = -\varepsilon\mu\partial\phi/\partial t$．したがって，

$$\nabla^2 \phi - \varepsilon\mu\frac{\partial^2 \phi}{\partial t^2} = -\frac{\rho}{\varepsilon} \tag{1.39}$$

媒質が一様であるとすると，ローレンツゲージ (1.37) を用いれば，このように，(1.38) によるベクトルポテンシャル $\boldsymbol{A}$ と電流 $\boldsymbol{J}$ の関係と，(1.39) によるスカラポテンシャル ϕ と電荷 ρ の関係とがきれいに分離され，$\boldsymbol{A}$ と ϕ は同型の波動方程式を満足することになる．

1.5　偏　　　波

平面波 (1.22a, b) では，電界と磁界は互いに直交し，更にそれらは進行方向に対しても直交している．すなわち，進行方向に対して垂直な面内で電磁界が振動する横波である．横波の振動方向，偏波方向には二つの自由度がある．(1.22a, b) では電界が x 方向を向いている (x 偏波) としたが，y 方向を向いている場合 (y 偏波) も考えることができる．あるいは，xy 面内で任意の方向に振動する電界を，x 偏波成分と y 偏波成分とに分解することもできる．

そこで，自由度 2 に対応して，以下では**図 1.6** に示すように，同じ角周

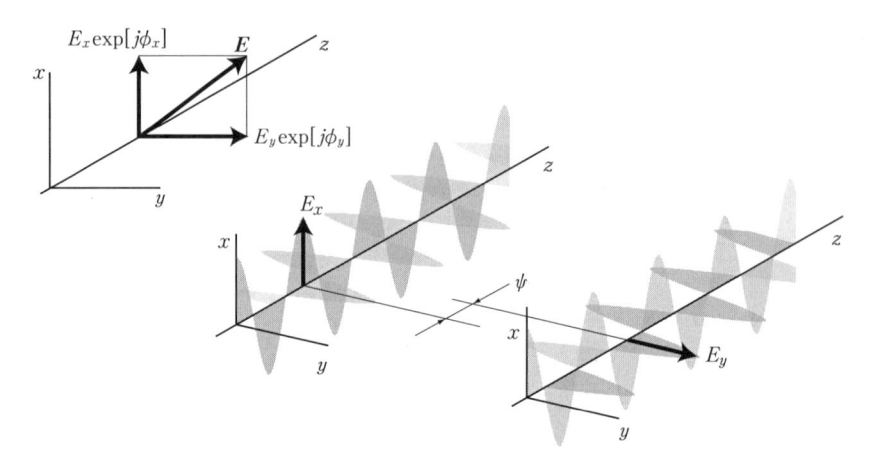

図1.6 平面波の二つの偏波成分

波数の二つの平面波が同じ方向（z 方向）に進行している場合を考える．線形媒質を考えているので，合成波の電磁界は二つを足し合わせたものとなるが，両者の電界（及び磁界）の方向は必ずしも同じでないこと，一般には両者の位相が異なること，の2点によって，様々な偏波状態が生じる．

簡単のため前進波のみを考えることとすると，合成平面波の電界（フェーザ表示）E を次式で表して一般性は損なわれない．

$$E = (xE_x \exp[j\phi_x] + yE_y \exp[j\phi_y]) \exp[-jkz] \tag{1.40}$$

ただし，x, y は，それぞれ x 軸及び y 軸方向の単位ベクトル，E_x, E_y, 及び，ϕ_x, ϕ_y は実数とする．$\phi_y - \phi_x = \psi$ とおき，煩雑さを避けるため $\phi_x = 0$ とすると，

$$E = (xE_x + yE_y \exp[j\psi]) \exp[-jkz] \tag{1.41a}$$

対応する磁界（フェーザ表示）は

$$H = \frac{1}{\eta}(-xE_y \exp[j\psi] + yE_x) \exp[-jkz] \tag{1.41b}$$

以下では，E_x, E_y の比や，ψ の値によって変わるいくつかの偏波状態につ

いて述べる.

直線偏波：x 方向成分と y 方向成分が同位相（$\psi = 0$）の場合, E は, z や t が変化しても, xy 面内で x 軸から角度 α の一定方向を向くベクトル量となる（図 1.7 参照）. ただし, $\alpha = \tan^{-1}(E_y/E_x)$ である. このような電磁波を直線偏波と呼び, 進行方向 z と電界ベクトルの方向（x 軸から角度 α の方向）が作る面を偏波面と呼ぶ.

円偏波：E_x と E_y が等しく, $\psi = \pm\pi/2$ の関係にある場合, (1.41a) より,

$$E = (\boldsymbol{x} \pm j\boldsymbol{y}) E_x \exp[-jkz] \tag{1.42a}$$

磁界は, (1.40b) より,

$$H = \frac{1}{\eta}(\mp j\boldsymbol{x} + \boldsymbol{y}) E_x \exp[-jkz] \tag{1.42b}$$

E 及び H は, 進行とともに xy 面内で回転する円偏波となる.

E を瞬時値表示すると,

$$\begin{aligned}E(z, t) &= \mathrm{Re}\left((\boldsymbol{x} \pm j\boldsymbol{y}) E_x \exp[-jkz] \exp[j\omega t]\right) \\ &= E_x(\boldsymbol{x}\cos(\omega t - kz) \mp \boldsymbol{y}\sin(\omega t - kz))\end{aligned} \tag{1.43}$$

となって, 瞬時電界ベクトル E は t あるいは z とともに回転していることが分かる. E の x 軸からの偏角 α は,

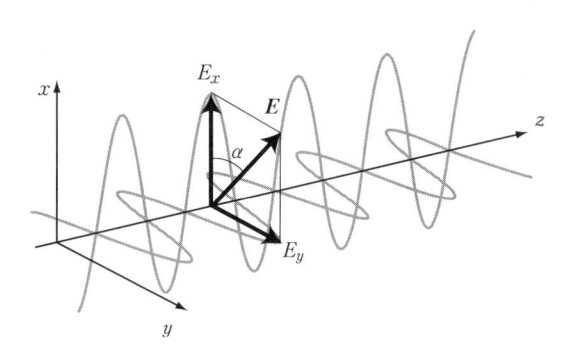

図 1.7　直 線 偏 波

$$\alpha = \tan^{-1}\frac{E_y(z,t)}{E_x(z,t)} = \mp(\omega t - kz) \tag{1.43}$$

z を固定した位置で電界ベクトルを見ると，角速度 $\mp\omega$ で回転していることが分かる．また，時刻 t を固定してみると電界ベクトルの先端は z を軸にらせんを描き，そのピッチは波長に等しい（図1.8参照）．$\psi = -\pi/2$ の場合，進行に伴って電界ベクトルは右回り（時計回り，右旋，あるいは c.w.（clockwise））に回転するので，右円偏波，$\psi = \pi/2$ の場合には左回り（反時計回り，左旋，あるいは c.c.w.（counter-clockwise））となるので左円偏波と呼ぶ．ただし，これらは電磁気学で一般的な呼称であり，光学の分野では，伝統的には，光波を受ける側から見て右回転，左回転と決めるので，その場合には左右が上述とは逆になる．

楕円偏波：一般の場合，すなわち，E_x と E_y の比や，ψ の値が，上述の直線偏光波や円偏波のような特別の関係がない場合，z を固定して電界ベクトルの先端をみると，楕円を描くことになる．(1.41a, b) より，瞬時の電界及び磁界ベクトルは，

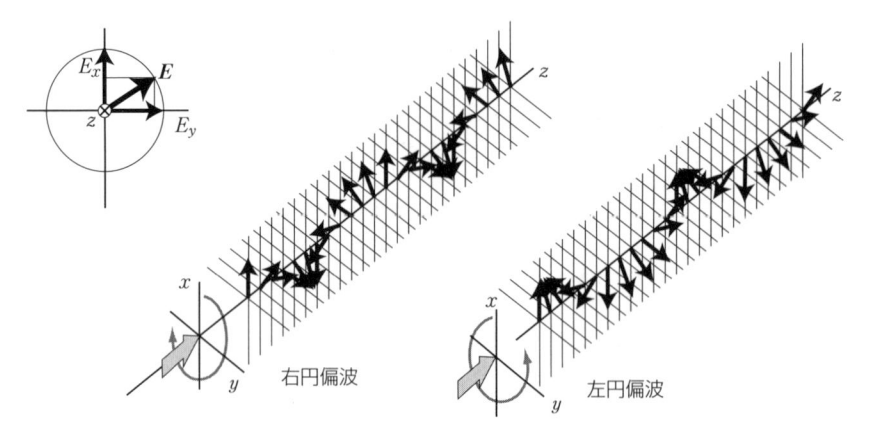

$$\begin{aligned}\boldsymbol{E} &= (\mathrm{Re}\,(\boldsymbol{x}E_x + \boldsymbol{y}E_y\exp[j\psi])\exp[-jkz]\exp[j\omega t])\\ &= \boldsymbol{x}E_x\cos(\omega t - kz) + \boldsymbol{y}E_y\cos(\omega t - kz + \psi)\end{aligned} \tag{1.45a}$$

右円偏波　　　　　左円偏波

図1.8 円 偏 波

第1章 電磁波としての光波

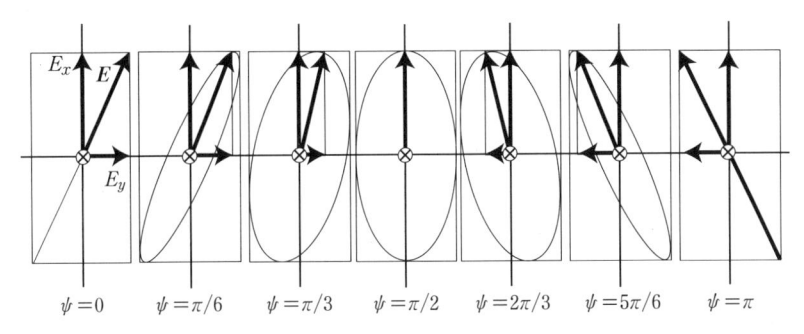

図1.9 楕円偏波の一例．ψ と瞬時電界が描く軌跡の関係 $\psi=0, \pi$ では直線偏波となっている．

$$H = \frac{\mathrm{Re}(-\boldsymbol{x}E_y\exp[j\psi]+\boldsymbol{y}E_x)\exp[-jkz]\exp[j\omega t]}{\eta}$$

$$= \frac{-\boldsymbol{x}E_y\cos(\omega t-kz+\psi)+\boldsymbol{y}E_x\cos(\omega t-kz)}{\eta} \quad (1.45\mathrm{b})$$

円偏波と同じように，電界ベクトル，磁界ベクトルの先端は，時間的には1周期で，空間的には進行方向に1波長進む間に1回転する楕円を描くことになる．図1.9に，z を固定した場合の瞬時電磁界の先端が描く楕円の一例を示す．

偏波状態を表すために，ポアンカレ球による表示法が活用されている．α や ψ の値で決まる偏波状態を，単位球面上の点に対応させ表現する．詳細は他を参照することとして，ここでは触れない．

第 2 章

平面波の反射と透過

前章では等方で均質，線形な媒質中における平面波を考察したが，実際に光波を何かに利用しようとすると，光波が進む媒質に変化，すなわち，媒質の時間的な変化や空間的な不均質性あるいは非線型性など，が不可欠である．一様なままでは光波の進行方向を変えたり，狭い部分に導いたり閉じ込めたりすることができない．そこでこの章では，手始めとして空間的な不均質の基礎である2種の媒質の境界面を考えることとする．境界面に平面波が入射する場合の振舞いを，波動インピーダンスの考え方を用いて考察し，不連続な境界で生じる反射や透過について述べる．

2.1 境界面への垂直入射

誘電率や透磁率の異なる2種の媒質が互いに接し，境界をなしているとする．境界面は平面であるとし，まず，平面波が境界面に垂直入射する場合を考える．前章と同様，両媒質は，電流や電荷のない，等方で均質，線形な無損失媒質である．

図2.1に示すように，$z=0$ において媒質1と媒質2とが境界を作っている．媒質1，2の誘電率は，それぞれ ε_1, ε_2, 透磁率は μ_1, μ_2, である．z 方向に進む平面波が媒質1の側から境界面に入射すると，境界ではもと来た方向に戻っていく反射波と，そのまま媒質2に通り抜ける透過波が発生する．すなわち，媒質1では，境界面への入射波と境界面からの反射波の二つの波を，媒質2では，境界面を通り抜けて進む透過波，の合計三つの

第2章 平面波の反射と透過

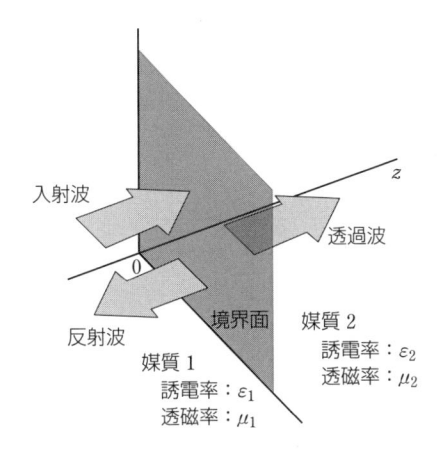

図 2.1 境界面と入射波,反射波,透過波

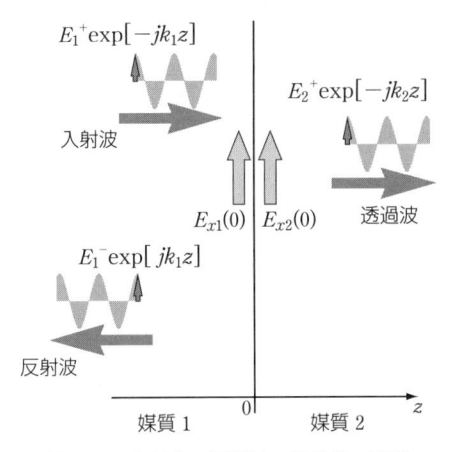

図 2.2 入射波,反射波,透過波の電界

波動を考えることになる.

平面波が境界に垂直入射する場合を考えているので,図 2.2 に示すように,入射波の電界及び磁界は,境界面に平行であり,電磁界の境界条件から,反射波,透過波の電界と磁界の方向は,入射波の電界,磁界の方向に等しい.そこで,入射波,反射波,透過波の電界は x 方向を向いているとし,境界面 ($z = 0$) における電界複素振幅を,それぞれ,E_1^+, E_1^-, E_2^+, とする.

媒質1中の電磁界，E_{x1} 及び H_{y1} は，入射波と反射波の足し合わせとして，前章（1.20a, b）より，以下のように書ける．

$$E_{x1} = E_1^+ \exp[-jk_1z] + E_1^- \exp[jk_1z] \tag{2.1a}$$

$$H_{y1} = \frac{E_1^+ \exp[-jk_1z] - E_1^- \exp[jk_1z]}{\eta_1} \tag{2.1b}$$

二つの式の右辺第1項が入射波であり，第2項が反射波である．
　一方，媒質2では，透過波のみが存在し，電磁界，E_{x2} 及び H_{y2} は，

$$E_{x2} = E_2^+ \exp[-jk_2z] \tag{2.2a}$$

$$H_{y2} = \frac{E_2^+ \exp[-jk_2z]}{\eta_2} \tag{2.2b}$$

ただし，媒質1, 2における特性波動インピーダンス（固有インピーダンス）を，それぞれ，η_1, η_2, 電磁波の位相定数を k_1, k_2 としている．
　境界面における電界と磁界の連続条件は，(2.1a) と (2.2a)，(2.1b) と (2.2b) の，それぞれ，$z = 0$ における値が等しくなることであるから，以下の二つの式が得られる．

$$E_1^+ + E_1^- = E_2^+ \tag{2.3a}$$

$$\frac{E_1^+ - E_1^-}{\eta_1} = \frac{E_2^+}{\eta_2} \tag{2.3b}$$

これらより，媒質（すなわち，η_1, η_2）が与えられ，入射波の振幅，E_1^+ が決まれば，反射波の振幅，E_1^-，及び透過波の振幅，E_2^+，を得ることができる．更に，(2.1a, b)，(2.2a, b) によって，境界の両側（媒質1及び2）における電磁界，E_{x1} 及び H_{y1}（媒質1），E_{x2} 及び H_{y2}（媒質2）を知ることができる．
　入射波に対する反射波の（電界）振幅の比を反射係数，$r = E_1^-/E_1^+$，入射波に対する透過波の（電界）振幅の比を透過係数，$t = E_2^+/E_1^+$，と呼ぶが，(2.3a, b) より，r, t は，それぞれ，

第2章　平面波の反射と透過

$$r = \frac{E_1^-}{E_1^+} = \frac{\eta_2 - \eta_1}{\eta_2 + \eta_1} \tag{2.4a}$$

$$t = \frac{E_2^+}{E_1^+} = \frac{2\eta_2}{\eta_2 + \eta_1} = 1 + r \tag{2.4b}$$

r 及び t を用いれば，媒質1における電磁界 (2.1a, b) は次のように書ける．

$$\begin{aligned} E_{x1} &= E_1^+ (\exp[-jk_1 z] + r \exp[jk_1 z]) \\ &= E_1^+ \exp[-jk_1 z] (1 + r \exp[j2k_1 z]) \end{aligned} \tag{2.5a}$$

$$\begin{aligned} H_{y1} &= \frac{E_1^+ (\exp[-jk_1 z] - r \exp[jk_1 z])}{\eta_1} \\ &= \frac{E_1^+ \exp[-jk_1 z] (1 - r \exp[j2k_1 z])}{\eta_1} \end{aligned} \tag{2.5b}$$

また，媒質2における透過波 (2.2a, b) は，

$$E_{x2} = t E_1^+ \exp[-jk_2 z] \tag{2.6a}$$

$$H_{y2} = \frac{t E_1^+ \exp[-jk_2 z]}{\eta_2} \tag{2.6b}$$

ここでは無損失媒質を考えている(第6章では損失媒質を取り扱う)ので，η_1, η_2 は正の実数であり，η_2/η_1 も同じく正の実数となる．**図2.3** は，η_2/η_1 に対する r と t の変化を示している．図，あるいは (2.4a)，より，$|r| < 1$，すなわち，反射波の電界振幅は，常に入射波より小さい．更に，$\eta_2/\eta_1 > 1$

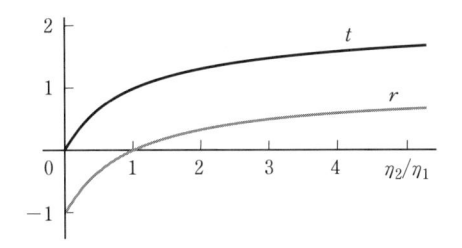

図2.3　η_2/η_1 に対する反射率 r，と透過率 t，の変化

なら $r>0$, すなわち, 境界における入射波と反射波の電界振幅, E_1^+ と E_1^- は同符号, $\eta_2/\eta_1 < 1$ なら, $r<0$, すなわち, 電界振幅, E_1^+ と E_1^-, は異符号となる. 一方, t は, η_1 に比べ η_2 が十分小さい場合はほとんど 0, 両者が等しければ 1, η_2 が十分大きくなると 2 に近づく.

$\eta_2/\eta_1 > 1$ で, 透過係数 t が 1 より大きいのは一見奇妙な感じであるが, 以下のとおり, 反射電力, 透過電力の関係で見ると問題ないことが容易に分かる. 入射波, 反射波, 透過波の単位面積当り平均電力, それぞれ, P_1^+, P_1^-, P_2^+, は, 対応する電界と以下の関係にある.

$$P_1^+ = \frac{|E_1^+|^2}{\eta_1}, \quad P_1^- = \frac{|E_1^-|^2}{\eta_1}, \quad P_2^+ = \frac{|E_2^+|^2}{\eta_2}$$

したがって, 入射波と反射波の電力の比である電力反射係数 R は

$$R = \frac{P_1^-}{P_1^+} = \frac{|E_1^-|^2}{|E_1^+|^2} = |r|^2 \tag{2.7a}$$

また, 電力透過係数 T は

$$T = \frac{P_2^+}{P_1^+} = \frac{\eta_1}{\eta_2} \frac{|E_1^-|^2}{|E_1^+|^2} = 1 - |r|^2 \tag{2.7b}$$

常に, $R+T=1$ となって, 電力の保存則が満たされている.

両媒質で ε と μ の比が等しく, $\eta_1 = \eta_2$ である場合, $r=0$ となって反射が生じず, $t=1$ となって電磁波は媒質 1 から 2 にそのまま通過する. このような状態は回路理論で呼ぶインピーダンス整合である.

一方, 例えば媒質 2 の誘電率が極めて大きいなど, $\eta_2/\eta_1 \to 0$ の場合, $r \to -1$, $t \to 0$ となって, 媒質 2 には電磁界が存在せず (すなわち, 透過波が存在せず), 完全反射の状態となる. $r=-1$ の, 完全反射の状態では, 媒質 1 中の電磁界は, (2.1a, b) より,

$$\begin{aligned} E_{x1} &= E_1^+ (\exp[-jkz] - \exp[jkz]) \\ &= -2jE_1^+ \sin(kz) \end{aligned} \tag{2.8a}$$

$$H_{y1} = \frac{E_1^+ (\exp[-jkz] + \exp[jkz])}{\eta_1} = \frac{2E_1^+ \cos(kz)}{\eta_1} \tag{2.8b}$$

簡単のため，E_1^+ は実数であるとして，(2.8a, b) に $\exp[j\omega t]$ を掛け，実部を取ることによって，瞬時値表示に変換すると，

$$E_{x1} = 2E_1^+ \sin(kz)\sin(\omega t) \tag{2.9a}$$

$$H_{y1} = \frac{2E_1^+ \cos(kz)\cos(\omega t)}{\eta_1} \tag{2.9b}$$

境界面で電界振幅が 0，磁界振幅が最大となる定在波である．

また，逆に媒質 2 の誘電率が非常に小さい場合など，$\eta_2/\eta_1 \to \infty$ の状態では，$r \to 1$, $t \to 2$ となり，先に述べたように，電力透過係数 T は 0 である．$r = 1$ では，境界上で磁界が 0，媒質 2 中には先と同様，電磁界は存在しない．このとき，媒質 1 における電磁界の瞬時値表示は，

$$E_{x1} = 2E_1^+ \cos(kz)\cos(\omega t) \tag{2.10a}$$

$$H_{y1} = \frac{2E_1^+ \sin(kz)\sin(\omega t)}{\eta_1} \tag{2.10b}$$

境界面で電界振幅が最大，磁界振幅が 0 の定在波である．

$r = 1$ あるいは -1 の場合，媒質 1 には入射波と同じ振幅の反射波が戻って来て，両波の合成電磁界は定在波となる．図 2.4 にはこれらの状況を示しているが，電磁界が 0 となる点は固定していて，同じ位置で振動を繰り返す．振動の最小点は「節（ふし）」，最大点は「はら」と呼ばれる．0 点，すなわち，節の点，及び，最大点，はらの点，は，(2.10a, b) より分かるとおり，電界と磁界とで位置的に 1/4 波長分ずれ，また，電界と磁界の時間的な振動も互いに 1/4 周期分ずれている．また，$r = 1$ と -1 の場合とでは，波形が 1/4 波長分（時間的にも 1/4 周期分）だけずれていて，$r = 1$ の場合，境界面で合成電界の振幅が最大，磁界は常に 0 であるのに対し，$r = -1$ の場合では，境界面で合成磁界の振幅が最大，電界は 0 である．

透過波が存在する一般の場合では，入射波と反射波の振幅が等しくはなく，入射波と反射波の振幅の比によって，上記の完全な定在波に，進行波が様々に混ざった状態が生じ，波形はかなり複雑である．先に示した (2.5a, b) を再掲すると，

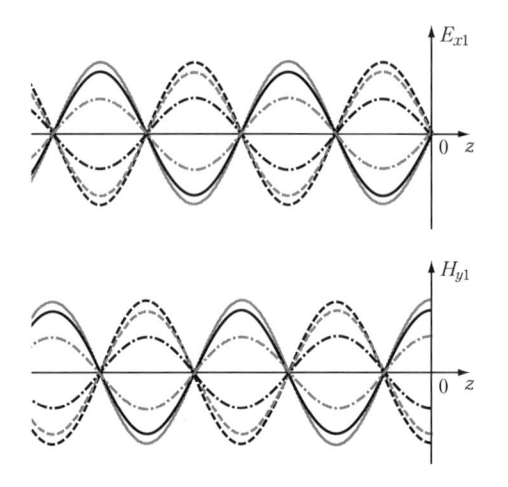

図 2.4 定在波の瞬時波形, $r = -1$（完全反射）の場合（式 (2.9a, b) に対応する）

$$E_{x1} = E_1^+ \exp[-jk_1 z](1 + r\exp[j2k_1 z]) \tag{2.5a}$$

$$H_{y1} = \frac{E_1^+ \exp[-jk_1 z](1 - r\exp[j2k_1 z])}{\eta_1} \tag{2.5b}$$

簡単のため，先と同様，E_1^+ を実数として，(2.5a, b) を瞬時値表示すると，

$$\begin{aligned}E_{x1} &= E_1^+ (\cos[\omega t - kz] + r\cos[\omega t + kz]) \\ &= E_1^+ (2r\cos(kz)\cos(\omega t) + [1-r]\cos[\omega t - kz])\end{aligned} \tag{2.11a}$$

$$\begin{aligned}H_{y1} &= \frac{E_1^+ (\cos[\omega t - kz] - r\cos[\omega t + kz])}{\eta_1} \\ &= \frac{E_1^+ (2r\sin(kz)\sin(\omega t) + [1-r]\cos[\omega t - kz])}{\eta_1}\end{aligned} \tag{2.11b}$$

当然ではあるが，このような場合の電磁界は，前進波と後退波の足し合わせであることが示されるとともに，完全な定在波と，進行波との和であることも分かる．

実波形は時間的・空間的に複雑に変化するが，(2.11a) より，$|E_{x1}|$ の

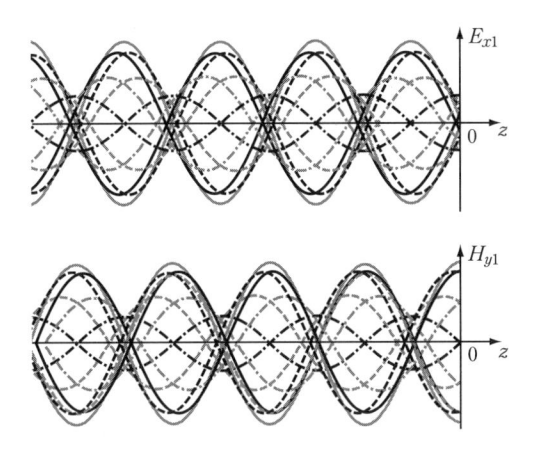

図 2.5 定在波の瞬時波形の一例，$r = -0.5$（$S = 3$）の場合

最大値は，$|E_1^+|(1+|r|)$，最小値は $|E_1^+|(1-|r|)$ に決まることが分かる．また，それらの位置も固定されていて，最大値と最小値（はらと節）とが $z = \pi/2k = \lambda/4$ ごとに現れることが分かる．ただし，節においても，電界や磁界は 0 ではない．

図 2.5 は，このような場合の波形の一例である．複雑な波形を描くが，包絡線の波形の最大値，最小値の位置は固定された定在波となっている．磁界，H_{y1}，は (2.11b) から明らかなように，電界が最大の点で最小，最小の点では最大値を取り，電界と磁界とでは，波形の包絡線が 1/4 波長分ずれている．

定在波の最大値と最小値の比を定在波比 S と呼ぶ．

$$S = \frac{1+|r|}{1-|r|} \tag{2.12a}$$

r と η_2/η_1 の関係 (2.4a) を用いると，

$$S = \frac{\eta_2}{\eta_1} \quad (\eta_2 > \eta_1)$$

$$= \frac{\eta_1}{\eta_2} \quad (\eta_2 < \eta_1) \tag{2.12b}$$

であることが分かる．更に，境界面 $z=0$ において，$\eta_2 > \eta_1$ の場合には $r>0$ なので，電界が最大（磁界は最小），$\eta_2 < \eta_1$ の場合 $r<0$ であり，電界が最小（磁界は最大）となっている．

光学材料の特性を示すのに，屈折率 n がよく用いられる．屈折率は，その材料中での光波の伝搬速度（位相速度）v が真空中での光速 c に比べ，どのくらいの速度となるか，を表していて，c/v で与えられる．

前章で述べたとおり，位相速度 v と媒質の誘電率 ε，透磁率 μ の関係は，

$$v = \sqrt{\varepsilon\mu}$$

真空の誘電率，透磁率をそれぞれ ε_0, μ_0 と表せば，真空中の光速 c は

$$c = \sqrt{\varepsilon_0\mu_0}$$

したがって，誘電率 ε，透磁率 μ の材料の屈折率 n は，

$$n = \frac{c}{v} = \sqrt{\frac{\varepsilon\mu}{\varepsilon_0\mu_0}} = \sqrt{\varepsilon_r\mu_r} \tag{2.13}$$

と表すことができる．ちなみに，$\varepsilon_r = \varepsilon/\varepsilon_0$, $\mu_r = \mu/\mu_0$ は，それぞれ，比誘電率，比透磁率と呼ばれる．n と同様に ε_r, μ_r も単位のない無名数である．屈折率 n を用いれば，$k = nk_0$（k_0 は真空中における波数すなわち位相定数），$\lambda = \lambda_0/n$（λ_0 は真空中における波長）と書ける．

光学材料は誘電体であることが多いが，そのような場合．透磁率 μ は真空の透磁率 μ_0 に等しい，すなわち，$\mu = \mu_0$（$\mu_r = 1$），と考えることができる．$\mu = \mu_0$ とおくことができる場合には，屈折率 n と誘電率 ε の間の関係として，$n = \sqrt{\varepsilon_r}$，つまり，屈折率は比誘電率の平方根となる．したがって，特性波動インピーダンス η も，$\eta = \eta_0/n$（η_0 は真空の特性波動インピーダンス）と表されるので，屈折率 n_1 と n_2 の媒質の境界面での反射率 r，透過率 t は，(2.4a, b) より，

$$r = \frac{E_1^-}{E_1^+} = \frac{n_1 - n_2}{n_1 + n_2} \tag{2.14a}$$

$$t = \frac{E_2{}^+}{E_1{}^+} = \frac{2n_1}{n_1 + n_2} \tag{2.14b}$$

屈折率 1.5 のガラスがあるとして，空気中（屈折率はほぼ 1）からガラス中に光波が入射する場合を考える．$n_1 = 1$，$n_2 = 1.5$，であるので，境界面での反射率 r は，(2.14a) より，$-1/5$，したがって，電力反射率 R は $1/25$ となる．すなわち，ガラス表面では，入射光強度（入射光電力）の 4% 程度が反射されることになる．

2.2 斜め入射

次に，平面波が境界面に対して斜め入射する場合を考えるが，その準備として，まず，座標軸と異なる方向に進む平面波について考察する．

図 2.6 のように，r 方向に進む平面波を考える．波数ベクトル（位相定数ベクトル）を $\boldsymbol{k}$ とすると，電界 $\boldsymbol{E}(\boldsymbol{r})$ は，

$$\boldsymbol{E}(\boldsymbol{r}) = \boldsymbol{E}^+ \exp[-j\boldsymbol{k}\boldsymbol{r}] \tag{2.15}$$

簡単のため，$\boldsymbol{r}$ は yz 面内にあり，z 軸に対して θ の方向であるとすると，

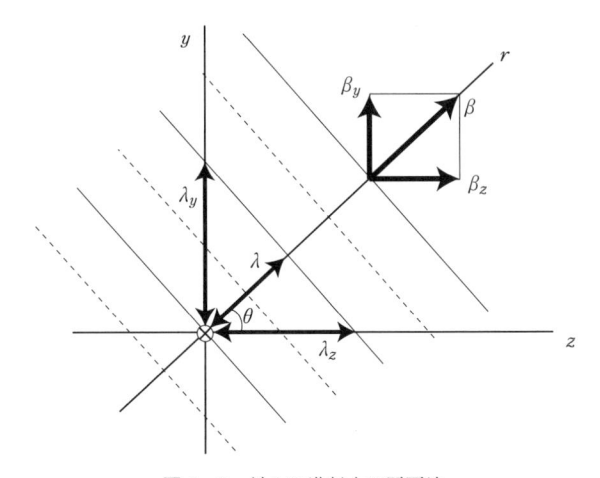

図 2.6 斜めに進行する平面波

(2.15) は以下のように書き換えられる.

$$\begin{aligned} \bm{E}(x, z) &= \bm{E}^+ \exp\left[-j\beta(y\sin\theta + z\cos\theta)\right] \\ &= \bm{E}^+ \exp\left[-j(\beta_y y + \beta_z z)\right] \end{aligned} \quad (2.16)$$

ただし, $\beta = |\bm{k}|$ であり,

$$\beta_y = \beta\sin\theta \quad (2.17\text{a})$$

$$\beta_z = \beta\cos\theta \quad (2.17\text{b})$$

は, それぞれ, y 及び z 方向の位相定数と呼ぶ. $\beta_y{}^2 + \beta_z{}^2 = \beta^2$ である.

この平面波を y 軸に沿って (z が一定の面上で) 観測したとする. 角周波数 ω, y 方向位相定数 β_y なので, y 方向の位相速度 v_{py} は,

$$v_{py} = \frac{\omega}{\beta_y} = \frac{\omega}{\beta\sin\theta} = \frac{v}{\sin\theta} \quad (2.18\text{a})$$

また, y 方向の波長 λ_y は

$$\lambda_y = \frac{2\pi}{\beta_y} = \frac{2\pi}{\beta\sin\theta} = \frac{\lambda}{\sin\theta} \quad (2.19\text{a})$$

ただし, v 及び λ は, それぞれ, 波面の進行方向に対する位相速度と波長である.

同様に, z 軸で見た位相速度 v_{pz} 及び波長 λ_z は,

$$v_{pz} = \frac{\omega}{\beta_z} = \frac{v}{\cos\theta} \quad (2.18\text{b})$$

$$\lambda_z = \frac{2\pi}{\beta_z} = \frac{\lambda}{\cos\theta} \quad (2.19\text{b})$$

となる.

v_{py}, v_{pz} は v より大きな値となることに注意が必要である. 図 2.6 に示すように, 平面波を, 進行方向とは異なる座標軸から眺めると, 位相が一定の面は, 進行方向で見るより高速で移動する. 例えば, z 軸方向で見れば, 波動の等位相面の進行速度 (位相速度) は, 進行方向に沿って見る場合に

比べ $1/\cos\theta$ 倍となっている．また，等位相面の間隔，すなわち波長，も同様に，z 軸方向で見れば，進行方向に沿ってみる場合に比べ，$1/\cos\theta$ 倍長くなっていることが分かる．

斜め入射を取り扱う準備として，いま一つ，平面波を進行方向とは異なる角度から見た場合の特性波動インピーダンスについて考察する．先と同じく，波面法線方向は yz 面内にあり，z 軸に対して θ の方向に進む平面波を考える．

この座標系において，任意偏波の平面波は，電界方向によって 2 種に分類できる．電界ベクトルが，yz 面内にある場合（**図 2.7**（a））を TM (Transverse Magnetic) 波，あるいは TM 偏波，yz 面に垂直（すなわち x 軸方向）の場合（図 2.7（b））を TE (Transverse Electric) 波，あるいは TE 偏波，と呼ぶ．TM 波，TE 波を，光学分野では，それぞれ，p 偏光，s 偏光と呼ぶことも多い．

これまで同様，等方，均質，線形，無損失な媒質を考えているので，両偏波成分が混じり合うことはなく，分離して取り扱うことができる．また，任意偏波の平面波はこれら TE 波，TM 波の重ね合わせとして表すことができる．

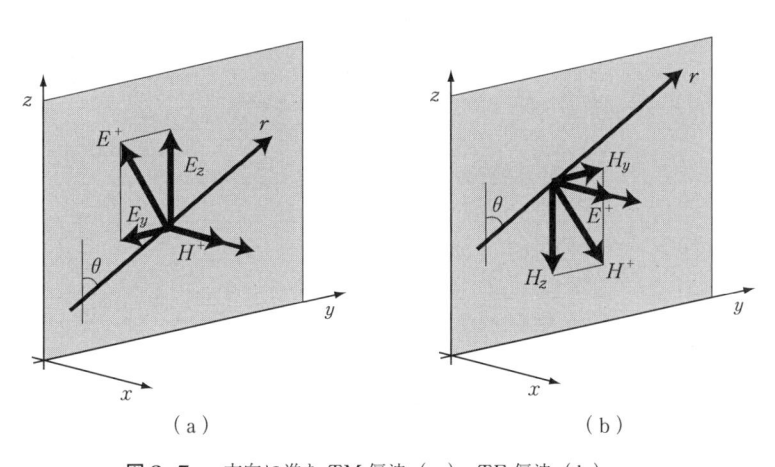

図 2.7 r 方向に進む TM 偏波（a），TE 偏波（b）

TM:電界ベクトルが入射面に平行な場合（図 2.7（a））を TM 波と呼ぶ．電磁界が E^+, $H^+ = E^+/\eta$ で与えられる TM 偏波の平面波が，図示のように z 軸に対し θ 方向に進んでいるとすると，

$$E_y = -E^+ \cos\theta, \quad E_z = E^+ \sin\theta, \quad H_x = H^+ = \frac{E^+}{\eta} \tag{2.20}$$

したがって，z 方向特性波動インピーダンス $\eta_{z\mathrm{TM}}$ は，

$$\eta_{z\mathrm{TM}} = -\frac{E_y}{H_x} = \eta\cos\theta$$

位相定数の関係で表せば，

$$\eta_{z\mathrm{TM}} = -\frac{E_y}{H_x} = \eta\cos\theta = \eta\frac{\beta_z}{\beta} \tag{2.21a}$$

同様に，y 方向特性波動インピーダンス $\eta_{y\mathrm{TM}}$ は，

$$\eta_{y\mathrm{TM}} = \frac{E_z}{H_x} = \eta\sin\theta = \eta\frac{\beta_y}{\beta} \tag{2.21b}$$

で与えられることになる．

TE：電界ベクトルが入射面に垂直の場合（図 2.7（b））を TE 偏波と呼ぶ．先と同様，電磁界 E^+, $H^+ = E^+/\eta$ の TE 偏波光が，図のように z 軸に対し θ 方向に進んでいるとすると，

$$E_x = E^+, \quad H_y = H^+\cos\theta = \frac{E^+\cos\theta}{\eta}, \quad H_z = -\frac{E^+\sin\theta}{\eta} \tag{2.22}$$

したがって，z 方向特性波動インピーダンス $\eta_{z\mathrm{TE}}$ は，

$$\eta_{z\mathrm{TE}} = \frac{E_x}{H_y} = \eta\sec\theta = \eta\frac{\beta}{\beta_z} \tag{2.23a}$$

また，y 方向特性波動インピーダンス $\eta_{y\mathrm{TE}}$ は，

$$\eta_{y\mathrm{TE}} = -\frac{E_x}{H_z} = \eta\,\mathrm{cosec}\,\theta = \eta\frac{\beta}{\beta_y} \tag{2.23b}$$

(2.21a, b) より，TM 波の場合，z 方向及び y 方向特性波動インピーダ

ンスは，媒質固有の性質として定まる特性波動インピーダンス（固有インピーダンス）より常に小さく，一方，(2.22a, b) より，TE 波の場合は常に大きいことが分かる．

2種の媒質が作る境界面に，光波が境界面に斜めの方向から入射する場合も，前節の垂直入射の場合と同様，反射波，透過波が生じる（**図 2.8** 参照）．

図のように，$z = 0$ において媒質1と媒質2とが境界を作っている．媒質1，2の誘電率は，それぞれ，ε_1, ε_2, 透磁率は，μ_1, μ_2, である．z 軸に対し角度 θ_1 の方向に進行する平面波（角周波数：ω）が境界面に入射し，図のように反射波，透過波が生じているとする．

入射波の波面法線ベクトル（波数ベクトル）と境界面の法線ベクトルとが構成する平面を入射面，それらの間の角度を入射角と呼ぶ．入射角は θ_1 である．境界面において，両媒質中の電磁界の時間的・空間的変化は等しいはずであるので，入射波，反射波，透過波の位相定数ベクトル（波数ベクトル）の境界面に平行な成分は等しくなる．この条件より，(1) 反射波，透過波は入射波と共に，同じ入射面上にあること，入射角 θ_1 に対して，(2)

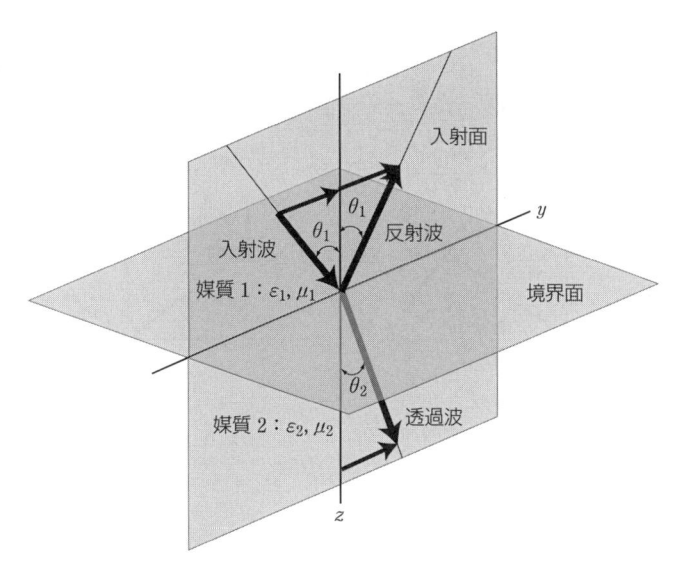

図 2.8 平面波の斜め入射における反射と透過

反射波の境界法線ベクトルに対する角度 $\theta_1{}'$（反射角）が θ_1 に等しいこと，更には，(3) 透過波の透過角 θ_2（透過波の波数ベクトルと境界面法線ベクトルの間の角度．屈折角と呼ぶことも多い）と入射角 θ_1 の間に，

$$\frac{\sin\theta_2}{\sin\theta_1} = \frac{k_1}{k_2} = \frac{v_2}{v_1} = \frac{n_1}{n_2} \tag{2.24}$$

の関係のあることが分かる．この関係をスネルの法則と呼ぶ．入射波，反射波，透過波が同じ面内にあることや，反射角が入射角に等しいこと，透過波はスネルの法則によって決まる方向に屈折して進行することは，よく知られた現象である．

図2.9に示すように，入射平面波の電界ベクトルの方向が，入射面に対して，垂直か平行かによって，入射波の電界方向をTE，TMの2種に分類できる．これまでと同様に，等方，均質，線形，無損失な媒質を考えているので，任意偏波面の入射波について，これら2種の偏波成分が混ざり合うことなく，反射・透過が起こるので，分離して取り扱うことができる．ただし，TM，TEによって反射，透過特性が異なるので，反射波，透過波の偏波状態（TM波，TE波の混ざり具合）は，入射波とは異なっていることが普通である．

入射波に対する反射波，透過波の電磁界は，垂直入射の場合と同様，境

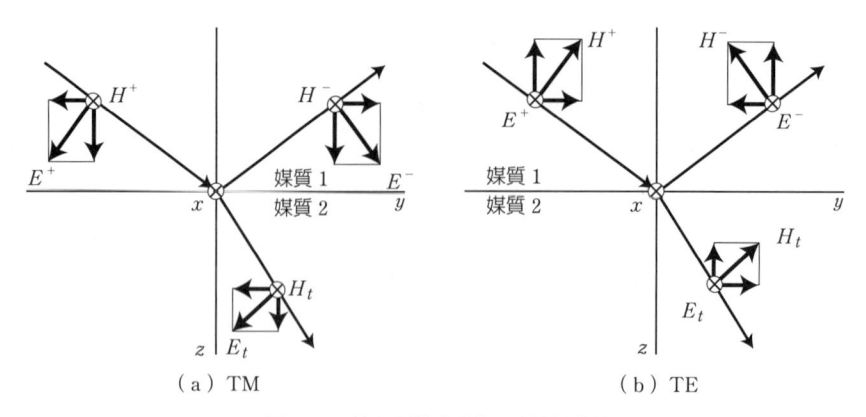

(a) TM (b) TE

図 2.9　斜め入射平面波の反射と透過

界面の両側で，電磁界の接線成分の大きさが常に等しくなる条件から導くことができる．したがって，斜め入射波に対する反射や透過を考察する上で，先に導入した，進行方向とは異なる角度から見た波動インピーダンスの考え方が有効となる．

媒質1，2において，それぞれ，境界面に垂直な方向（z 軸方向）に対して θ_1，θ_2 方向に進む光波の，z 方向に対する特性波動インピーダンスを，それぞれ，η_{z1}，η_{z2} とする．η_{z1}，η_{z2} は，それぞれ，媒質1，2において，θ_1，θ_2 方向に進む平面波の，境界面に平行な電界成分と磁界成分との比である．すなわち，入射波，反射波，透過波の，境界面における電界接線成分の振幅を，それぞれ，E_t^+，E_t^-，E_t^t，磁界接線成分の振幅を，それぞれ，H_t^+，H_t^-，H_t^t とすると，媒質1，2における z 方向特性波動インピーダンス，η_{z1}，η_{z2} は，それぞれ，

$$\eta_{z1} = \frac{E_t^+}{H_t^+} = -\frac{E_t^-}{H_t^-}, \quad \eta_{z2} = \frac{E_t^t}{H_t^t}$$

境界面における電磁界の接線成分の連続条件

$$E_t^+ + E_t^- = E_t^t$$
$$H_t^+ - H_t^- = H_t^t$$

より，反射係数 r，透過係数 t は，それぞれ，次のように表される．

$$r = \frac{E_t^-}{E_t^+} = \frac{\eta_{z2} - \eta_{z1}}{\eta_{z2} + \eta_{z1}} \tag{2.25a}$$

$$t = \frac{E_t^t}{E_t^+} = \frac{2\eta_{z2}}{\eta_{z2} + \eta_{z1}} = 1 + r \tag{2.25b}$$

先ほど分類した，TE，TM 偏波について，具体的に z 方向の特性波動インピーダンス η_z を導いて，反射・透過特性の考察を進めることができる．

TM：まず，電界ベクトルが入射面に平行な TM 偏波の場合，z 方向特性波動インピーダンスは，(2.21a) より $\eta_{z\mathrm{TM}} = \eta \cos\theta$ で表されるが，入射角を θ_1 とし，屈折角 θ_2 を，スネルの法則を用いて θ_1 によって表すと，媒

質1及び2におけるz方向の特性波動インピーダンス$\eta_{z1\mathrm{TM}}$, $\eta_{z2\mathrm{TM}}$は，それぞれ，

$$\eta_{z1\mathrm{TM}} = \eta_1 \cos\theta_1 \tag{2.26a}$$

$$\eta_{z2\mathrm{TM}} = \eta_2 \cos\theta_2 = \eta_2 \sqrt{1-\left(\frac{n_1}{n_2}\right)^2 \sin^2\theta_1} \tag{2.26b}$$

これらを，(2.25a, b) に代入すれば，r, t を θ_1 (あるいは θ_2) の関数として具体的に書き表すことができるが，ここでは省略する．また，(2.21b) より以下の議論に利用すると便利な，媒質1, 2におけるy方向特性波動インピーダンス$\eta_{y1\mathrm{TM}}$，及び，$\eta_{y2\mathrm{TM}}$を導いておく．

$$\eta_{y1\mathrm{TM}} = \eta_1 \sin\theta_1 \tag{2.26c}$$

$$\eta_{y2\mathrm{TM}} = \eta_2 \sin\theta_2 = \eta_2 \frac{n_1}{n_2} \sin\theta_1 \tag{2.26d}$$

入射波電界の$z=0$における値，E^+，により電磁界は以下のように書ける．(2.20) を用い，また，媒質1においては，スネルの法則より $\beta_{y1} = \beta_{y2}$ を用いて，入射波と反射波を加え合わせている．

$$H_{x1} = \frac{E^+ \exp[-j\beta_y y](\exp[-j\beta_{z1}z] - r\exp[j\beta_{z1}z])}{\eta_1} \tag{2.27a}$$

$$E_{y1} = -E^+ \cos\theta_1 \exp[-j\beta_y y](\exp[-j\beta_{z1}z] + r\exp[j\beta_{z1}z])$$

$$= \frac{-E^+ \exp[-j\beta_y y](\exp[-j\beta_{z1}z] + r\exp[j\beta_{z1}z])\eta_{z1\mathrm{TM}}}{\eta_1} \tag{2.27b}$$

$$E_{z1} = E^+ \sin\theta_1 \exp[-j\beta_y y](\exp[-j\beta_{z1}z] - r\exp[j\beta_{z1}z]) = \eta_{y1\mathrm{TM}} H_{x1} \tag{2.27c}$$

これら3式において，右辺は2項の和となっているが，括弧内，1項目が入射波，2項目が反射波である．(2.12a) より，z方向には定在波比 $S(=(1+|r|)/(1-|r|))$ の定在波となっていることが分かる．y方向には進行波である．一方，媒質2への透過波の電磁界は，

$$H_{x2} = \frac{tE^+ \exp[-j(\beta_y y + \beta_{z2} z)]}{\eta_2} \tag{2.28a}$$

$$E_{y2} = -tE^+ \cos\theta_2 \exp[-j(\beta_y y + \beta_{z2} z)] = -\eta_{z2\mathrm{TM}} H_{x2} \tag{2.28b}$$

$$E_{z2} = tE^+ \sin\theta_2 \exp[-j(\beta_y y + \beta_{z2} z)] = \eta_{y2\mathrm{TM}} H_{x2} \tag{2.28c}$$

TE：電界ベクトルが入射面に対して垂直な TE 偏波の場合，(2.23a) より，z 方向特性波動インピーダンスは，$\eta_{z\mathrm{TE}} = \eta \sec\theta$ で表される．入射角を θ_1 とし，屈折角 θ_2 を，スネルの法則を用いて θ_1 によって表すと，媒質 1 及び 2 における z 方向特性波動インピーダンス $\eta_{z1\mathrm{TE}}$，$\eta_{z2\mathrm{TE}}$ は，それぞれ，

$$\eta_{z1\mathrm{TE}} = \eta_1 \sec\theta_1 \tag{2.29a}$$

$$\eta_{z2\mathrm{TE}} = \eta_2 \sec\theta_2 = \frac{\eta_2}{\sqrt{1 - \left(\frac{n_1}{n_2}\right)^2 \sin^2\theta_1}} \tag{2.29b}$$

また，y 方向特性波動インピーダンス，$\eta_{y1\mathrm{TE}}$，及び $\eta_{y2\mathrm{TE}}$ は，

$$\eta_{y1\mathrm{TE}} = \eta_1 \operatorname{cosec}\theta_1 \tag{2.29c}$$

$$\eta_{y2\mathrm{TE}} = \eta_2 \operatorname{cosec}\theta_2 = \frac{\eta_2}{\frac{n_1}{n_2}\sin\theta_1} \tag{2.29d}$$

これらを先と同様，(2.25a, b) に代入すれば，r，t を θ_1（あるいは θ_2）の関数として具体的に書き表すことができるが，ここでは省略する．

電磁界の様子について考察すると，先と同様に，媒質 1 において，

$$E_{x1} = E^+ \exp[-j\beta_y y](\exp[-j\beta_{z1}z] + r\exp[j\beta_{z1}z])$$

$$H_{y1} = \frac{E^+ \cos\theta_1 \exp[-j\beta_y y](\exp[-j\beta_{z1}z] - r\exp[j\beta_{z1}z])}{\eta_1} \tag{2.30a}$$

$$= \frac{E^+ \exp[-j\beta_y y]\exp[-j\beta_{z1}z] - r\exp[j\beta_{z1}z]}{\eta_{z1\mathrm{TE}}} \tag{2.30b}$$

$$H_{z1} = -\frac{E^+\sin\theta_1\exp[-j\beta_y y](\exp[-j\beta_{z1}z]+r\exp[j\beta_{z1}z])}{\eta_1} = -\frac{E_{x1}}{\eta_{y1\text{TE}}}$$
(2.30c)

また，透過波の電磁界，E_{x2}，H_{y2}，H_{z2} は，

$$E_{x2} = tE^+\exp[-j(\beta_x x+\beta_{z2}z)] \tag{2.31a}$$

$$H_{y2} = \frac{tE^+\cos\theta_2\exp[-j(\beta_x x+\beta_{z2}z)]}{\eta_2} = \frac{E_{x2}}{\eta_{z2\text{TE}}} \tag{2.31b}$$

$$H_{z2} = -\frac{tE^+\sin\theta_2\exp[-j(\beta_x x+\beta_{z2}z)]}{\eta_2} = -\frac{E_{x2}}{\eta_{y2\text{TE}}} \tag{2.31c}$$

図 2.10（a）に，入射角に対する反射係数の計算例を示す．また，図 2.10（b）は同じく入射角に対する電力反射係数（$R = rr^*$）の計算例である．

入射角が大きくなるに従い TE 偏波では電力反射係数 R が単調に増大するのに対し，TM 偏波では，特定の入射角において，反射が 0 となる．すなわち，特定の入射角で $\eta_{z1\text{TM}} = \eta_{z2\text{TM}}$ となり，z 方向特性波動インピーダ

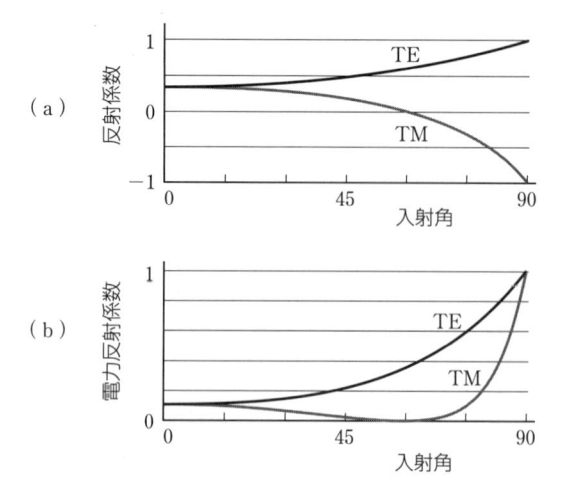

図 2.10　（a）入射角に対する反射係数 t と（b）電力反射係数 T

ンスの整合が得られる．この角度はブルースタ角 θ_B と呼ばれるが，簡単な計算により次式が得られる．

$$\theta_B = \tan^{-1}\frac{n_2}{n_1} \tag{2.32}$$

任意偏波の平面波が境界面にブルースタ角で入射すると，TM 偏波成分は無反射ですべて透過するので，反射波は，電界が入射面に垂直（境界面に平行）な TE 偏波成分のみからなる直線偏波となる．

境界面での平面波の反射と透過には，いまひとつの重要な現象として，全反射がある．入射側の屈折率 n_1 が，透過側の屈折率 n_2 がより大きい場合，入射角 θ_1 が

$$\theta_t = \sin^{-1}\frac{n_2}{n_1} \tag{2.33}$$

より大きくなると，t は純虚数となり全反射が生じる．$n_2<n_1$ の場合，屈折角 θ_2 は入射角 θ_1 より大きな値となるが，入射角 θ_1 が 0 から次第に大きくなって θ_t に達すると，$\theta_2 = \pi/2$，更に $\theta_1 > \theta_t$ の領域では θ_2 は純虚数となる．

媒質 1 で，$\beta_{y1}^2 + \beta_{z1}^2 = \beta_1^2$，媒質 2 では，$\beta_{y2}^2 + \beta_{z2}^2 = \beta_2^2$ であるが，両媒質中で y 方向の位相速度は等しい，すなわち，$\beta_{y1} = \beta_{y2} = \beta_y$, であるので，

$$\begin{aligned}\beta_{z2} &= \pm\sqrt{\beta_{z1}^2 - (\beta_1^2 - \beta_2^2)} \\ &= \pm\beta_2\sqrt{1 - \left(\frac{n_1}{n_2}\right)^2 \sin^2\theta_1}\end{aligned} \tag{2.34}$$

$n_1 > n_2$ を考えているので，$\theta_1 > \theta_t$ では β_{z2} は純虚数となる．このとき，$\beta_{z2} = \pm j\alpha$（α は実数）と書くことができるが，物理的に見て，z が大きくなるにつれ界は減衰していくものと考えて，－符号は考慮の対象とせず，－符号のみに着目して $\beta_{z2} = -j\alpha$ であるとする．この α を減衰定数と呼ぶ．

全反射の状態での媒質 2 における界分布は，TM 偏波では，

$$H_{x2} = \frac{tE^+ \exp[-j\beta_y y]\exp[-\alpha z]}{\eta_2} \qquad (2.35\text{a})$$

$$E_{y2} = -\eta_{z2\text{TM}} H_{x2} \qquad (2.35\text{b})$$

$$E_{z2} = \eta_{y2\text{TM}} H_{x2} \qquad (2.35\text{c})$$

ただし,

$$\eta_{z2\text{TM}} = \eta_2 \cos\theta_2 = \eta_2 \sqrt{1 - \left(\frac{n_1}{n_2}\right)^2 \sin^2\theta_1} \qquad (2.26\text{b})$$

$$\eta_{y2\text{TM}} = \eta_2 \sin\theta_2 = \eta_2 \frac{n_1}{n_2}\sin\theta_1 \qquad (2.26\text{d})$$

同じく,TE 偏波では,

$$E_{x2} = tE^+ \exp\left[-j\beta_y y\right]\exp\left[-\alpha z\right] \qquad (2.36\text{a})$$

$$H_{y2} = \frac{E_{x2}}{\eta_{z2\text{TE}}} \qquad (2.36\text{b})$$

$$H_{z2} = -\frac{E_{x2}}{\eta_{y2\text{TE}}} \qquad (2.36\text{c})$$

ただし

$$\eta_{z2\text{TE}} = \eta_2 \sec\theta_2 = \frac{\eta_2}{\sqrt{1 - \left(\frac{n_1}{n_2}\right)^2 \sin^2\theta_1}} \qquad (2.29\text{b})$$

$$\eta_{y2\text{TE}} = \eta_2 \operatorname{cosec}\theta_2 = \frac{\eta_2}{\frac{n_1}{n_2}\sin\theta_1} \qquad (2.29\text{d})$$

全反射状態では,(2.26b),(2.29b) より,z 方向波動インピーダンス $\eta_{z2\text{TM}}$, $\eta_{z2\text{TE}}$ は純虚数であることが分かる.すなわち,H_{x2} と E_{y2}, あるいは,E_{x2} と H_{y2} の位相が,90°異なっている.このような場合,ポインティングベクトルの時間平均値は 0,電力伝送のないリアクティブな状態となる.また,境界法線方向 (z 方向) に,界は振動関数ではなく,指数関数的に

第2章 平面波の反射と透過

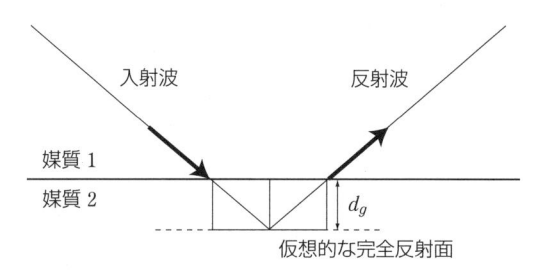

図2.11 グースヘンシェンシフトの説明図

減衰する．このように，リアクティブで減衰状態にある電磁界をエバネッセント波と呼ぶ．一方，(2.26d), (2.29d) より，y 方向波動インピーダンスは実数であり，エバネッセント波中でも y 方向には電力が伝送されている．ただし，その大きさは深さ方向に指数関数的に減少する．

反射係数 r について見ると

$$r = \frac{E_t^-}{E_t^+} = \frac{1 - \dfrac{\eta_{z1}}{\eta_{z2}}}{1 + \dfrac{\eta_{z1}}{\eta_{z2}}}$$

全反射の状態では，r は絶対値が1の純虚数である．r の偏角 $\varPhi$ は，入射波に対する反射波の位相変化量を与えるもので，図2.11のように，境界面から $d_g = \varPhi/(2\beta_1 \cos\theta_1)$ だけ媒質2の中に後退した位置に完全反射面が存在する場合の反射と等価な位相変化が生じる．d_g，あるいは場合によっては $\varPhi$ は，グースヘンシェンシフトと広く呼ばれている．ただし本来は，後に述べるビーム光が，全反射される際に反射位置に生じる位置ずれをいうものである．

第3章

多層構造における反射と透過

いくつかの誘電体が平行に層をなした系に平面波が入射する場合を取り扱う．複数の境界面，すなわち複数の媒質不連続，がある場合に平面波がどのように振る舞うかについて，波動インピーダンスと反射係数，電圧伝達行列，散乱行列の三つの考え方を示す．

3.1 波動インピーダンス

まず，3種の媒質によって二つの平行な境界面が構成されているところに，平面波が垂直入射している場合を考える（**図3.1**参照）．光波が，左側の媒質1から媒質2との境界面に入射し，一部は反射され，一部は厚さ d

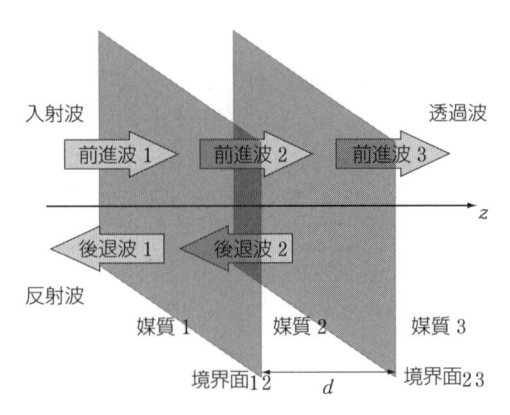

図3.1 2枚の平行な境界面における反射と透過

の媒質2に透過する．透過した光波は更に媒質2と3との境界面に進み，再び，媒質2に戻る反射波と，右側の媒質3に通り抜けていく透過波とに分かれる．したがって，媒質1と2には，それぞれ前進波と後退波が存在し，定在波が形成されるが，媒質3では前進波のみである．

　二つの平行な境界面で起こる現象は，図3.2に示すように，光波が境界面で反射・透過を繰り返す際して，前章の結果を適用して，逐次，反射波，透過波を計算し，それらを整理して，無限回の反射波・透過波を足し合わせることによって，全体としての特性を解析することができる．この方法は，光波が境界面に出合って，そこでどのように振る舞うのか，実際に生じている状況を把握する上では有効である．しかし，これでは，媒質がより複雑に組み合わさっている場合，例えば，境界面が三つになっただけでも，計算はかなり面倒となり，全体としてどのような現象が生じるのか，簡単には見通しを得にくい．これに対して，前章で活用した波動インピーダンスの考え方を発展させて用いれば，波動が伝搬するに際して，媒質の不連続でどのような影響を受けるかを，不連続がいくつも存在する場合でも，煩雑となることなく把握することができる．

　まず，$\pm z$方向に進行する平面波に対する波動インピーダンス$Z(z)$を導入する．波動インピーダンスは，特定の位置zにおける電界と磁界の比で

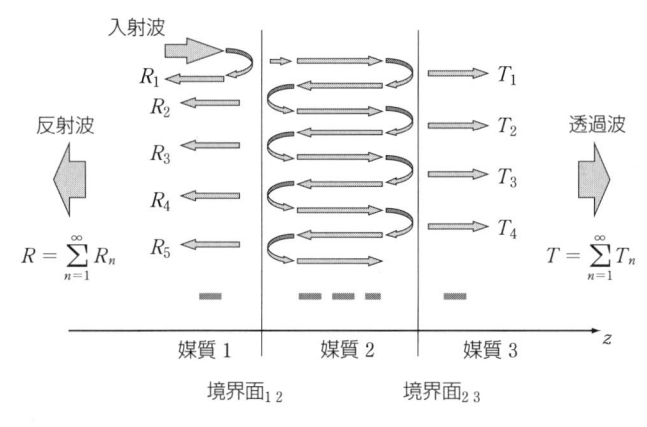

図3.2　二つの平行な境界面で生じる多重反射

定義される．$+z$ 方向に進行する平面波（前進波）と $-z$ 方向に進行する平面波（後退波）が混在する場合を考えているので，$Z(z)$ は，前進波と後退波を足し合わせた波動の電界と磁界の比として与えられる．$Z(z)$ は，位置（ここでは座標 z）の関数である．

これまで同様に，等方，均質，線形，無損失な媒質（特性波動インピーダンス η）を仮定し，その中に，$+z$ 方向に進む前進波と $-z$ 方向に進む後退波が存在するとする．ただし，電界ベクトルは x 軸方向にあるとし，$z = 0$ における前進波，後退波の電界振幅を，それぞれ，E_0^+，E_0^- とすると，z における電磁界，$E_x(z)$，$H_y(z)$ は，(1.20a, b) を少し書き替えて，

$$E_x(z) = E^+(z) + E^-(z) \tag{3.1a}$$

$$H_y(z) = \frac{E^+(z) - E^-(z)}{\eta} \tag{3.1b}$$

ただし，$E^+(z)$，$E^-(z)$ は，それぞれ，z における前進波，後退波の電界振幅であり，

$$E^+(z) = E_0^+ \exp[-jkz] \tag{3.2a}$$

$$E^-(z) = E_0^- \exp[jkz] \tag{3.2b}$$

ただし，k は位相定数である．

図 3.3 に示すように，位置 z において $+z$ 方向を見た（すなわち，$+z$ 方向に進む波を前進波，$-z$ 方向に進む波を後退波と呼ぶ状況で）波動インピーダンス $Z(z)$ は，(3.1a, b) より，

$$Z(z) = \frac{E_x(z)}{H_y(z)} = \eta \frac{E^+(z) + E^-(z)}{E^+(z) - E^-(z)} \tag{3.3}$$

反射波（あるいは後退波）が存在せず，入射波（前進波）のみが存在する場合では，$Z(z) = \eta$（定数）である．一方，後退波のみが存在する場合では，$Z(z) = -\eta$ である．どちらを前進波と考えるか（すなわち，どちら方向を見ているか）によって符号が反転するので，注意が必要である．

特性波動インピーダンス η の媒質中を進む入射波に対し，$z = 0$ に反射係

第3章 多層構造における反射と透過　　　　　　　　　　45

$Z(z)$

$Z(z) = E_x(z)/H_y(z)$

$E^+(z)$

$H^+(z) = E^+(z)/\eta$　　前進波

$E^-(z)$

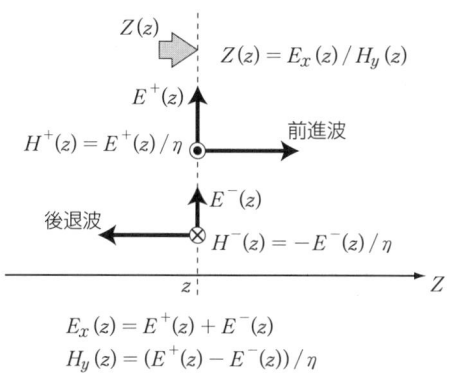

後退波　　$H^-(z) = -E^-(z)/\eta$

$E_x(z) = E^+(z) + E^-(z)$
$H_y(z) = (E^+(z) - E^-(z))/\eta$

図 3.3　波動インピーダンス $Z(z)$

$Z(z)$　　Z_L
$\rho(z)$　　$r = \rho(0)$

$E^+(z)$
$H^+(z)$　前進波

前進波

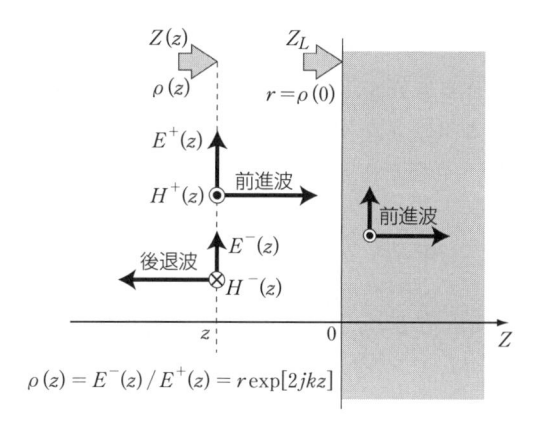

$E^-(z)$
後退波　$H^-(z)$

$\rho(z) = E^-(z)/E^+(z) = r\exp[2jkz]$

図 3.4　波動インピーダンス $Z(z)$ と反射係数 $\rho(z)$

数 $r(=E_0^-/E_0^+)$ の不連続境界面があって反射波が発生しているとする（**図 3.4** 参照）と，(3.3) は次のように変形できる．

$$Z(z) = \eta \frac{1 + r\exp[2jkz]}{1 - r\exp[2jkz]} \tag{3.4}$$

反射係数，$r = E_0^-/E_0^+$，の定義を拡張し，任意の位置 z における反射係数 $\rho(z)$ を導入すると便利である．

$$\rho(z) = \frac{E^-(z)}{E^+(z)} = r\exp[2jkz] \tag{3.5}$$

$\rho(z)$ は，複素平面上で半径 r の円周上にある複素数であり，z が半波長分変化すると原点の周りを 1 周する．$\rho(z)$ を用いれば，(3.1a, b) 及び (3.3)，あるいは (3.4) は，

$$E_x(z) = E^+(z)(1+\rho(z)) \tag{3.6a}$$

$$H_y(z) = \frac{E^+(z)(1-\rho(z))}{\eta} \tag{3.6b}$$

$$Z(z) = \eta\frac{1+\rho(z)}{1-\rho(z)} \tag{3.7}$$

$z = 0$ における境界面から更に $+z$ 方向を見た波動インピーダンス（境界面を越えた直後の電界と磁界の比）が Z_L（負荷波動インピーダンスと呼ぶ）で与えられるとすると（図 3.4 参照），$z = 0$ における反射係数 r は，(2.4a) において，η_1, η_2 を，それぞれ，η, Z_L に置き換えることによって，

$$r = \frac{Z_L - \eta}{Z_L + \eta} \tag{3.8}$$

この r を (3.5) に代入すると，位置 z（位置関係から，通常は $z < 0$）における反射係数 $\rho(z)$ は，

$$\rho(z) = \frac{Z_L - \eta}{Z_L + \eta}\exp[2jkz] \tag{3.9}$$

したがって，不連続（境界面）における反射係数 (3.8) が分かれば，それより手前の位置 z における反射係数 (3.9) が得られ，(3.9) を (3.6a, b) に代入することで，z における電磁界，$E_x(z)$ 及び $H_y(z)$ が得られる．また，(3.9) を (3.7) に代入することで位置 z における波動インピーダンス $Z(z)$ は，以下で与えられることが分かる．

$$Z(z) = \eta\frac{(Z_L + \eta) + (Z_L - \eta)\exp[2jkz]}{(Z_L + \eta) - (Z_L - \eta)\exp[2jkz]}$$

第 3 章　多層構造における反射と透過

$$= \eta \frac{Z_L \cos[kz] - j\eta \sin[kz]}{\eta \cos[kz] - jZ_L \sin[kz]} \tag{3.10}$$

　$Z(z)$ を z に関する関数としてみると（3.10）で表されるとおり，かなり煩雑な関数である．しかし，$\rho(z)$ は，（3.5）が示すように，z の変化に対して複素平面上で半径 r の円を描くだけであって，z に対する挙動を容易に把握できる．一方，$\rho(z)$ と $Z(z)$ の関係は（3.7）で与えられるとおり，双 1 次変換の関係にあり，理解しやすい．このことから，z に対する波動インピーダンス $Z(z)$ の変化を考えるに際して，まず，インピーダンスが既知である点 z_0 において，$Z(z_0)$ を反射係数 $\rho(z_0)$ に移し替え，次に z を移動したあとの $\rho(z)$ を導いて，$\rho(z)$ を，再び，波動インピーダンス $Z(z)$ に戻せば，計算（あるいは状態の把握）が容易である．この手順を図的に行うものにスミス図があるが，ここでは立ち入らない．

　二つの平行な境界面の存在する媒質中で平面波が境界面に垂直入射する場合を，改めて**図 3.5** に示す．$z = -d$ は，媒質 1 と媒質 2 との境界面であり，$z = 0$ に，媒質 2 と媒質 3 との境界面がある．媒質 1 中を左から第 1 の境界面に入射した光波の境界面 $(z = -d)$ 媒質 1 側上での電界を E_1^+，同じく反射波電界を E_1^-，媒質 2 中への透過波電界を E_2^+ とする．媒質 2 に

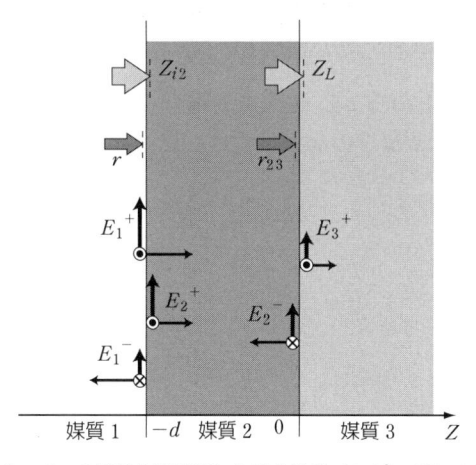

図 3.5　二つの平行な境界面における波動インピーダンスと反射係数

透過した光波は更に第 2 の境界面 ($z=0$) で一部が反射し（反射波電界 E_2^-），残りは第 3 の媒質に透過する（透過波電界 E_3^+）。

　この系における電磁界を，波動インピーダンスの考え方に基づいて考察する．後段の不連続から順に考えると扱いやすい．まず，媒質 2 と媒質 3 との境界，$z=0$ において媒質 3 を見た（すなわち，$+z$ 方向に対する）（負荷）波動インピーダンスは η_3 である．(3.8) において $Z_L=\eta_3$, $\eta=\eta_2$ とおけば，媒質 2 と 3 との境界での反射係数 r_{23} が得られ，(3.9) を用いれば，媒質 1 と 2 との境界，$z=-d$，における反射係数 $\rho(-d)$ を計算できる．これを波動インピーダンスに変換すれば，$z=-d$ での媒質 2 側における波動インピーダンス Z_{i2} を導くことができる．これらをひとまとめに記述したのが (3.10) であり，(3.10) において，$\eta=\eta_2$, $Z_L=\eta_3$, $k=k_2$, $z=-d$ を代入すれば，Z_{i2} は以下のようになる．

$$Z_{i2} = \eta_2 \frac{\eta_3 \cos[kd] + j\eta_2 \sin[kd]}{\eta_2 \cos[kd] + j\eta_3 \sin[kd]} \tag{3.11}$$

境界 $z=-d$ において媒質 1 側から $+z$ 方向（媒質 2 の方向）を見た（負荷）インピーダンス Z_{L1} が，Z_{i2} に対応するので，媒質 1 と媒質 2 との境界における反射係数 $\rho(-d)=r$ は

$$r = \frac{Z_{i2}-\eta_1}{Z_{i2}+\eta_1} = \frac{\eta_2(\eta_3-\eta_1)\cos[kd] + j(\eta_2^2-\eta_3\eta_1)\sin[kd]}{\eta_2(\eta_3+\eta_1)\cos[kd] + j(\eta_2^2+\eta_3\eta_1)\sin[kd]} \tag{3.12}$$

ここで，光波が媒質 1 から 2 に透過する場合の界面における反射係数を r_{12}, 2 から 3 に透過する場合の界面における反射係数を r_{23} とすると，

$$r_{12} = \frac{\eta_2 - \eta_1}{\eta_2 + \eta_1} \tag{3.13a}$$

$$r_{23} = \frac{\eta_3 - \eta_2}{\eta_3 + \eta_2} \tag{3.13b}$$

これらを (3.12) に代入すると，

$$r = \frac{r_{12} + r_{23}\exp[-j2kd]}{1 + r_{12}r_{23}\exp[-j2kd]} \tag{3.14}$$

第3章　多層構造における反射と透過

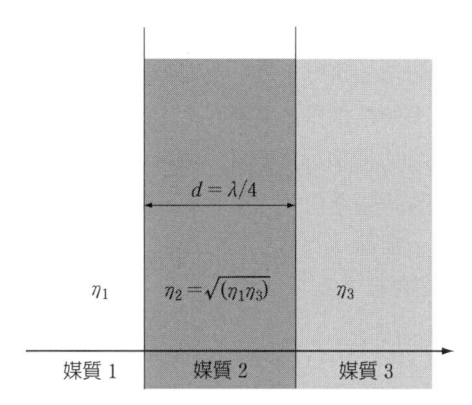

図3.6　3層媒質のインピーダンス整合

と表されることが分かる．

以上より，三つの媒質における反射係数及び波動インピーダンスの z に対する変化の様子をすべて記述できることが分かった．したがって，媒質1における入射波 E_1^+ を用いて，三つの媒質中の電磁界はすべて決まり，媒質1への反射や，媒質3への透過，あるいは媒質2における定在波の様子などを得ることができる．

図3.6に示すように，特性波動インピーダンスが η_1 と η_3 の媒質の間に，厚さ $d = \lambda/4$，特性波動インピーダンス $\eta_2 = \sqrt{\eta_1\eta_3}$ の誘電体板が挟まれているとする．この場合，二つの境界における反射係数 r_{12}, r_{23} は，

$$r_{12} = r_{23} = \frac{\sqrt{\eta_3} - \sqrt{\eta_1}}{(\sqrt{\eta_3} + \sqrt{\eta_1})\exp[-j2kd]} = -1$$

となって，(3.14) にこれらを代入すれば，$r = 0$ であることが分かる．レンズ，眼鏡などにしばしば用いられる，無反射コーティングの基本原理である．

3.2　電圧伝達行列

平面波の反射と透過の問題は，波動インピーダンス $Z(z)$ と反射係数 $\rho(z)$ を導入することで，複数の境界面で区分された場合に生じる多重反射

を含め，界の振舞いを見通しよく議論できることが分かった．各媒質中の電磁界を手順良く得ることができる．ただし，ここで得られるのは，前進波と後退波を足し合わせた電界と磁界の比，$Z(z)$，と，前進波と後退波の振幅の比，$\rho(z)$ である．光波応用では，通常，前進波と後退波の分離が容易であり，それらを直接扱うことのできる解析法が，光波の挙動を考察する上で有用となることも多い．

前節，(3.1a, b) を再掲する．

$$E_x(z) = E^+(z) + E^-(z) \tag{3.1a}$$

$$H_y(z) = \frac{E^+(z) - E^-(z)}{\eta} \tag{3.1b}$$

ただし，$E^+(z) = E_0^+ \exp[-jkz]$，$E^-(z) = E_0^- \exp[jkz]$ である．これを行列表示すれば，

$$\begin{pmatrix} E_x(z) \\ H_y(z) \end{pmatrix} = \boldsymbol{D} \begin{pmatrix} E^+(z) \\ E^-(z) \end{pmatrix} \tag{3.15}$$

ただし，

$$\boldsymbol{D} = \begin{pmatrix} 1 & 1 \\ \dfrac{1}{\eta} & -\dfrac{1}{\eta} \end{pmatrix} \tag{3.16}$$

これより，

$$\begin{pmatrix} E^+(z) \\ E^-(z) \end{pmatrix} = \boldsymbol{D}^{-1} \begin{pmatrix} E_x(z) \\ H_y(z) \end{pmatrix} \tag{3.17}$$

ただし，

$$\boldsymbol{D}^{-1} = \frac{1}{2} \begin{pmatrix} 1 & \eta \\ 1 & -\eta \end{pmatrix} \tag{3.18}$$

図3.7（a）に示すように，位置 z に，媒質1と媒質2との境界面があるとする．それぞれの媒質中における電界，インピーダンスなどを添字1及び2で表す．境界面で電界，磁界の接線成分は連続であるので，

第3章　多層構造における反射と透過

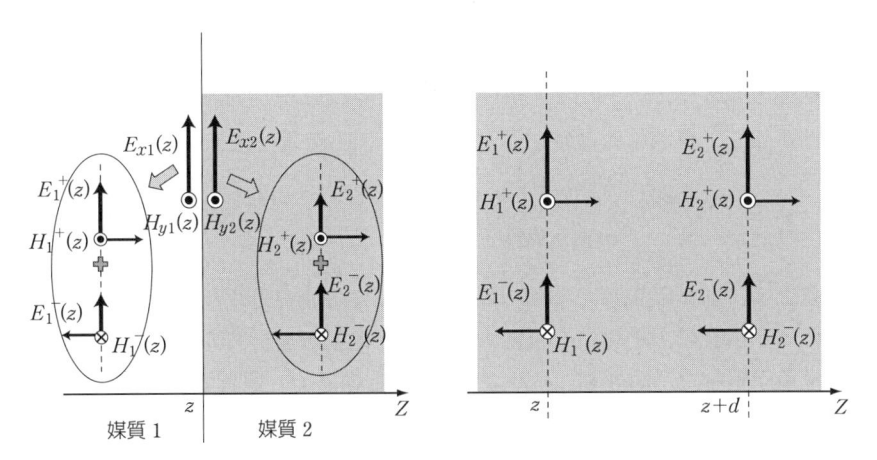

図3.7 （a）境界面における電磁界の関係，（b）zと$z+d$における電磁界の関係

$$\begin{pmatrix} E_{x1}(z) \\ H_{y1}(z) \end{pmatrix} = \boldsymbol{D}_1 \begin{pmatrix} E_1^{+}(z) \\ E_1^{-}(z) \end{pmatrix}, \quad \begin{pmatrix} E_{x2}(z) \\ H_{y2}(z) \end{pmatrix} = \boldsymbol{D}_2 \begin{pmatrix} E_2^{+}(z) \\ E_2^{-}(z) \end{pmatrix} \quad (3.19)$$

境界面で電界，磁界の接線成分は連続であるので，zにおいて，$E_{x1}(z) = E_{x2}(z)$，$H_{y1}(z) = H_{y2}(z)$，すなわち，

$$\begin{pmatrix} E_1^{+}(z) \\ E_1^{-}(z) \end{pmatrix} = \boldsymbol{D}_{12} \begin{pmatrix} E_2^{+}(z) \\ E_2^{-}(z) \end{pmatrix} \quad (3.20)$$

ただし，$\boldsymbol{D}_{12} = \boldsymbol{D}_1^{-1}\boldsymbol{D}_2$，は媒質1から2への境界に対する，電圧伝達行列である．(3.16)，(3.18)を用いると，

$$\boldsymbol{D}_{12} = \boldsymbol{D}_1^{-1}\boldsymbol{D}_2 = \frac{1}{2}\begin{pmatrix} 1+\dfrac{\eta_1}{\eta_2} & 1-\dfrac{\eta_1}{\eta_2} \\ 1-\dfrac{\eta_1}{\eta_2} & 1+\dfrac{\eta_1}{\eta_2} \end{pmatrix} = \frac{1}{t_{12}}\begin{pmatrix} 1 & r_{12} \\ r_{12} & 1 \end{pmatrix} \quad (3.21)$$

ここで，r_{12}は，(3.13a)で与えられる，媒質1から媒質2に光波が入射した場合の反射係数，$t_{12} = 1 + r_{12}$は，同じく透過係数である．

zと$z+d$における前進波，後退波の関係は，以下のように行列表示される（図3.7（b）参照）．

$$\begin{pmatrix} E_1^+(z) \\ E_1^-(z) \end{pmatrix} = \begin{pmatrix} \exp[jkd] & 0 \\ 0 & \exp[-jkd] \end{pmatrix} \begin{pmatrix} E_1^+(z+d) \\ E_1^-(z+d) \end{pmatrix}$$

したがって，長さ d の媒質を通過する際の電圧伝達行列 $\boldsymbol{P}$ は，

$$\boldsymbol{P} = \begin{pmatrix} \exp[jkd] & 0 \\ 0 & \exp[-jkd] \end{pmatrix} \tag{3.22}$$

以上で，前節で扱った3種の媒質によって二つの平行な境界面が構成されている場合の，平面波の反射と透過を，電圧伝達行列の考え方で考察する準備が整った．図3.8に示すように，先と同じく．媒質1中を左から第1の境界面に入射する光波の境界面（媒質1側）上での電界を E_1^+，同じく反射波電界を E_1^-，第2の境界まで進み，媒質2から媒質3への透過波電界（媒質3側）を E_3^+ とする．ただし，媒質3から2への入射波 $E_3^- = 0$ である．この状況を，伝達行列を用いて表せば，

$$\begin{pmatrix} E_1^+ \\ E_1^- \end{pmatrix} = \boldsymbol{D}_{12} \boldsymbol{P}_2 \boldsymbol{D}_{23} \begin{pmatrix} E_3^+ \\ 0 \end{pmatrix} \tag{3.23}$$

したがって，$\boldsymbol{D}_{12}\boldsymbol{P}_2\boldsymbol{D}_{23}$ の11成分，21成分を用いれば，

$$E_1^+ = (\boldsymbol{D}_{12}\boldsymbol{P}_2\boldsymbol{D}_{23})_{11} E_3^+ \tag{3.24a}$$
$$E_1^- = (\boldsymbol{D}_{12}\boldsymbol{P}_2\boldsymbol{D}_{23})_{21} E_3^+ \tag{3.24b}$$

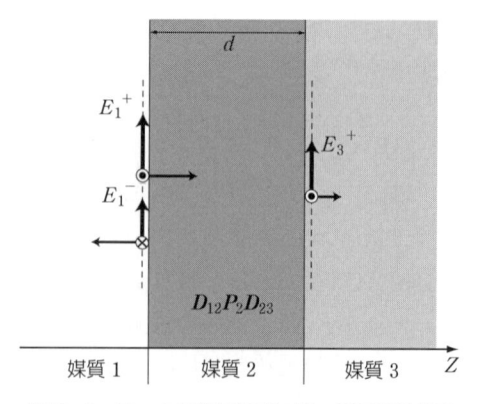

図3.8 二つの平行境界面の間の電圧伝達行列

第1の境界面における反射係数をrとすると,

$$r = \frac{E_1^-}{E_1^+} = \frac{(\boldsymbol{D}_{12}\boldsymbol{P}_2\boldsymbol{D}_{23})_{21}}{(\boldsymbol{D}_{12}\boldsymbol{P}_2\boldsymbol{D}_{23})_{11}} \tag{3.25}$$

は, 先の (3.14) に一致することが示される. また, 境界面1から3への透過係数tは,

$$t = \frac{E_3^+}{E_1^+} = \frac{1}{(\boldsymbol{D}_{12}\boldsymbol{P}_2\boldsymbol{D}_{23})_{11}} = \frac{t_{12}t_{23}\exp[-jkd]}{1 + r_{12}r_{23}\exp[-j2kd]} \tag{3.26}$$

前節, 図3.6と同じ例を取り上げる. 特性波動インピーダンスがη_1とη_3の媒質の間に, 厚さ$d = \lambda/4$, 特性波動インピーダンス$\eta_2 = \sqrt{\eta_1\eta_3}$の誘電体板が挟まれているとする. 系の反射係数$r$は0であった. 各境界における反射係数, 透過係数等は,

$$r_{12} = r_{23} = \frac{\sqrt{\eta_3} - \sqrt{\eta_1}}{\sqrt{\eta_3} + \sqrt{\eta_1}}$$

$$t_{12} = t_{23} = \frac{2\sqrt{\eta_3}}{\sqrt{\eta_3} + \sqrt{\eta_1}}$$

$$\exp[-j2kd] = -1, \ \exp[-jkd] = -j$$

これらを, (3.26) に代入すると, 透過係数tは,

$$t = -j\sqrt{\frac{\eta_3}{\eta_1}}$$

複数の不連続が存在する場合にも, 各要素の電圧伝達行列が分かれば, それらの積を順に取ることで, 各要素における前進波, 後退波の振幅を求めることができる. 先の, 波動インピーダンスと反射係数を使って電磁界の挙動を図的に把握するのとは異なり, 伝達行列を用いるものは, 理論解析や数値解析に適した方法である.

3.1節, 3.2節では, 境界面に平面波が垂直入射するとして考察を進めてきたが, 平面波が境界に斜めに入射する場合についても, 同様に取り扱うことができる. 特性波動インピーダンスηを, 入射角θ_i (あるいは反射角

$\theta_r = \theta_i$, 透過角 θ_t) 方向に進む平面波に対する z 方向特性波動インピーダンス η_z に置き換えて議論を進めればよい．ただし，平面波を TE，TM の偏波に分けて扱う必要がある．

3.3 散乱行列

散乱行列の概念を取り入れると，多層構造などの媒質を一つの系と捉え，入力に対する反射と透過の関係を議論することができる．図 3.9 は，ここで考える系である．簡単のため，系は入出力端（ポート）を二つだけ備えている場合を考える．ポート 1 からの入力波を a_1，出力波を b_1，ポート 2 からの入力波を a_2，出力波を b_2 とする．

前節の伝達行列では，ポート 1 での入出力と，ポート 2 での入出力の関係を行列に表すのに対し，散乱行列では，各ポートへの入力と，各ポートからの出力の関係を行列として記述する．

a_i, b_i ($i=1, 2$) は正規化した電磁波の複素振幅である．ここでは，多層構造に平面波が垂直入射し，反射，透過が生じている場合を考察するので，正規化複素振幅 a_i, b_i は，電磁界成分と，次の関係があるとする．

$$a_i = \frac{1}{\sqrt{2\eta_i}} \cdot E_i^+ = \sqrt{\frac{\eta_i}{2}} \cdot H_i^+ \tag{3.27a}$$

$$b_i = \frac{1}{\sqrt{2\eta_i}} \cdot E_i^- = -\sqrt{\frac{\eta_i}{2}} \cdot H_i^- \tag{3.27b}$$

ただし，各ポートに接している外部媒質の特性波動インピーダンスを η_i，

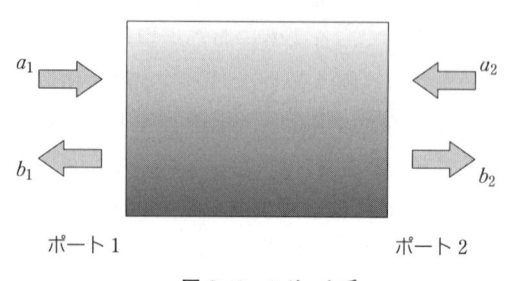

図 3.9 2 ポート系

また，系に入る方向を + に取っている．

このように定義すれば，$a_i a_i^*$ は各ポートから入力される単位断面積当りの平均電力，$b_i b_i^*$ は出力される同じく平均電力を表すことになる．また，各ポートにおける電磁界，E_i, H_i は，

$$E_i = \sqrt{2\eta_i}\,(a_i + b_i) \tag{3.28a}$$

$$H_i = \sqrt{\frac{\eta_i}{2}}\,(a_i - b_i) \tag{3.28b}$$

各ポートから入力される電力の時間平均は，入出力電力の差として，

$$\frac{1}{2}\mathrm{Re}(E_i H_i^*) = a_i a_i^* - b_i b_i^* \tag{3.29}$$

で与えられることとなる．

散乱行列には，このほか，入出力の電圧関係を記述する電圧散乱行列や，電流に対する電流散乱行列が用いられることがあるが，単に散乱行列と書かれれば，通常は，上述のように正規化された電磁界振幅を入出力とすることが多い．

a_i ($i = 1, 2$) は系への入力，b_i は出力であるので，a_i を独立変数，b_i を従属変数と考えて，以下のような関係式を書くことができる．

$$b_1 = S_{11} a_1 + S_{12} a_2 \tag{3.30a}$$

$$b_2 = S_{21} a_1 + S_{22} a_2 \tag{3.30b}$$

S_{ij} ($i, j = 1, 2$) は散乱係数である．あるいは，行列による表現を用いれば，

$$\boldsymbol{b} = S\boldsymbol{a} \tag{3.31}$$

ただし，

$$\boldsymbol{a} = \begin{pmatrix} a_1 \\ a_2 \end{pmatrix}, \quad \boldsymbol{b} = \begin{pmatrix} b_1 \\ b_2 \end{pmatrix}, \quad S = \begin{pmatrix} S_{11} & S_{12} \\ S_{21} & S_{22} \end{pmatrix} \tag{3.32}$$

S が散乱行列である．ここでは，ポートが二つだけの場合を考えているが，

二つ以上でも同じように，散乱行列が定義される．

　物質や電磁波の基本的性質から，散乱行列の成分，散乱係数には一定の関係が生まれる．性質の第1は相反性である．電磁波にはローレンツにより示されたといわれる次の相反関係がある．ある媒質に対して，そこに存在する電界と磁界の組，$E(a)$ と $H(a)$ 及び，それと同じ周波数の別の組，$E(b)$ と $H(b)$ に対して，次式で与えられる相反性が成り立つ．

$$\nabla \cdot (E(a) \times H(b) - E(b) \times H(a)) = 0 \quad (3.33)$$

媒質が等方であると仮定すれば，以下のとおり，この関係は簡単に証明できる．

　$E(a)$, $H(a)$ に対するマクスウェルの方程式

$$\nabla \times E(a) = -j\omega\mu H(a)$$

$$\nabla \times H(a) = j\omega\varepsilon E(a)$$

に，それぞれ $H(b)$, $E(b)$ を内積し，2式を足し合わせると，

$$(\nabla \times E(a)) \cdot H(b) + (\nabla \times H(a)) \cdot E(b)$$
$$= -j\omega(\mu H(a) \cdot H(b) - \varepsilon E(a) \cdot E(b))$$

上式の a と b を入れ替えた式を作り，上式との差を取ると，媒質が等方で ε, μ がスカラであれば（位置の関数で媒質が不均質であったり，媒質に損失があっても），右辺が0となり，相反関係式 (3.32) が得られる．ここでは，詳細に踏み込まないが，媒質が，第6章，第7章で述べるような異方性材料であっても，誘電率や透磁率テンソルが対称であれば，相反関係の満たされることを示すことができる．ただし，磁性体のように，テンソルが非対称の場合には相反性は満たされない．

　図3.10のように，系として直方体領域 V を考える．z 軸に垂直な二つの面がポート1及び2である．垂直入射の平面波を考えているので，x 軸，y 軸に垂直な四つの側面からは電力の入出力はない．相反性を示す式(3.33)をこの直方体領域で体積積分する．被積分量がベクトルの発散であるので，

第3章 多層構造における反射と透過

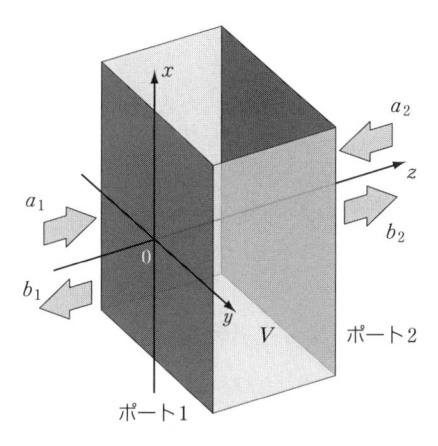

図 3.10 直方体領域 V

表面積分に変換できて，

$$\int_s (\boldsymbol{E}(a) \times \boldsymbol{H}(b) - \boldsymbol{E}(b) \times \boldsymbol{H}(a)) da = 0 \tag{3.34}$$

四つの側面における積分は0であるので，ポート1及び2に対応する面での積分のみを考えればよい．断面を単位面積とし，面積ベクトルが外向きであるとすると，(3.28a, b) より，積分第1項は，

$$-(a_1(a) + b_1(a))(a_1(b) - b_1(b)) - (a_2(a) + b_2(a))(a_2(b) - b_2(b))$$
$$= -(\boldsymbol{a}^t(a) + \boldsymbol{b}^t(a))(\boldsymbol{a}(b) - \boldsymbol{b}(b))$$

ただし，t は転置の操作を表し，列ベクトルを行ベクトル（あるいはその逆）に置き換える．積分第2項も同様に変形し，(3.34) に代入すると，

$$(\boldsymbol{a}^t(a) + \boldsymbol{b}^t(a))(\boldsymbol{a}(b) - \boldsymbol{b}(b)) = (\boldsymbol{a}^t(b) + \boldsymbol{b}^t(b))(\boldsymbol{a}(a) - \boldsymbol{b}(a))$$

整理すると，

$$\boldsymbol{b}^t(a)\boldsymbol{a}(b) = \boldsymbol{a}^t(a)\boldsymbol{b}(b)$$

この式に，$\boldsymbol{b} = S\boldsymbol{a}$，及びこれを転置した，$\boldsymbol{b}^t = \boldsymbol{a}^t S^t$ を代入して，$\boldsymbol{a}$ だけの関係に直すと，

$$a^t(a)\,S^t a(b) = a^t(a)\,S a(b)$$

すなわち,

$$S^t = S \tag{3.35}$$

相反な系の散乱行列は対称行列であることが分かる. これより,

$$S_{12} = S_{21} \tag{3.36}$$

次に,系が無損失である場合を考える. ポート1, 及び2からの入出力の和は0となるので,

$$a_1 a_1{}^* - b_1 b_1{}^* + a_2 a_2{}^* - b_2 b_2{}^* = 0$$

これを書き換えれば,

$$a^t a^* - b^t b^* = a^t a^* - a^t S^t S^* a^* = 0$$

これより,

$$S^t S^* = 1 \tag{3.37}$$

ただし, 1 は単位行列, 更に書き換えると,

$$S^{t*} = S^{-1} \tag{3.38}$$

S^{t*} は S のエルミート行列であるが, (3.38) は, S のエルミート行列が逆行列に等しい, すなわち, S がユニタリー行列であることを示している. 無損失な系の散乱行列はユニタリーであることが分かる.

これを, 2ポートの散乱係数の関係に書き直せば

$$|S_{11}|^2 + |S_{21}|^2 = 1 \tag{3.39a}$$

$$|S_{12}|^2 + |S_{22}|^2 = 1 \tag{3.39b}$$

$$S_{11} S_{12}{}^* + S_{21} S_{22}{}^* = 0 \tag{3.39c}$$

の三つの関係が得られる.

正規化複素振幅に対する反射係数を ρ とし，$\rho = b_1/a_1$ で与えられる相反で無損失な系を考える．散乱係数で表せば，$S_{11} = \rho$ である．相反性より $S_{12} = S_{21}$ であるので，(3.38a, b) から

$$|S_{22}|^2 = |S_{11}|^2 \tag{3.40}$$

すなわち，S_{22} は S_{11} と絶対値が等しく，適当な偏角 ϕ を用いて

$$S_{22} = S_{11} \exp[j\phi] \tag{3.41}$$

と書ける．(3.39a) 及び (3.39c) より，以下の関係が得られる．

$$|S_{12}| = |S_{21}| = \sqrt{1 - |S_{11}|^2} \tag{3.42a}$$

$$\arg(S_{12}) = \arg(S_{21}) = \arg(S_{11}) + \frac{\phi - \pi}{2} \tag{3.42b}$$

正規化複素振幅に対する透過係数 τ は，$\tau = b_2/a_1 = S_{21}$ で与えられる．したがって，散乱行列を ρ と ϕ で表すと，

$$S_{11} = \rho, \quad S_{22} = \rho \exp[j\phi], \quad S_{21} = S_{12} = \tau$$

ただし，

$$\tau = -j\sqrt{1 - |\rho|^2} \cdot \frac{S_{11}}{|S_{11}|} \exp\left[\frac{j\phi}{2}\right] \tag{3.43}$$

2 ポート系の散乱行列を構成する四つの散乱係数は，それぞれ複素数であるので，八つの実数変数が含まれていることになるが，相反性と無損失性がある場合，ポート 1 の反射係数 ρ が与えられれば，位相を除くポート 2 の反射係数，透過係数が決まることになる．系をポート 1 側から見た場合と，2 側から見た場合で，構造が非対称であっても，入射ポートに無関係に透過係数が等しく，また，両側の反射係数の絶対値も同じである点は興味深い．

ここまで，系に平面波が垂直入射する場合を念頭に考察してきたが，図 3.11 に示すように，斜め入射の場合も全く同様に議論を進めることができ

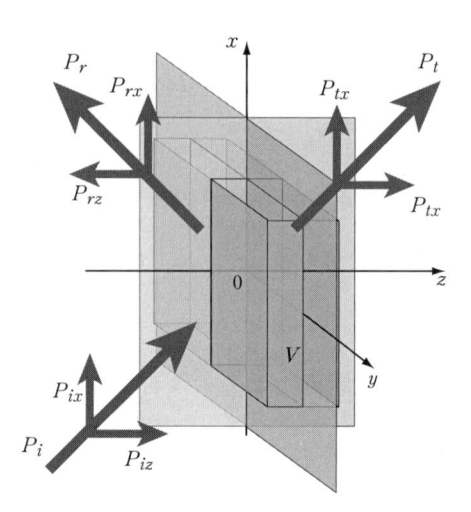

図 3.11 斜め入射の場合．P_i, P_r, P_t はそれぞれ入射波，反射波，透過波

る．入射角 θ で平面波が入射する場合，境界面に垂直な z 軸方向には電力の反射が生じるが，境界面に平行で入射面内にある x 方向には電力が一様に流れている．境界における反射・透過などは，先に斜め入射の場合について行ったと同様に，TE，TM 偏波に分けて，z 方向特性波動インピーダンスを用いて議論を進めればよい．電磁界の相反性から，散乱行列の対称性を導く際に，体積積分から表面積分に変換したが，y 方向に電力流が一様であることを考慮すれば，同じ操作が可能であり，四つの散乱係数の間の関係は，斜め入射の場合も垂直入射の場合と同じである．

図 3.12 のような，3 種の媒質によって二つの平行な境界面が構成されている場合を，再度取り上げる．煩雑になるので，入出力が対称な系を考える．すなわち，特性波動インピーダンス η_0 の空間中に，高屈折率な厚さ d の誘電体板（特性波動インピーダンス η_s）が置かれている場合を考える．

(3.13a, b) より，二つの界面での反射係数 r は以下のとおりとなる．

$$r = r_{12} = -r_{23} = \frac{\eta_s - \eta_0}{\eta_s + \eta_0} \tag{3.44}$$

また，誘電体板中の波数を k とする．電界反射係数と正規化複素振幅に対

第3章 多層構造における反射と透過

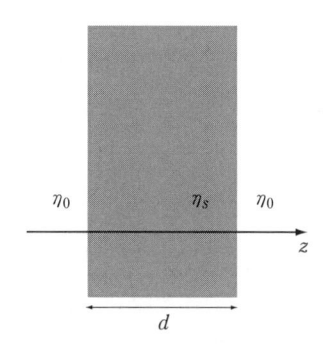

図 3.12 3層誘電体における反射と透過

する反射係数は一致するので，(3.14) を用いると，$S_{11} = \rho$ は，

$$\rho = \frac{r(1 - \exp[-j2kd])}{1 - r^2 \exp[-j2kd]} \tag{3.45}$$

系が対称であるので，(3.43) において，$\phi = 0$，すなわち，

$$S_{11} = S_{22} = \rho \tag{3.46a}$$

$$S_{21} = S_{12} = \tau = -j\sqrt{1 - \rho\rho^*} \cdot \frac{\rho}{|\rho|} \tag{3.46b}$$

(3.48b) に (3.47) を代入して得られる τ は，電圧伝達行列より得られる t，(3.27)，において $r_{12} = r_{23} = r$，$t_{12}t_{23} = 1 - r^2$ とおいたもの，

$$t = \frac{(1 - r^2)\exp[-j2kd]}{1 - r^2 \exp[-j2kd]} \tag{3.46c}$$

と等しいことが分かる．

強度に対する反射係数 $\rho\rho^*$，透過係数 $\tau\tau^*$ として表すと，

$$\rho\rho^* = \frac{2r^2(1 - \cos[2kd])}{1 - 2r^2\cos[2kd] + r^4} \tag{3.47a}$$

$$\tau\tau^* = \frac{(1 - r^2)^2}{1 - 2r^2\cos[2kd] + r^4} \tag{3.47b}$$

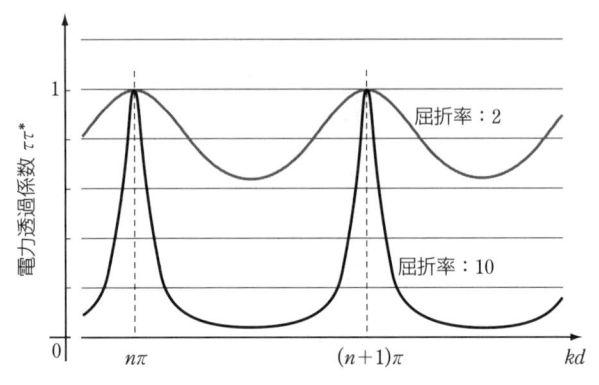

図 3.13 3層誘電体（対称）に対する透過係数の計算例

(3.47a, b) 両式を足し合わせれば，$\rho\rho^* + \tau\tau^* = 1$，すなわち，$|S_{11}|^2 + |S_{21}|^2 = 1$ が確かめられる．

ここでは，系が対称であるとしたので，電界透過係数 t と正規化複素振幅に対する反射係数 τ が等しくなったが，非対称な系では，入出力側の媒質の特性波動インピーダンスの比の平方根だけの違いが生じる．前節末の例に示したとおりである．反射係数では，入出力が同じ媒質にあるので，r と ρ は等しい．

図 3.13 は，屈折率 $n = 2$ 及び 10，の誘電体板に対する電力透過係数 $\tau\tau^*$ の計算例である．kd が π の整数倍，すなわち $d = \lambda/2$ の整数倍となるたびに，電力透過係数が 1，すなわち，完全透過となる．そこからはずれたところでは透過率が減少するが，誘電体板の屈折率が大きい場合の方が透過係数の減少が大きく，透過する帯域幅も狭くなる．

第 4 章

フーリエ解析

　ここまでは,光波はある決まった単一角周波数 ω の正弦波関数で表される振動であるとして,理想化された議論を進めてきたが,実際の光波ではこのように単純ではない.光波はいくつかの(とびとびの,離散的な)周波数成分,周波数スペクトル(spectrum スペクトラム),を含んでいたり,あるいは,ある幅をもった周波数帯域で連続的な周波数成分からなっていたりする.光通信のように光波に信号を乗せて伝送しようとすると,光波の振幅や位相などを時間的に変化させる変調が必要になるが,変調によっても周波数成分の広がりが生じる.信号伝送のための光ファイバも光周波数によって伝搬特性が変化する.様々な光応用では光波のスペクトル状態を把握しておくことが重要である.画像情報をはじめ,波面の空間分布が変調される場合についての考察も重要である.第8章では回折現象に関連して空間スペクトルを取り扱うことになるが,ここでは,まずは時間関数を対象に議論を進めるものとする.

　この章では,スペクトルを理解する上で基礎となるフーリエ解析について,基礎は既に理解されているものとして,要点だけをまとめて示し,そのあとに信号の標本化と離散フーリエ変換について述べる.

4.1　フーリエ変換

　$-T/2 \leqq t \leqq T/2$ で定義された積分可能な関数 $h(t)$ は,(複素)フーリエ級数によって次式のように展開される.

$$h(t) = \sum_{n=-\infty}^{\infty} c_n \exp[jn\omega t] \qquad (4.1)$$

ただし，$\omega = 2\pi/T = 2\pi f$

ここで，c_n は（複素）フーリエ係数で，

$$c_n = \frac{1}{T}\int_{-T/2}^{T/2} h(t)\exp[-jn\omega t]\,dt \qquad (4.2)$$

で与えられる．c_n は $h(t)$ の周波数スペクトルということができる．$h(t)$ が実関数の場合，$c_{-n} = c_n{}^*$，となる．また，

$$a_n = \frac{c_n + c_{-n}}{2}, \quad b_n = \frac{j(c_n - c_{-n})}{2} \qquad (4.3)$$

とおけば，

$$h(t) = a_0 + \sum_{n=1}^{\infty}(a_n\cos[n\omega t] + b_n\sin[n\omega t]) \qquad (4.4)$$

　周期関数は，1周期分を定義域とする関数を，1周期分ずつ時間移動して無限回連ねたものと見なすことができるので，周期関数にはフーリエ級数展開が適用できる．すなわち，$-\infty \leq t \leq \infty$ において $h(t) = h(t+T)$ であれば，(4.1) によって展開できる．また，(4.2) の積分範囲は，幅 T の任意区間（例えば，$0 \leq t \leq T$）に移動できる．

　一方，周期的でない関数では，フーリエ変換によってスペクトルを得ることになる．任意の関数 $h(t)$ のフーリエ変換，$\mathcal{F}(h(t)) = H(f)$ は，

$$H(f) = \mathcal{F}(h(t)) = \int_{-\infty}^{\infty} h(t)\exp[-j2\pi ft]\,dt \qquad (4.5)$$

また，フーリエ変換の逆変換，すなわち，逆フーリエ変換，$\mathcal{F}^{-1}(H(f))$ は，

$$h(t) = \mathcal{F}^{-1}(H(f)) = \int_{-\infty}^{\infty} H(f)\exp[j2\pi ft]\,df \qquad (4.6)$$

である．$h(t)$ と $H(f)$ の組をフーリエ変換対と呼ぶ．

第4章 フーリエ解析

フーリエ変換と逆フーリエ変換を続けて行えば，元に戻る．

$$h(t) = \int_{-\infty}^{\infty} \int_{-\infty}^{\infty} h(t) \exp[-j2\pi ft] dt \exp[j2\pi ft] df \tag{4.7}$$

$t = a$ において $h(t)$ に不連続がある場合，上式で等号が成り立つには，

$$h(a) = \frac{h(a-0) + h(a+0)}{2}$$

である必要がある．

フーリエ変換対の定義にはいくつかの流儀がある．上記 (4.5), (4.6) の組で定義する方法を流儀 1 と呼ぶと，

$$流儀 2 : H(\omega) = \frac{1}{2\pi} \int_{-\infty}^{\infty} h(t) \exp[-j\omega t] dt \tag{4.8a}$$

$$h(t) = \int_{-\infty}^{\infty} H(\omega) \exp[j\omega t] d\omega \tag{4.8b}$$

$$流儀 3 : H(\omega) = \int_{-\infty}^{\infty} h(t) \exp[-j\omega t] dt \tag{4.9a}$$

$$h(t) = \frac{1}{2\pi} \int_{-\infty}^{\infty} H(\omega) \exp[j\omega t] d\omega \tag{4.9b}$$

$$流儀 4 : H(\omega) = \sqrt{\frac{1}{2\pi}} \int_{-\infty}^{\infty} h(t) \exp[-j\omega t] dt \tag{4.10a}$$

$$h(t) = \sqrt{\frac{1}{2\pi}} \int_{-\infty}^{\infty} H(\omega) \exp[j\omega t] d\omega \tag{4.10b}$$

などである．この章では特に断らない限り流儀 1 を用いることとする．

表 4.1 は基本的な関数のフーリエ変換対である．インパルス関数，一様関数，cos 関数及び sin 関数（まとめて正弦関数），標本化関数（sampling, shah 関数），符号関数（signum, sgn 関数）とそのフーリエ変換である．ただし，表中，$Ш(x) = \sum_{n-\infty}^{\infty} \delta(t-n)$，は標本化関数，$\mathrm{sgn}\, x = 1\ (x>0)$, $0\ (x=0)$, $-1\ (x<0)$ は符号関数である．

また，**表 4.2** にしばしば現れるフーリエ変換対の例を示す．方形関数，

表 4.1 フーリエ変換対（1）

時間関数 $h(t)$	周波数関数 $H(t)$
$\delta(t)$	1
1	$\delta(f)$
$\cos(2\pi\nu t)$	$\dfrac{\delta(f+\nu)+\delta(f-\nu)}{2}$
$\sin(2\pi\nu t)$	$j\dfrac{\delta(f+\nu)-\delta(f-\nu)}{2}$
$\displaystyle\sum_{n=-\infty}^{\infty}\delta(t-nT) = \text{Ш}\left(\dfrac{t}{T}\right)\Big/T$	$\displaystyle\sum_{m=-\infty}^{\infty}\dfrac{\delta\!\left(f-\dfrac{T}{m}\right)}{T} = \text{Ш}(Tf)$
$\operatorname{sgn} t$	$-j/(\pi f)$

表 4.2　フーリエ変換対 (2)

時間関数 $h(t)$	周波数関数 $H(t)$
$\Pi(t/T)$	$T\,\text{sinc}\,(Tf)$
$\exp(-\pi t^2/\sigma^2)/\sigma$	$\exp(-\pi\sigma^2 f^2)$
$\text{sech}\,(\pi t)$	$\text{sech}\,(\pi f)$
$\exp(-|t|/T)$	$\dfrac{2T}{1+(2\pi Tf)^2}$

　ガウス関数，双曲線正割関数（ハイパボリックセカント関数），指数関数とそれらのフーリエ変換である．ここで，$\Pi(x) = 1\,(|x|<1/2)$，$1/2\,(|x|=1/2)$，$0\,(|x|>1/2)$ は方形関数，$\text{sinc}\,x = \sin(\pi x)/(\pi x)$ は sinc 関数である．また，指数関数のフーリエ変換はローレンツ関数となっている．

　更に，いくつかの，重要なフーリエ変換に関係する定理を以下にまとめておく．

・偶関数と奇関数

　関数 $h(t)$ が，$h(-t) = h(t)$ を満たせば偶関数，$h(-t) = -h(t)$ を満たせば奇関数と呼ぶ．

　$h(t)$ が偶関数の場合，

$$\mathcal{F}(h(t)) = H(f) = 2\int_0^\infty h(t)\cos[2\pi ft]\,dt \tag{4.11a}$$

すなわち，$H(f)$ も偶関数である．

一方,$h(t)$ が奇関数の場合,

$$\mathcal{F}(h(t)) = H(f) = -2j\int_0^\infty h(t)\sin[2\pi ft]\,dt \tag{4.11b}$$

$H(f)$ も奇関数であり,更に,偏角が $-\pi/2$ 回転する.

一般に,複素関数 $h(t)$ が与えられた場合,以下のように,$h(t)$ を,一意的に,偶関数 $h_e(t)$ と奇関数 $h_o(t)$ の和に分解できる.

$$h(t) = h_e(t) + h_o(t) \tag{4.12}$$

ただし,

$$h_e(t) = \frac{h(t) + h(-t)}{2} \tag{4.13a}$$

$$h_o(t) = \frac{h(t) - h(-t)}{2} \tag{4.13b}$$

$h(t)$,したがって,$h_e(t)$,$h_o(t)$ は,更に実部と虚部に分けることができるので,このことを考慮すれば,$h(t)$ は実偶関数部,虚偶関数部,実奇関数部,虚奇関数部の四つの項に分解できる.

$$\begin{aligned}h(t) &= h_e(t) + h_o(t)\\ &= \mathrm{Re}(h_e(t)) + j\mathrm{Im}(h_e(t)) + \mathrm{Re}(h_o(t)) + j\mathrm{Im}(h_o(t))\end{aligned} \tag{4.14a}$$

これをフーリエ変換した $H(f)$ でも,同様に,実偶関数,虚偶関数,虚奇関数,実奇関数の四つの項に分解できる.

$$\begin{aligned}H(t) &= H_e(t) + H_o(t)\\ &= \mathrm{Re}(H_e(t)) + j\mathrm{Im}(H_e(t)) + j\mathrm{Im}(H_o(t)) + \mathrm{Re}(H_o(t))\end{aligned} \tag{4.14b}$$

表 4.3 に示すように,(4.14a) の四つの項のフーリエ変換は,それぞれ,(4.14b) の各項に,順に対応する.

・共役変換

$$\mathcal{F}(h^*(t)) = H^*(-f) \tag{4.15}$$

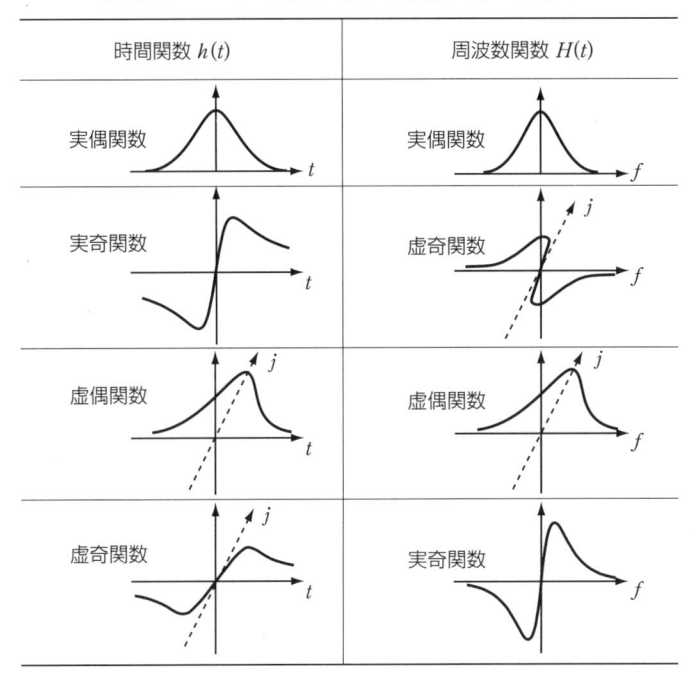

表 4.3 フーリエ変換対(実・虚関数,偶・奇関数)

時間関数 $h(t)$	周波数関数 $H(t)$
実偶関数	実偶関数
実奇関数	虚奇関数
虚偶関数	虚偶関数
虚奇関数	実奇関数

・パーシバルの定理

$h(t)$ と $H(f)$ の組に加えて,$g(t)$ と $G(f)$ をフーリエ変換対とすると

$$\int_{-\infty}^{\infty} h(t)g(-t)\,dt = \int_{-\infty}^{\infty} H(f)G(-f)\,df \tag{4.16a}$$

$$\int_{-\infty}^{\infty} h(t)g^*(t)\,dt = \int_{-\infty}^{\infty} H(f)G^*(f)\,df \tag{4.16b}$$

$$\int_{-\infty}^{\infty} |h(t)|^2\,dt = \int_{-\infty}^{\infty} |H(f)|^2\,df \tag{4.16c}$$

以下にも,更に,いくつかの定理を整理しておく(a, b は定数).

・線形性

$$\mathcal{F}(ah(t)+bg(t)) = aH(f)+bG(f) \tag{4.17}$$

・相似変換，移動

$$\mathcal{F}\left(h\left(\frac{t}{a}+b\right)\right) = a\exp[-j2\pi abf]H(af) \tag{4.18a}$$

$$\mathcal{F}(h(at)\exp[j2\pi bt]) = \frac{1}{a}H\left(\frac{f+b}{a}\right) \tag{4.18b}$$

・微分

$$\mathcal{F}(t^n h(t)) = \left(\frac{-j}{2\pi}\right)^n \frac{d^n H(f)}{df^n} \tag{4.19a}$$

$$\mathcal{F}(h^{(n)}(t)) = (j2\pi f)^n H(f) \tag{4.19b}$$

・関数の積と畳込み積分

$$\mathcal{F}(h(t) * g(t)) = H(f)G(f) \tag{4.20a}$$

$$\mathcal{F}(h(t)g(t)) = H(f) * G(f) \tag{4.20b}$$

ただし，畳込み積分（コンボリューション）は次式で定義される．

$$f_1(x) * f_2(x) = \int_{-\infty}^{\infty} f_1(x-y)f_2(y)\,dy = \int_{-\infty}^{\infty} f_1(y)f_2(x-y)\,dy \tag{4.21}$$

・電力スペクトルと自己相関関数

$H(f)H^*(f) = |H(f)|^2$ のフーリエ変換は，(4.20) より，

$$\begin{aligned}\mathcal{F}(|H(f)|^2) &= h(t) * h^*(-t) \\ &= \int_{-\infty}^{\infty} h(\tau)h^*(t-\tau)\,d\tau = \int_{-\infty}^{\infty} h(t+\tau)h^*(t)\,d\tau\end{aligned} \tag{4.22}$$

すなわち，$h(t)$ の自己相関関数となることが分かる．言い換えれば，自己相関関数をフーリエ変換すると，電力スペクトルが得られる．電力スペクトルをフーリエ変換すると，自己相関関数が得られる．

4.2 波形の標本化

時間的（あるいは空間的）に連続した波形から，とびとびの（離散的な）

時間や位置における波形の値を取り出すことを標本化，取り出された値を標本値と呼ぶ．

時間関数 $h(t)$ の $t=\tau$ における標本値は $h(\tau) = h(t)\delta(t-\tau)$ で表される．$h(t)$ を周期 τ で繰り返し標本化する場合，標本化された関数を $\tilde{h}(\tau)$ とすると，

$$\tilde{h}(\tau) = \sum_{n=-\infty}^{\infty} h(t)\delta(t-n\tau) = h(t)\sum_{n=-\infty}^{\infty} \delta(t-n\tau) \tag{4.23}$$

先に導入した標本化（サンプリング，shah）関数，

$$\text{Ш}(x) \equiv \sum_{n=-\infty}^{\infty} \delta(x-n) \tag{4.24}$$

を用いれば，

$$\tilde{h}(t) = \frac{1}{\tau} h(t)\,\text{Ш}\!\left(\frac{t}{\tau}\right) \tag{4.25}$$

と表すことができる．ただし，$\delta(ax) = \delta(x)/a$，の関係を用いている．

$\tilde{h}(t)$ のフーリエ変換 $\tilde{H}(f)$ は，$h(t)$ と $\text{Ш}(t/\tau)$ それぞれのフーリエ変換，$\mathcal{F}(h(t)) = H(f)$ と，$\mathcal{F}(\text{Ш}(t/\tau)) = \tau\text{Ш}(\tau f) = \sum_{m=-\infty}^{\infty}\delta(f-m/\tau)$ の畳込み積分となるので，

$$\begin{aligned}
\mathcal{F}(\tilde{h}(t)) &= H(f) * \text{Ш}(\tau f) \\
&= \frac{1}{\tau} H(f) * \sum_{m=-\infty}^{\infty} \delta\!\left(f-\frac{m}{\tau}\right) \\
&= \frac{1}{\tau} \int_{-\infty}^{\infty} H(f-\nu) \sum_{m=-\infty}^{\infty} \delta\!\left(\nu-\frac{m}{\tau}\right) d\nu \\
&= \frac{1}{\tau} \sum_{m=-\infty}^{\infty} H\!\left(f-\frac{m}{\tau}\right) = \tilde{H}(f)
\end{aligned} \tag{4.26}$$

この式より，$\tilde{H}(f)$ は周波数スペクトル $H(f)$ を $1/\tau$ の間隔で，無限回，繰り返し移動したものの和となっていることが分かる．

図 4.1 は，これらの関係の概念図である．図 4.1（a）は時間関数 $h(t)$,

光波工学の基礎

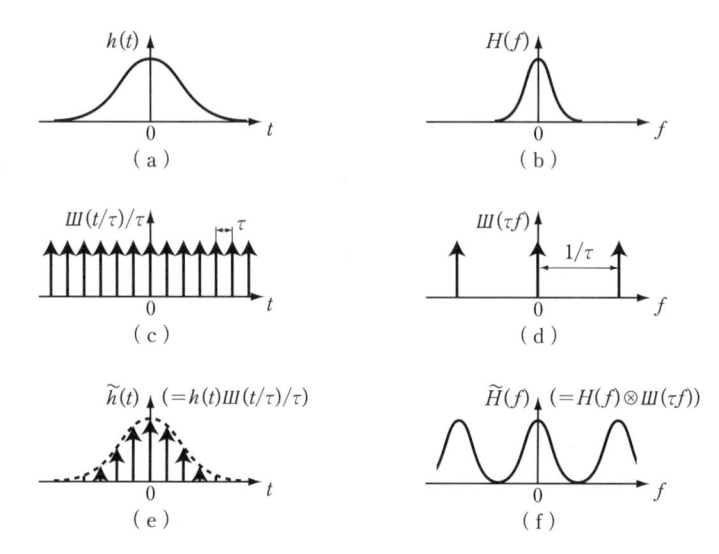

図 4.1 $h(t)$ の標本化と周波数スペクトル

図 4.1（b）をそのフーリエスペクトル $H(f)$ であるとする．図 4.1（c），（d）はそれぞれ，時間間隔 τ の標本化関数 $(1/\tau)\mathrm{Ш}(t/\tau)$ とそのフーリエ変換対で周波数間隔 $1/\tau$ の標本化関数 $\mathrm{Ш}(\tau f)$ である．$h(t)$ と $(1/\tau)\mathrm{Ш}(t/\tau)$ の積 $\tilde{h}(t)$ は，図 4.1（e）のように，$h(t)$ を時間間隔 τ で標本化した関数となる．一方，$\tilde{H}(f)$ は $H(f)$ と $\mathrm{Ш}(\tau f)$ の畳込み積分であり，図 4.1（f）のように $H(f)$ を周波数間隔 $1/\tau$ で繰り返す関数となる．

図 4.2 は $h(t)$ を時間間隔 τ で標本化した関数 $\tilde{h}(t)$ を元の関数 $h(t)$ に戻す操作の説明図である．図 4.2（b）に示す $\tilde{h}(t)$ のフーリエ変換 $\tilde{H}(f)$ は，原波形 $h(t)$ のフーリエ変換 $H(f)$ が周波数 $1/\tau$ で繰り返された波形となっている（図 4.2（a）及び（f）参照）．したがって，$\tilde{H}(f)$ に図 4.2（d）の方形関数（周波数幅 τ）を掛け合わせることで $H(f)$ を得ることができて，これをフーリエ逆変換すれば $h(t)$ となる．この操作を時間領域でみれば，$\tilde{h}(t)$ と，図 4.2（c）に示す sinc 関数（$\mathrm{sinc}(t/\tau)/\tau$）とを畳込み積分すれば $h(t)$ が得られることになる．

フーリエスペクトル $H(f)$ の周波数帯域が $-W<f<W$ を占めていて，

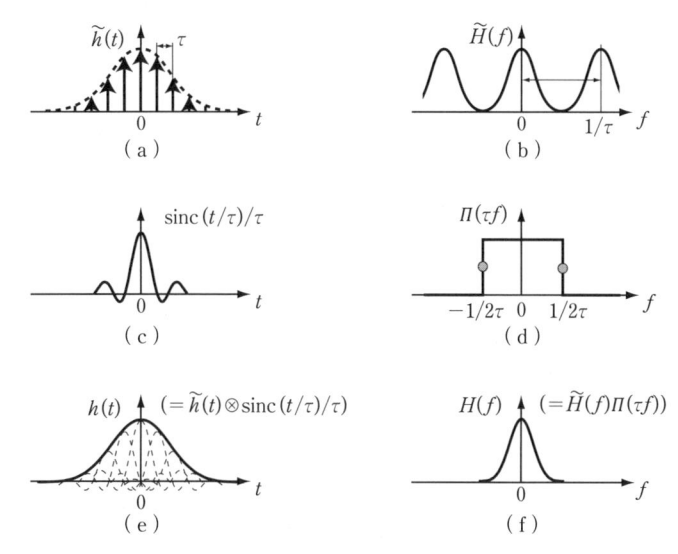

図 4.2 標本化された関数 $\tilde{h}(t)$ から $h(t)$ の再生

それより外側（$|f|>W$）では 0 であるとする．$2W$ が $1/\tau$ より小さければ，すなわち，$h(t)$ を標本化する際の時間間隔 τ が $1/(2W)$ より小さければ，標本化で得られる周波数スペクトル $\tilde{H}(f)$ は，先の図 4.1（f）あるいは図 4.2（b）と同様，**図 4.3（a）**のような繰返し波形となる．したがって，$\tilde{H}(f)$ に方形関数 $\Pi(\tau f)$ を掛け合わせると，元の $H(f)$ を取り出すことができる．

ところが，$2W$ が $1/\tau$ より大きいと，図 4.3（b）に示すように，$\tilde{H}(f)$ の波形は，$H(f)$ の両端が重なり合って並んだ形となる．先のように，$\Pi(\tau f)$ を掛け合わせても，元の $H(f)$ を取り出すことができない．周波数スペクトルが変化してしまうので，時間関数に戻した際にはひずみが伴う．

時間関数 $h(t)$ の周波数帯域が $-W<f<W$ に収まっている場合，$T=1/(2W)$ より短い繰り返し時間間隔（$\tau<T$）で $h(t)$ を標本化して $\tilde{h}(t)$ を得れば，周波数スペクトル $\tilde{H}(f)$ に重なりひずみは生じない．この間隔に対応する周波数 f_n をナイキストの標本化周波数（省略してナイキスト周波数）と呼ぶ．$f_n=1/T=2W$ である．周波数帯域幅の決まった信号に対しては，標本化の周波数は，ナイキスト周波数以上であれば元の時間信号が再生で

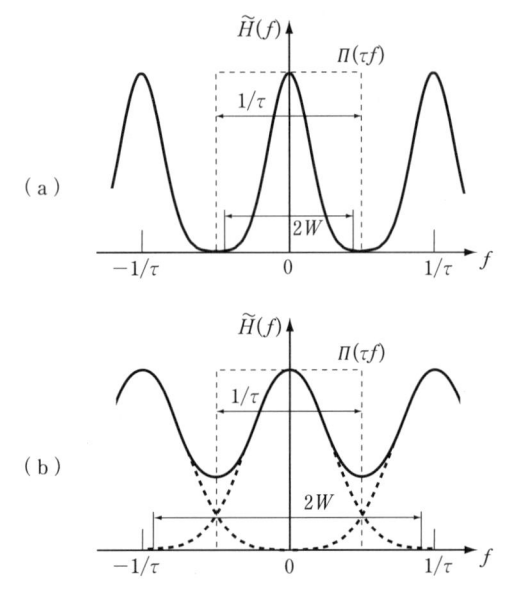

図 4.3 スペクトル幅 $2W$ とサンプリング周期 τ

きるので，むやみに高く取る必要もない．

　ナイキスト周波数に対応する繰返し時間よりゆっくりした時間間隔で標本化したために周波数スペクトルに生じる変形（更には，それを時間波形にもどした場合に生じる時間波形の変形）を，折返しひずみ（エリアシング，エイリアシング，aliasing）と呼ぶ．これを避けるため，入力信号の周波数帯域を制限することを，アンチエイリアシングと呼ぶ．

4.3　離散フーリエ変換

　前節では，時間関数 $h(t)$ を周期 τ で標本化した波形，$\hat{h}(t)$ のフーリエ変換 $\tilde{H}(f)$ は，$F = 1/\tau$ の周期関数となることを示した．図 4.4（a）〜（f）は，折返しひずみのある場合についてこれらの関係を示すものである．

　次に，周波数スペクトル $H(f)$ を周波数間隔 ν で標本化することを考える．周波数域における標本化関数は，$\sum_{m=-\infty}^{\infty} \delta(f - m\nu) = (1/\nu)\,Ш(f/\nu)$，その逆フーリエ変換は，$Ш(\nu t)$ である．

第4章 フーリエ解析

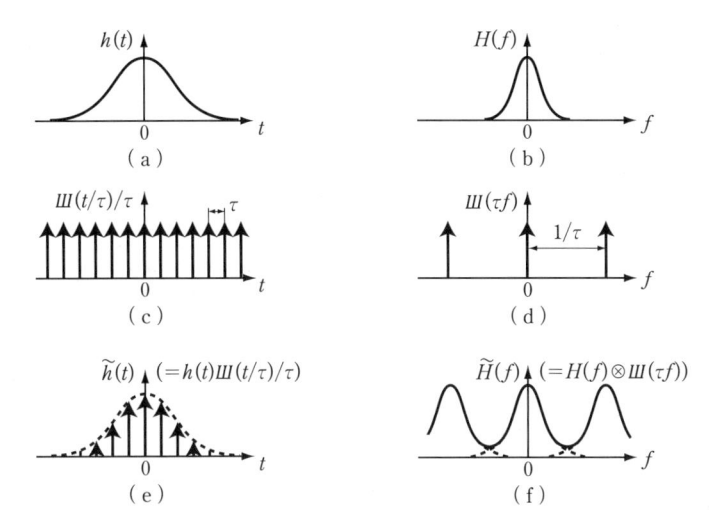

図4.4 $h(t)$ の標本化と周波数スペクトル(折返しひずみのある場合)

標本化されたスペクトルを $H^\dagger(f)$,そのフーリエ逆変換を $h^\dagger(t)$ と標記すると,

$$H^\dagger(f) = \frac{1}{\nu} \text{Ш}\left(\frac{f}{\nu}\right) H(f) \tag{4.27a}$$

$$h^\dagger(t) = h(t) * \text{Ш}(\nu t) \tag{4.27b}$$

であり,$h^\dagger(t)$ は $T=1/\nu$ の周期関数となる.これらの関係を図4.5(a)〜(f)に示す.

ここまで示したように,時間関数 $h(t)$ を時間間隔 τ で標本化すると周波数域では繰り返し周波数間隔 $F=1/\tau$ の周期関数 $\tilde{H}(f)$ が現れ,一方,周波数関数 $H(f)$ を周波数間隔 ν で標本化すると時間領域では繰り返し時間 $T=1/\nu$ の周期関数 $h^\dagger(t)$ が生じる.したがって,時間領域と周波数領域の標本化を同時に行うことを考える場合には,これら時間及び周波数域における周期関数 $h^\dagger(t)$ と $\tilde{H}(f)$ の関係を考えるとよい.その際,それぞれの領域における周期 T 及び F を共に N 分割するように時間間隔 τ 及び周波数間隔 ν を調整する.すなわち,

(a) $h(t)$

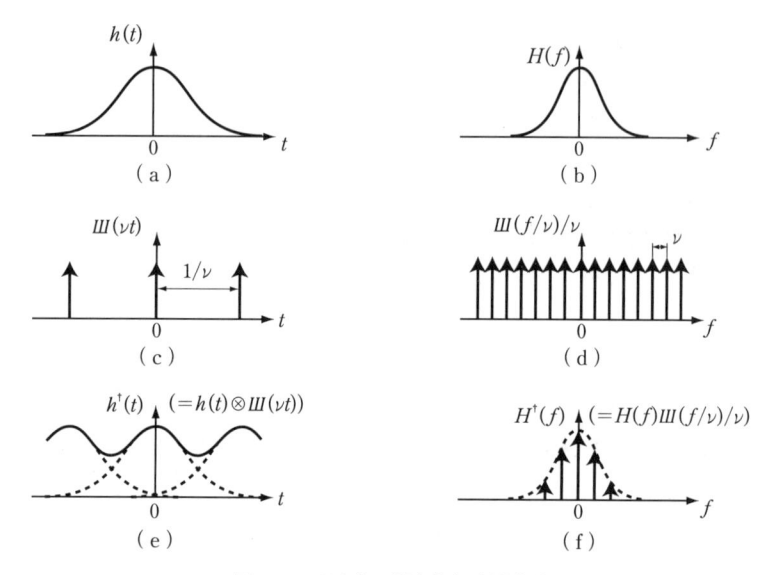

(b) $H(f)$

(c) $Ш(νt)$, $1/ν$

(d) $Ш(f/ν)/ν$, $ν$

(e) $h^†(t)$ $(= h(t) \otimes Ш(νt))$

(f) $H^†(f)$ $(= H(f)Ш(f/ν)/ν)$

図 4.5 $H(f)$ の標本化と時間波形

$$T = \frac{1}{\nu} = N\tau, \quad F = \frac{1}{\tau} = N\nu$$

あるいは,

$$N = FT = \frac{1}{\tau\nu} \tag{4.28}$$

とする.

　先ほど導いた，時間域における周期関数 $h^†(t)$ を周期 τ で標本化する．標本化された関数を $h^‡(t)$ とすると，

$$h^‡(t) = h^†(t) \frac{1}{\tau} Ш\frac{t}{\tau} \tag{4.29a}$$

$h^‡(t)$ のフーリエ変換 $H^‡(f)$ は，

$$H^‡(f) = H^†(f) * Ш(\tau f) = \frac{1}{\tau}\sum_{m=-\infty}^{\infty} H^†\left(f - \frac{m}{\tau}\right) \tag{4.29b}$$

ここで，$H^\dagger(f) = H(f)(1/\nu) \, \mathrm{III}\,(f/\nu) = H(f)\sum_{\ell=-\infty}^{\infty}\delta(f-\ell\nu)$ を代入すると，

$$H^\ddagger(f) = \frac{1}{\tau}\sum_{m=-\infty}^{\infty} H\left(f-\frac{m}{\tau}\right) \sum_{\ell,m=-\infty}^{\infty} \delta\left(f-\frac{m}{\tau}-\ell\nu\right)$$

$$= \frac{1}{\tau}\sum_{m=-\infty}^{\infty} H\left(f-\frac{m}{\tau}\right) \sum_{k=-\infty}^{\infty} \delta(f-k\nu)$$

$$= \tilde{H}(f) \sum_{k=-\infty}^{\infty} \delta(f-k\nu)$$

$$= \tilde{H}(f)\frac{1}{\nu}\,\mathrm{III}\,\frac{f}{\nu} \tag{4.30}$$

ただし，$(1/\tau)\sum_{m=-\infty}^{\infty}H(f-m/\tau) = \tilde{H}(f)$，及び $1/\tau = N\nu$ を用い，$Nm + \ell = k$ とした．これより，$h^\ddagger(t)$ のフーリエ変換 $H^\ddagger(f)$ は $\tilde{H}(f)$ を間隔 ν で標本化したものに等しいことが分かった．

以上をまとめると，$h^\dagger(t)$ を τ により標本化した関数，$h^\ddagger(t)$ と，$\tilde{H}(f)$ を ν により標本化した関数，$H^\ddagger(f)$ とがフーリエ変換対となっていることが分かった．**図 4.6** の（a）〜（f）にこれらの関係を示している．

さて，$h^\ddagger(t)$ と $H^\ddagger(f)$ はともに周期関数であり，それらの周期（それぞれ，T 及び F）も分かっているので，1周期分の標本値（それぞれ N 個）だけで，二つの関数を決めることができる（図 4.6（g），（f）参照）．導出は，他を参照することとし，以下では結果のみを示すが，$h^\ddagger(t)$ の $0 \leq t < T$ における N 個の標本値と，$H^\ddagger(f)$ の $0 \leq f < F$ における N 個の標本値の間には，次の関係がある．

$$H^\ddagger(m\nu) = \frac{1}{T}\sum_{n=0}^{N-1} h^\ddagger(n\tau)\exp\left[\frac{-j2\pi mn}{N}\right] \tag{4.31a}$$

$$h^\ddagger(n\tau) = \frac{1}{F}\sum_{m=0}^{N-1} H^\ddagger(m\nu)\exp\left[\frac{j2\pi mn}{N}\right] \tag{4.31b}$$

ここで，

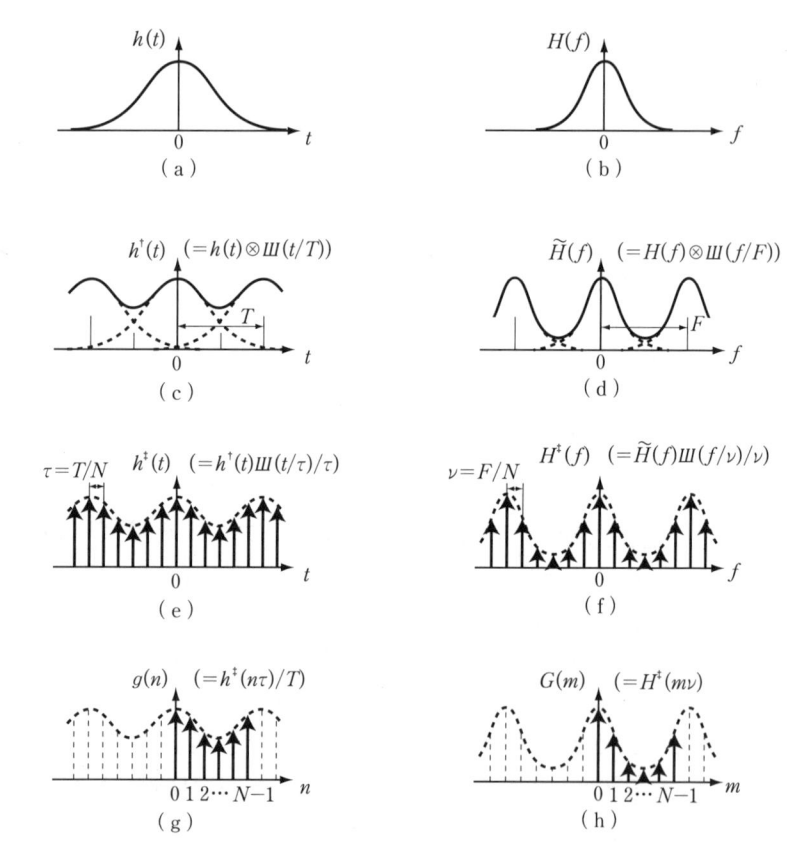

図4.6 離散フーリエ変換

$$\frac{h^{\ddagger}(n\tau)}{T} \equiv g(n) \tag{4.32a}$$

$$H^{\ddagger}(m\nu) \equiv G(m) \tag{4.32b}$$

$$\exp\left[\frac{-j2\pi}{N}\right] \equiv \omega \tag{4.32c}$$

と，書き換えれば，

$$G(m) = \sum_{n=0}^{N-1} \omega^{mn} g(n) \qquad (4.33\text{a})$$

$$g(n) = \frac{1}{N} \sum_{m=0}^{N-1} \omega^{-mn} G(m) \qquad (4.33\text{b})$$

行列式で表せば,

$$\boldsymbol{G} = \omega \boldsymbol{g} \qquad (4.34\text{a})$$

$$\boldsymbol{g} = \frac{1}{N} \omega^{-1} \boldsymbol{G} \qquad (4.34\text{b})$$

ただし,

$$\boldsymbol{G} = \begin{pmatrix} G(0) \\ G(1) \\ G(2) \\ \cdots \\ G(N-1) \end{pmatrix} \quad \boldsymbol{g} = \begin{pmatrix} g(0) \\ g(1) \\ g(2) \\ \cdots \\ g(N-1) \end{pmatrix}$$

$$\omega = \begin{pmatrix} \omega^0 & \omega^0 & \omega^0 & \cdots & \omega^0 \\ \omega^1 & \omega^2 & \omega^3 & \cdots & \omega^N \\ \omega^2 & \omega^4 & \omega^6 & \cdots & \omega^{2N} \\ & & \cdots & \cdots & \\ \omega^{N-1} & \omega^{2(N-1)} & \omega^{3(N-1)} & \cdots & \omega^{(N-1)^2} \end{pmatrix} \qquad (4.35)$$

この関係が,離散フーリエ変換とその逆変換である.

離散フーリエ変換でも,畳込み積分など,通常のフーリエ変換に対応して様々な定理が導かれるが,ここでは踏み込まない.

ω の周期性を用い,また N を 2 のべき乗数に選ぶことで,上式を高速に計算する,高速フーリエ変換(FFT)が開発されていて,波動光学の分野でもシミュレーションなどに広く活用されている.

第5章

応答とスペクトル

　ある系に信号を入力した場合，どのような出力信号が得られるかを考察する上で，インパルス応答の考え方が有効である．線形で，時間的に変動がなく（時間不変），駆動源のない（受動）系が，静止している状態で，入力として単位インパルスが加えられたときの出力を，インパルス応答と呼ぶ．これによって，系の応答を周波数領域ではなく時間領域で議論することができる．この章では，まず，インパルス応答の基礎をまとめ，次に，因果関係と分散関係式，解析信号，群速度，コヒーレンスについて述べる．

5.1　インパルス応答

　静止状態とは，機械系ならすべての部分が静止している状態，電気回路なら電圧，電流がすべて0の状態である．静止している系に，ある時刻，例えば時刻 $t=0$ に，入力として単位インパルスが加えられたとする．すると，図 5.1 に示すように，系の性質のみによって決まる一定の出力が得られる．系への入力も，初期条件も定まっているので，インパルス応答は，系の構造のみによって一意的に決まるものである．

　系のインパルス応答を $w(t)$ とする．入力 $h(t)$，を受けてどのような出力 $g(t)$ が得られるかを考える．系は線形であるので，$g(t)$ は時刻 t より以前に入力された $h(t)$ の各瞬間の値による応答を足し合わせたものになる．t より後の，すなわち未来の，入力からは何ら影響されない．図 5.2 にその様子を示している．t より以前のある時刻 τ における入力は，大きさ

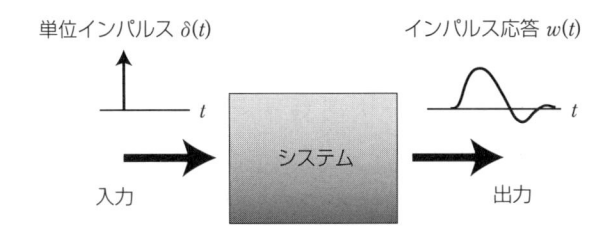

図 5.1 系とインパルス応答

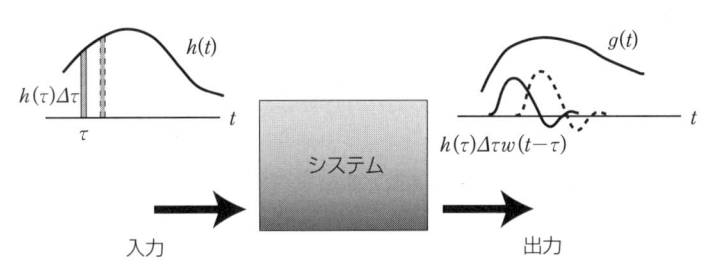

図 5.2 入力のインパルスへの分解とそれぞれのインパルスに対するインパルス応答の重ね合わせ

$h(\tau)\Delta\tau$ のインパルスと考えることができるので,この入力インパルスに対して得られる出力は,$h(\tau)\Delta\tau \cdot w(t-\tau)$ である.

$g(t)$ は,$h(\tau)\Delta\tau \cdot w(t-\tau)$ の,τ が $-\infty$ から時刻 t までの値を足し合わせたものと考えることができるので,

$$g(t) = \sum h(\tau)\Delta\tau \cdot w(t-\tau) \tag{5.1}$$

$\Delta\tau$ が十分小さく,和が積分に書き直せるとすると,

$$g(t) = \int_{-\infty}^{t} h(\tau) w(t-\tau) d\tau \tag{5.2}$$

時間軸を反転し,積分変数を,現在から過去にさかのぼる時間 $\sigma = t-\tau$ に変換すると,上式は,

$$g(t) = \int_{0}^{\infty} h(t-\sigma) w(\sigma) d\sigma \tag{5.3}$$

これらの関係を，**図 5.3** に示す．上の (5.2) では，インパルス応答 $w(t)$ を反転して τ だけずらせて，入力信号と掛け合わせたものを，ずれの量で積分する．これに対して，下の (5.3) では，入力信号を反転して同様な積分をする．インパルス応答は，過去の入力信号が，どれだけ現在の応答に関与しているかを表しているということから，重み関数（ウェイティング関数）とも呼ぶ．

$t<0$ では $w(t)=0$ なので，この式の積分範囲は $-\infty$ から ∞ に書き換えても $g(t)$ に影響はない．したがって，

$$g(t) = \int_{-\infty}^{\infty} h(t-\sigma)w(\sigma)d\sigma = h(t) * w(t) \tag{5.4}$$

すなわち，出力 $g(t)$ は，入力 $h(t)$ とインパルス応答 $w(t)$ との畳込み積分で与えられることが分かる．

$h(t)$，$g(t)$ 及び $w(t)$ のフーリエ変換を，それぞれ $H(f)$，$G(f)$，$W(f)$ とすると，

$$G(f) = W(f)H(f) \tag{5.5}$$

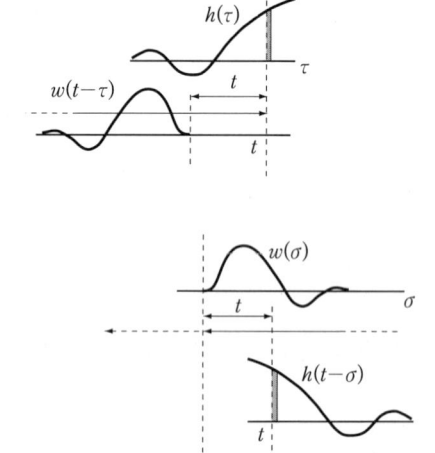

図 5.3　入力とインパルス応答関数の畳込み積分

第5章 応答とスペクトル

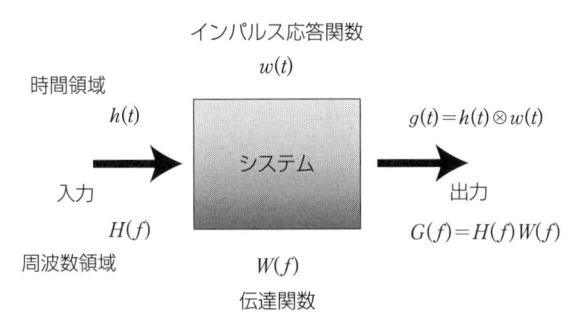

```
                    インパルス応答関数
                         w(t)
      時間領域
              h(t)                    g(t)=h(t)⊗w(t)
                     ┌─────────┐
                     │ システム  │
         入力    →   │          │    →    出力
                     └─────────┘
              H(f)                    G(f)=H(f)W(f)
      周波数領域
                         W(f)
                       伝達関数
```

図 5.4　インパルス応答と伝達関数

系のインパルス応答 $w(t)$ のフーリエ変換 $W(f)$ は，系の伝達関数となっている（図 5.4 参照）．

インパルス応答は，電磁気学などで偏微分方程式を解く際にしばしば用いられるグリーン関数とも密接に関係しているが，ここではグリーン関数には立ち入らない．

5.2　因果律と分散関係式

物理的に考察すると，インパルス応答 $w(t)$ は，$t<0$ では 0，また，系に損失があるとすると，$t \to \infty$ でも 0 に収束する．応答は，現在より後の入力には無関係であるとともに，無限の過去の信号にも関係しない．

$$w(t) = 0, \quad t<0 \tag{5.6}$$

インパルス応答が，現在より後の入力には無関係であるという条件を満足していることを，因果律を満たしている，と表現する．以下では，$w(t)$ が因果律を満たしている場合に示す特徴について考察する．

インパルス応答 $w(t)$ を，偶関数 $w_e(t)$ 部分と奇関数 $w_o(t)$ 部分に分割すると，

$$w(t) = w_e(t) + w_o(t) \tag{5.7}$$

ただし，

$$w_e(t) = \frac{w(t) + w(-t)}{2} \tag{5.8a}$$

$$w_o(t) = \frac{w(t) - w(-t)}{2} \tag{5.8b}$$

図 5.5 にこれらの関係を図示する．$t<0$ において $w(t)=0$ であるので，

$$w_o(t) = \mathrm{sgn}\,t\,w_e(t) \tag{5.9}$$

の関係が明らかであるが，これを (5.7) に代入すると，

$$w(t) = (1 + \mathrm{sgn}\,t)\,w_e(t) \tag{5.10}$$

であることが分かる．

(5.10) より，$w(t)$ に対応する伝達関数 $W(f)$ を導くと，

$$W(f) = R(f) + j\left(-\frac{1}{\pi f}\right) * R(f) \tag{5.11}$$

ただし，$R(f)$ は $w_e(t)$ のフーリエ変換であり，また，$\mathrm{sgn}\,t$ のフーリエ変換

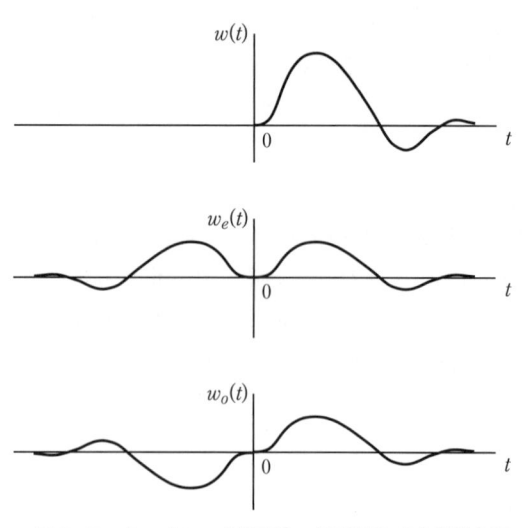

図 5.5 インパルス応答関数の偶関数及び奇関数分解

第5章 応答とスペクトル

が $j(-1/\pi f)$ であることを用いている.

ところで, $f(x)$ のヒルベルト変換 $f_h(y)$ は次式で定義される.

$$f_h(y) = \frac{1}{\pi} \int_{-\infty}^{\infty} \frac{f(x)}{y-x} \cdot dx \tag{5.12}$$

ただし, この積分は, $x = y$ において分母が 0 となるので, そのままでは積分できない. 特に表示しないが, 以下, このような場合にはコーシーの主値を取るものとする.

(5.12) を畳込み積分とみると,

$$f_h(y) = \left(-\frac{1}{\pi y}\right) * f(y) \tag{5.13}$$

$f(x)$ のフーリエ変換を $F(s)$ とすると, $f_h(y)$ のフーリエ変換 $F_h(t)$ は,

$$F_h(t) = (-j\,\mathrm{sgn}\,t)F(t) \tag{5.14}$$

$f_h(y)$ を更にもう一度ヒルベルト変換すると, 得られる関数 $f_{hh}(z)$ は,

$$f_{hh}(z) = \left(-\frac{1}{\pi z}\right) * f_h(z) = \left(-\frac{1}{\pi z}\right) * \left(-\frac{1}{\pi z}\right) * f(z) \tag{5.15}$$

両辺をフーリエ変換すると,

$$F_{hh}(u) = (-j\,\mathrm{sgn}\,u)(-j\,\mathrm{sgn}\,u)F(u) = -F(u) \tag{5.16}$$

これより, $f_{hh}(x) = -f(x)$, すなわち, ヒルベルト変換を 2 回続けて行うと, 元の関数の符号を反転した関数の得られることが分かる. **図 5.6** は, $f(x)$ が方形関数の場合について, これらの関係を例示している.

(5.11) で与えられる伝達関数 $W(f)$ に話を戻すと,

$$W(f) = R(f) + j\left(-\frac{1}{\pi f}\right) * R(f) \tag{5.11}$$

の右辺第 2 項は, $R(f)$ のヒルベルト変換 $S(f)(=(-1/\pi f) * R(f))$ に j が掛かったものとなっていることが分かる. すなわち,

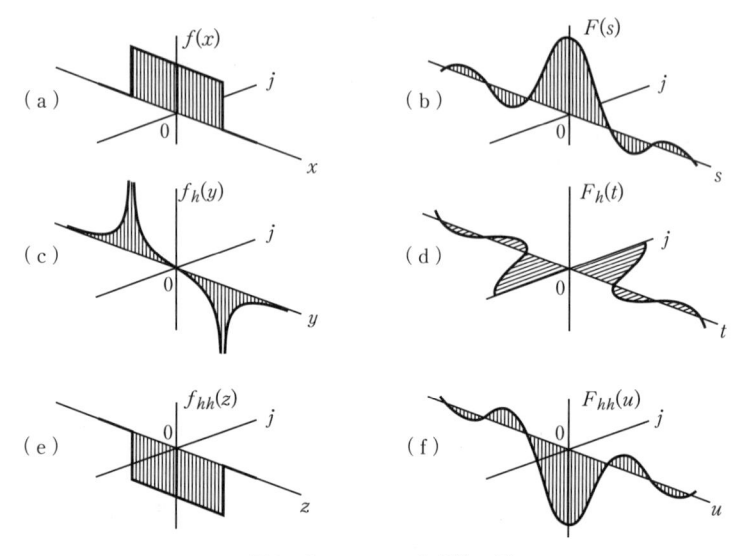

図 5.6 ヒルベルト変換の例

$$W(f) = R(f) + jS(f) \tag{5.17}$$

ただし，

$$R(f) = \frac{1}{\pi}\int_{-\infty}^{\infty}\frac{S(\nu)}{\nu - f}\cdot d\nu \tag{5.18a}$$

$$S(f) = -\frac{1}{\pi}\int_{-\infty}^{\infty}\frac{R(\nu)}{\nu - f}\cdot d\nu \tag{5.18b}$$

以上より，因果律を満たしている系の伝達関数では，実部と虚部が互いにヒルベルト変換で結ばれていることが分かった．ある系の周波数特性の実部と虚部の間の関係を表す式を分散式と呼ぶが，この1組の式は，因果律を満たす伝達関数の周波数特性の分散関係を与える式であり，クラマース・クローニッヒの関係と呼ばれる．後の章で議論するが，誘電率の分散関係を与える式としてよく用いられる．

回路網理論では，1端子対受動回路網のインピーダンスあるいはアドミッタンス（まとめてイミッタンスと呼ぶ）は正実関数であることが知られて

いる．また，与えられた特性をもつ受動回路を合成しようとする場合，そのイミッタンスが有理正実関数であれば，合成可能である．

正実関数 $P(s)$ とは，

（1）$\text{Re}(s) > 0$ において，s が実数なら $P(s)$ も実数
（2）$\text{Re}(s) > 0$ なら，$\text{Re}(P(s)) > 0$

の2条件を満たす関数である．上述の因果律を満たす伝達関数 $W(f)$ は，正実関数であることが容易に分かる．

5.3 解析信号

電気・電子工学や光波工学の分野では，時刻 t を独立変数として，$f(t)$ で実時間信号を表す．しかし，位相は正弦波信号に対して考えられるものなので，振幅が時間とともに正弦的でない変動をするような信号に対しては，ある瞬間の周波数や位相を，実時間のままでは定義できず，スペクトルに分解して議論する必要がある．

これに対して，実時間信号をまず複素信号に対応づけ，その複素信号について瞬時周波数や瞬時位相を定義する方法もしばしば用いられている．実時間信号に複素信号を対応させるのには，無数の方法が考えられるが，その中で以下に述べる解析信号の定義は広く利用されている．

実関数 $f(t)$ に対して，以下で与えられる複素関数 $f_a(t)$ を定義する．

$$f_a(t) = f(t) - jf_h(t) \tag{5.19}$$

ただし，$f_h(t)$ は $f(t)$ のヒルベルト変換である．$f_a(t)$ を解析信号（analytic signal），$f_h(t)$ を $f(t)$ の直角関数（quadrature function）と呼ぶ．解析信号，直角関数は，それぞれ，複素関数論における解析関数（analytic function），解析学における直交関数（orthogonal function）とは別物であることに注意が必要である．

例として $f(t) = \cos t$ の場合を考えてみると，

直角関数：$f_h(t) = -\sin t$

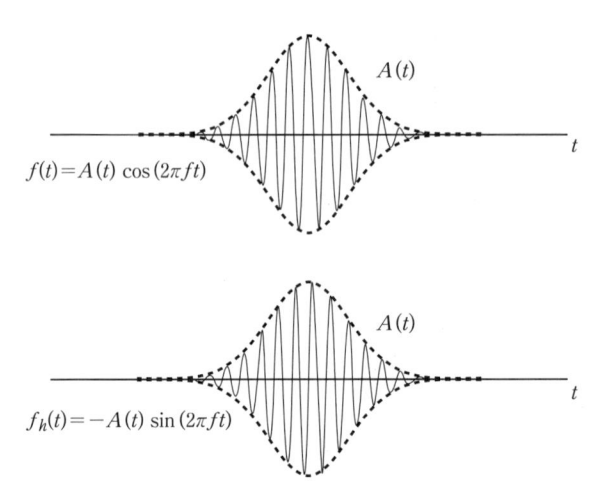

図 5.7 パルス信号 $f(t)$ の直角関数 $f_h(t)$ と解析信号 $f_a(t)$

解析信号：$f_a(t) = \exp(jt)$

である．
また，図 5.7 のように，周波数 f，振幅（包絡線）$A(t)$ で与えられるパルス信号を考えてみると，この信号は，

$$f(t) = A(t) \cos(2\pi ft) \tag{5.20}$$

と表すことができるが，$A(t)$ の周波数帯域幅が f に比べて小さい場合，

$$f_h(t) \simeq -A(t) \sin(2\pi ft) \tag{5.21}$$

となって，

$$f_a(t) \simeq A(t) \exp(j2\pi ft) \tag{5.22}$$

具体例として，$A(t)$ が以下のような sinc 関数，

$$A(t) = K \operatorname{sinc}(Ft) = \frac{K \sin(\pi Ft)}{\pi Ft} \tag{5.23}$$

第5章　応答とスペクトル

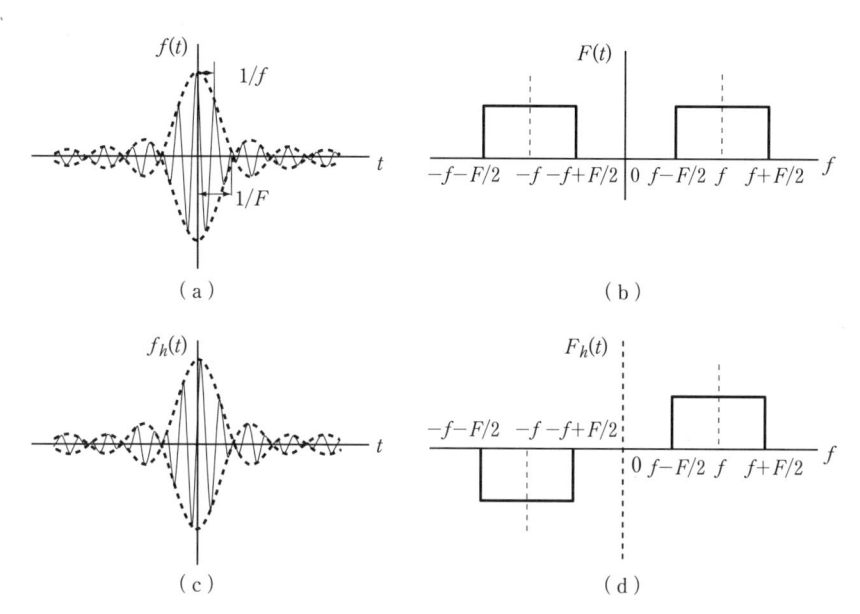

(a) (b) (c) (d)

図 5.8 sinc 関数パルスとその直交関数とそれぞれの周波数スペクトル

の場合を考えてみる．$A(t)$ の周波数スペクトルは $-F/2$ から $F/2$ までの範囲で一様，その外部では 0，の方形となる．一方，$\cos(2\pi ft)$ のスペクトルは $\pm f$ の 2 本のインパルスである．したがって，図 5.8 に示すとおり，$f > F/2$ であれば，f 及び $-f$ を中心とする二つのスペクトル成分（上及び下側波帯）が重ならず，ヒルベルト変換は容易に導かれて，直角関数は，

$$f_h(t) = -A(t)\sin(2\pi ft) \tag{5.24}$$

また，解析信号は，

$$f_a(t) = A(t)\exp(j2\pi ft) \tag{5.25}$$

が得られる．ただし，$F/2 \geq f$ では，上下側波帯の端が重なり，エリアシングが生じるので，(5.24)，(5.25) のように解析信号を簡単には表せなくなる．

　一般に，任意のパルス型包絡線をもつ信号において，包絡線が形作るパ

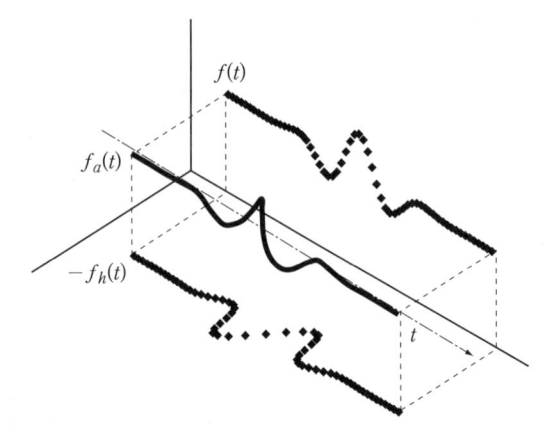

図 5.9 解析信号の瞬時振幅

ルスの周波数帯域幅が,搬送波周波数より十分小さければ,上下側波帯成分の重なりが無視できて,(5.19) で与えられる実時間信号に対して,精度良く,直角信号 (5.20),解析信号 (5.21) を導入できる.

解析信号を用いれば,瞬時周波数は $\arg(f_a(t))$ で与えられる.また,瞬時振幅(絶対値)は $|f_a(t)|$ であり,瞬時包絡線も,図 5.9 のように描くことができる.

解析信号は,振幅や位相が変化する信号に対するフェーザ表示と考えることができる.実時間信号を解析信号に変換すると,正の周波数成分のみとなり,負周波数成分は取り去られる.実際,$\cos t$ と $\exp(jt)$ の関係を考えると,

$$\cos t = \frac{\exp[jt] + \exp[-jt]}{2}$$

これより,$\exp(jt)$ は,$2\cos t$ の正の周波数成分のみを取り出していることが分かる.それと同様の処理を $f(t)$ に施すことを試みてみる.すなわち,$f(t)$ のフーリエ変換 $\mathcal{F}(f(t)) = F(f)$ にステップ関数,$H(f) = \mathcal{F}(\delta(t) + j/(2\pi t))$ を掛け,逆フーリエ変換によって時間関数に戻してみると,

$$\left(\delta(t) + \frac{j}{2\pi t}\right) * f(t) = f(t) - jf_h(t) = f_a(t) \tag{5.26}$$

となって，解析信号が得られる．

5.4 位相速度と群速度

z 方向に進行する単一の（孤立した）パルス信号を考える．周波数が単一でなく，f_0 を中心として周波数スペクトルに広がり（帯域）をもつことになる．波の振幅は一定でなく変化するが，その変化は振動周波数による変化に比べて緩やかで，中心周波数 f_0 に比べスペクトル帯域幅 Δf（比帯域 $\Delta f/f_0$）は十分に小さいとする．

媒質に分散がなければ，各スペクトル成分は同じ位相速度 v_p で伝搬し，波形は一定に保たれたまま伝搬する．しかし，通常（平面波が真空中を伝搬する場合など以外）は，分散をもち，位相速度や減衰定数は，周波数によって異なるので，波形は伝搬とともに変化する．

瞬時振幅が図 5.10 で示されるようなパルス信号 $f(t, z)$ が z 方向に速度 v で進行しているとする．搬送波周波数は f_0，速度 v で進むパルスの包絡線は $a(t-z/v)$ で表されるとすると，

$$f(t,z) = a\left(t - \frac{z}{v}\right)\exp(j2\pi f_0 t) \tag{5.27}$$

$f(t, z)$ を時間座標でフーリエ変換し，周波数スペクトル $F(f, z)$ を導くと，以下のように書ける．

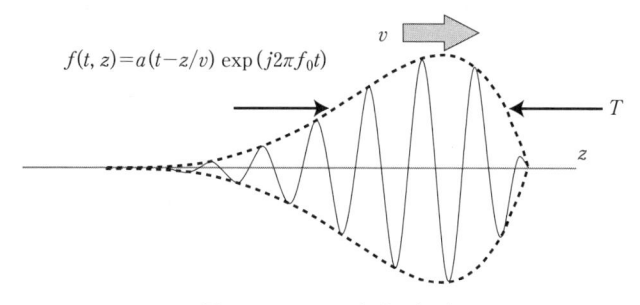

図 5.10　パルス信号 $f(t, z)$

$$F(f,z) = \mathcal{F}\left[a\left(t-\frac{z}{v}\right)\exp(j2\pi f_0 t)\right]$$
$$= \exp[-j\beta z]A(f-f_0) \tag{5.28}$$

ただし，$A(f)$ は $a(t)$ のフーリエ変換，また，位相定数 $\beta = 2\pi f/v$ を用いている．ここで，次の二つの仮定を導入する．

1. パルス幅 T は $1/f_0$ に比べ十分大きく，$f(t,z)$ のスペクトルは，周波数 f_0 を中心として $\pm \Delta f/2$ ($\Delta f \ll f_0$) の範囲に収まっているとする．すなわち，$A(f)$ は帯域幅 $\pm \Delta f/2$ 内に収まっている．

2. 分散を考慮して，位相定数 β は周波数 f の関数とする．ただし，図 5.10 のように，ここで考えているパルス波の帯域幅 Δf は，中心周波数（搬送波周波数）f_0 に比べて十分小さいので，β を，f_0 を中心に展開し，第 3 項目以上を省略し，1 次近似を適用することとする．すなわち，

$$\beta(f) = \beta_0 + \beta_1 \nu \tag{5.29}$$

ただし，β_0 は f_0 における位相定数 $\beta|_{f=f_0}$，また，

$$\beta_1 = \left.\frac{d\beta}{df}\right|_{f=f_0}, \quad \nu = f - f_0 \tag{5.30}$$

である．

これら二つの仮定を取り入れて，$F(f,z)$ を逆フーリエ変換し，時間波形に戻してみる．(5.28) より，

$$f(t,z) = \int_{-\infty}^{\infty} A(f-f_0)\exp[-j\beta z]\exp[j2\pi f t]df \tag{5.31}$$

積分範囲を $f_0 \pm \Delta f/2$ に限定し，更に積分変数を ν に置き換えると，

$$f(t,z) = \exp[j(2\pi f_0 t - \beta_0 z)]$$
$$\cdot \int_{-\Delta f/2}^{\Delta f/2} A(\nu)\exp[-j\beta_1 \nu z]\exp[j2\pi \nu t]d\nu$$
$$= \exp\left[j2\pi f_0\left(t-\frac{z}{v_p}\right)\right]$$

第5章 応答とスペクトル

$$\cdot \int_{-\Delta f/2}^{\Delta f/2} A(\nu) \exp\left[j2\pi\nu\left(t-\frac{z}{v_g}\right)\right] d\nu \qquad (5.32)$$

ただし，

$$v_p = \frac{2\pi f_0}{\beta_0} = \frac{\omega_0}{\beta_0} \quad (\omega_0 = 2\pi f_0) \qquad (5.33\text{a})$$

$$v_g = \frac{2\pi}{\beta_1} = \frac{2\pi}{\dfrac{d\beta}{df}} = \left.\frac{d\omega}{d\beta}\right|_{f=f_0} \qquad (5.33\text{b})$$

v_p, v_g は，それぞれ，周波数 f_0 における位相速度及び群速度である．

ここで，$A(\nu)$ が $\pm \Delta f/2$ の帯域外では 0 であるとして，積分領域を $-\infty$ から ∞ に拡張しても結果が変わらないとすると，

$$\begin{aligned}
&\int_{-\Delta f/2}^{\Delta f/2} A(\nu) \exp\left[j2\pi\nu\left(t-\frac{z}{v_g}\right)\right] d\nu \\
&= \int_{-\infty}^{\infty} \left[A(\nu)\exp\left[\frac{-j2\pi\nu}{v_g}\right]\right] \exp[j2\pi\nu t] d\nu \\
&= a\left(t-\frac{z}{v_g}\right)
\end{aligned}$$

したがって，中心周波数に比べてスペクトル帯域幅の狭い時間波形が，分散の小さな（1次の分散までを考慮すればよい）媒質中を伝搬する場合，時空間波形 (5.27) は以下のように表記できることが分かった．

$$f(t,z) = a\left(t-\frac{z}{v_g}\right) \exp\left[j2\pi f_0\left(t-\frac{z}{v_p}\right)\right] \qquad (5.34)$$

すなわち，周波数 f_0，位相速度 v_p で進行する正弦波と，形を保ったまま群速度 v_g で進む包絡線部分 $a(t-z/v_g)$ とが掛け合わされた形になる．先の図5.10 はその様子を示している．

以上の議論では，パルススペクトルが正の周波数領域 $f_0 \pm \Delta f/2$ のみにあるとしていて，(5.27) 及びそれから導かれた (5.34) は，解析信号の形式で表されている．$-f_0$ を中心とした $\pm \Delta f/2$ の範囲のスペクトルも同時

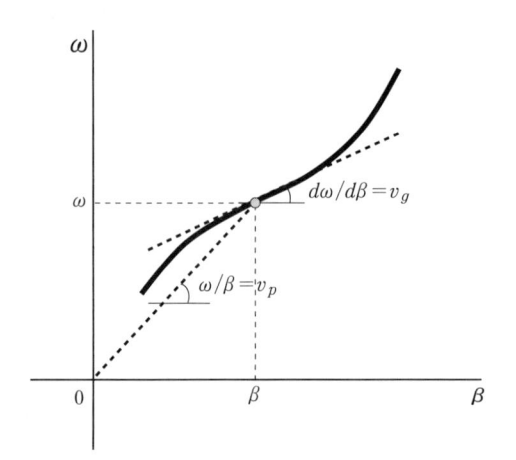

図 5.11 ω–β ダイアグラム

に考慮すれば，パルス波形を，例えば以下のように，実時間関数として導出することも可能である．

$$f(t, z) = a\left(t - \frac{z}{v_g}\right)\cos\left[2\pi f_0\left(t - \frac{z}{v_p}\right)\right] \tag{5.35}$$

位相定数 β に対し角周波数 ω を描いた図を ω–β ダイアグラムと呼ぶ．**図 5.11** に示すように，ω–β ダイアグラムにおいて位相速度 $v_p = \omega/\beta$ は原点から点 (ω, β) に引いた直線の傾きに，群速度 $v_g = d\omega/d\beta$ は点 (ω, β) における ω–β 曲線に対する接線の傾きに対応していることが分かる．更に，$v_p = \omega/\beta$ の，両辺の ω 微分を取ることにより，v_p と v_g の間に以下の関係があることが分かる．

$$v_g = \frac{v_p}{1 - \left(\dfrac{\omega}{v_p}\right)\left(\dfrac{dv_p}{d\omega}\right)} \tag{5.36}$$

(5.34) に示したとおり，$f(t, z)$ の包絡線 $a(t - z/v_g)$ は，一定速度 v_g で形を変えずに伝搬するので，距離 d を通過するのに必要な時間 τ_d は次のように書ける．

$$\tau_d = \frac{d}{v_g} = d\frac{d\beta}{d\omega} \tag{5.37}$$

τ_d を群遅延時間と呼ぶ.

群速度 $v_g = d\omega/d\beta$ が,包絡線 a のスペクトル帯域 $f_0 \pm \Delta f/2$ の中で一定でなければ,進行とともに包絡線の形が変わっていく. β を f_0 を中心に展開する際,第 2 項までを取る 1 次近似では不十分となり,2 次以上の項を考える必要がある場合に対応する.分散の 2 次の項を,群速度分散と呼ぶ.

群速度は,エネルギー伝搬速度と呼ばれる場合がある.群速度分散がなく,波束が一定の群速度で進行するのであれば,そのように考えてよい場合も多い.

エネルギー伝搬速度 v_e は以下のように定義するのが妥当と考えられる.

$$v_e = \frac{P_t}{u_{av}} \tag{5.38}$$

ただし,P_t は平均の電力流(ポインティングベクトル),u_{av} は単位長さの領域に蓄積される平均エネルギーである.

実際,通常の伝送線路などに適用して計算すると,正常分散($dv_p/d\omega < 0$)の領域では,$v_e = v_g$ となることが示されている.ただし,異常分散($dv_p/d\omega > 0$)の場合や,損失線路では,必ずしも $v_e = v_g$ が満たされないので,注意が必要である.

5.5　干渉とコヒーレンス

互いに干渉することのできる光波の性質のことをコヒーレンス(可干渉性)と呼ぶ.光波が完全な平面波で,単一周波数の純粋な正弦波なら,光波のどのような部分を比べてみても,二つの波が完全な干渉性を示すことは容易に理解できる.しかし,通常の光波は完全な平面波ではなく,また完全な単一周波数でもない.一つの光波を二つに分け,光路差をもたせて再び重ね合わせると,光路差が大きくなるに従って干渉しにくくなる.このように,伝搬距離の差あるいは到達時間差によって干渉の度合が低下することで計られるコヒーレンスを,時間コヒーレンスと呼ぶ.また,空間

的に広がる波面の異なる部分を重ね合わせた場合の干渉の度合いで計るコヒーレンスを,空間コヒーレンスと呼ぶ.

マイケルソン干渉計,マッハツェンダ干渉計などの2光束干渉計では,入力光を二つに分波し,異なった光路を通過させた後再び合波干渉させて出力する.図5.12はマイケルソン干渉計の構成である.以下では,マッハツェンダ干渉計を例に取り,2光束干渉の動作からコヒーレンスについて考察する.

図5.13に,ここで考えるマッハツェンダ干渉計を示す.入力光 A_1 は第1の半透過鏡で二つの光路に分離され,それぞれ長さ d_a, d_b の光路を通過した後,再び第2の半透過鏡で合波干渉されて,和出力 B_1,差出力 B_2 が

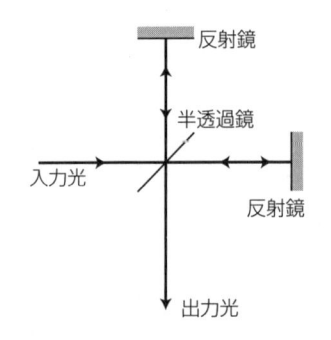

図 5.12 マイケルソン干渉計

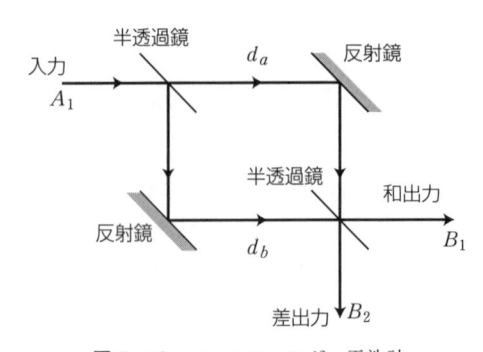

図 5.13 マッハツェンダー干渉計

第5章 応答とスペクトル

得られる.

半透過鏡では,入力光(の強度)がちょうど半分ずつに分けられて透過,反射するものとする.半透過鏡は無損失で相反,対称であるとする.第3章の散乱行列に関する議論の結果を用いると,反射係数 ρ,透過係数 τ を,

$$\rho = S_{11} = S_{22} = \frac{1}{\sqrt{2}} \tag{5.39a}$$

$$\tau = S_{21} = S_{12} = -\frac{j}{\sqrt{2}} \tag{5.39b}$$

とおくことができる.

入力光電界の複素振幅を A_1,位相定数を β とすると,二つの干渉出力光,B_1, B_2 は,

$$\begin{aligned}B_1 &= -j\frac{1}{2}A_1[\exp(-j\beta d_a) + \exp(-j\beta d_b)] \\ &= -jA_1 \exp\left[-\frac{j\beta(d_a+d_b)}{2}\right]\cos\left[\frac{\beta(d_a-d_b)}{2}\right]\end{aligned} \tag{5.40a}$$

$$\begin{aligned}B_2 &= -\frac{1}{2}A_1[\exp(-j\beta d_a) - \exp(-j\beta d_b)] \\ &= jA_1 \exp\left[-\frac{j\beta(d_a+d_b)}{2}\right]\sin\left[\frac{\beta(d_a-d_b)}{2}\right]\end{aligned} \tag{5.40b}$$

上式を強度に書き換えると,

$$|B_1|^2 = |A_1|^2 \cos^2\left[\frac{\beta(d_a-d_b)}{2}\right] \tag{5.41a}$$

$$|B_2|^2 = |A_1|^2 \sin^2\left[\frac{\beta(d_a-d_b)}{2}\right] \tag{5.41b}$$

図 5.14 は,$d = d_a - d_b$ に対する $|B_1|^2/|A_1|^2$,及び $|B_2|^2/|A_1|^2$,の変化の様子である.d が半波長変化するごとに,最大値1と最小値0を繰り返す.入力が単一周波数の単色光の場合,完全な干渉が生じる.

次に,入力光が単色でない場合について考察する.A_1 に周波数スペクトルの広がりがあるとし,$A_1(f)$ で表されるとする.ただし,ここで注意し

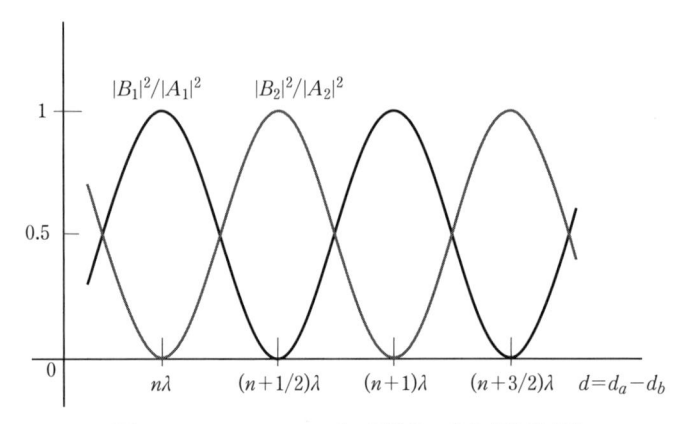

図 5.14 マッハツェンダー干渉計の出力光強度変化

なければならないのは,先に導入した半透過鏡の反射係数 ρ,及び,透過係数 τ は,周波数に無関係に一定値としているので,正実関数ではなく,因果律を満たしていない点である.理想化した半透過鏡といえども,因果律が満たされていることを前提とすれば,これらの値を全周波数域にわたって一定に保持することは,物理的に不可能である.つまり,広い周波数帯にわたって無調整で動作する干渉計は作れない.

以下では,入力信号 A_1 のスペクトル広がりが中心周波数に比べて十分小さく,透過係数,反射係数の値がこの周波数域内では変動せず,一定と考えることができるとする.すなわち,入力光のスペクトル $A_1(f)$ は,周波数 f_0 を中心に $\pm \Delta f/2$ の帯域内に収まっていて,$\Delta f \ll f_0$ である.このような光波を,準単色光と呼ぶ.

入力 A_1 を周期性のない帯域幅 Δf の信号とする.$A_1(f)$ を逆フーリエ変換すれば,時間波形 $a_1(t)$ が得られるが,$a_1(t)$ は,前節で仮定したような,形状を保って進行するパルス波形だけなく,周波数スペクトルが $\pm \Delta f/2$ に限定されていればランダム波形でもよい.

前節で議論した,帯域幅の限定された光パルス信号,(5.34) を参照すると,$z = z_{\text{in}}$ における入力波振幅,$a_1(t)$,に対して,$z = z_{\text{in}} + d$ における振幅は,$a_1(t-\tau)\exp[j2\pi f_0(t-\tau)]$(ただし,$\tau = d/v$)と表すことがで

きる. したがって, 信号 a_1 の自己相関関数 $\Gamma_{11}(\tau)$ は以下で与えられる.

$$\Gamma_{11}(\tau) = \int_{-\infty}^{\infty} a_1(t) a_1^*(t-\tau) \exp[j2\pi f_0 \tau] dt$$
$$= \langle a_1(t) a_1^*(t-\tau) \rangle \exp[j2\pi f_0 \tau] \tag{5.42}$$

非周期関数の自己相関関数がもつ一般的な性質として, $\Gamma_{11}(\tau)$ はエルミート関数であり, また, $\Gamma_{11}(0)$ で最大値（実数）をとる.

このような信号が, 図 5.13 に示した系に入力された場合の干渉出力について考察する. ただし, ここでは, 半透過鏡などの光学部品は十分薄く, 光路のほとんどは自由空間で, 光波伝搬の間の分散が無視できて, $v_g = v_p = v$ とおけるとする.

干渉出力 B_1 を逆フーリエ変換して得られる時間波形 $b_1(t)$ は,

$$b_1(t) = \frac{-j(a_1(t-\tau_a)\exp[j2\pi f_0(t-\tau_a)] + a_1(t-\tau_b)\exp[j2\pi f_0(t-\tau_b)])}{2} \tag{5.43}$$

ただし, $\tau_a = d_a/v$, $\tau_b = d_b/v$ である. これより, 出力 b_1 によって運ばれる平均伝送電力, $\langle |b_1|^2 \rangle$, は以下のようになる.

$$\langle |b_1|^2 \rangle = \frac{1}{2}\left[\langle |a_1(t)|^2\rangle + \frac{\langle a_1(t)a_1^*(t-\tau)\rangle \exp[j2\pi f_0\tau] + \text{c.c.}}{2}\right]$$
$$= \frac{\Gamma_{11}(0) + \text{Re}(\Gamma_{11}(\tau))}{2} \tag{5.44a}$$

同じく,

$$\langle |b_2|^2 \rangle = \frac{\Gamma_{11}(0) - \text{Re}(\Gamma_{11}(\tau))}{2} \tag{5.44b}$$

ここで, これらの式の導出には,

$$\langle a_1(t-\tau_a) a_1^*(t-\tau_b) \rangle = \langle a_1(t) a_1^*(t-\tau) \rangle$$

の性質を用いている．ただし，τ は両光路の遅延時間差で，$\tau = \tau_b - \tau_a$．当然ではあるが，

$$\langle |b_1|^2 \rangle + \langle |b_2|^2 \rangle = \Gamma_{11}(0) = \langle |a_1(t)|^2 \rangle \tag{5.45}$$

が満たされている．

ところで，$\langle a_1(t) a_1^*(t-\tau) \rangle$ の偏角を ϕ_τ とすると，

$$\mathrm{Re}(\Gamma_{11}(\tau)) = |\langle a_1(t) a_1^*(t-\tau) \rangle| \cos[2\pi f_0 \tau + \phi_\tau] \tag{5.46}$$

したがって，$\langle |b_1|^2 \rangle$，$\langle |b_2|^2 \rangle$ の極大値 $I_{\max}$，極小値 $I_{\min}$ は，それぞれ，

$$I_{\max} = \langle |a_1(t)|^2 \rangle + |\langle a_1(t) a_1^*(t-\tau) \rangle|$$
$$I_{\min} = \langle |a_1(t)|^2 \rangle - |\langle a_1(t) a_1^*(t-\tau) \rangle|$$

遅延時間差 τ に対する干渉の鮮明度（ビジビリティ）V は，次式で定義される．

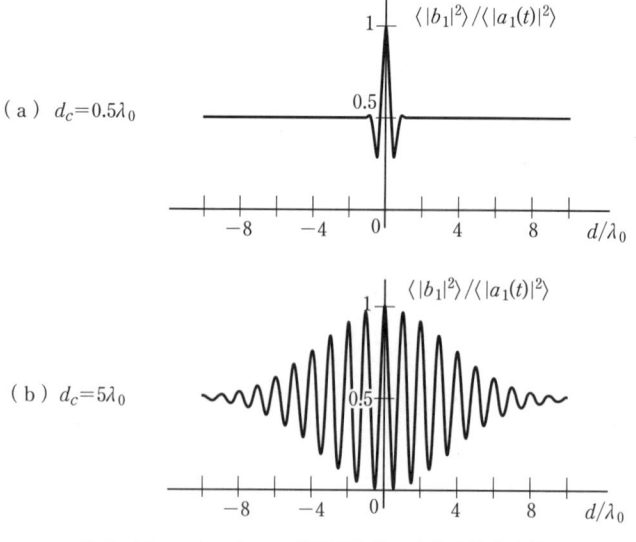

図 5.15 コヒーレンス長と干渉計の出力光強度変化

$$V = \frac{I_{\max} - I_{\min}}{I_{\max} + I_{\min}}$$

$$= \frac{|\langle a_1(t) a_1^*(t-\tau) \rangle|}{\langle |a_1(t)|^2 \rangle} = |\gamma_{11}(\tau)| \tag{5.47}$$

ただし，$\gamma_{11}(\tau) = \Gamma_{11}(\tau)/\Gamma_{11}(0)$ は，正規化自己相関関数である．

$\tau = 0$ においてビジビリティ V が最大値 1 である状態から，τ の増加と共に V が低下し，通常は，$V = 1/e$ ($\simeq 0.37$) となる遅延時間差 τ_c で光波のコヒーレンス時間を，また，そのときの光路長差 $d_c = v\tau_c$ でコヒーレンス長を定義する．

図 5.15 は，$\langle a_1(t) a_1^*(t-\tau) \rangle = \exp[-(\tau/\tau_c)^2]$ と仮定した場合の，$\langle |b_1|^2 \rangle / \langle |a_1(t)|^2 \rangle$ の計算例である．$d_c/\lambda_0 (= f_0 \tau_c) = 0.5$ 及び 5 の場合について示している．

第 6 章

光波と媒質

　物質中を伝搬する光波を取り扱う．電磁気学では，媒質を，誘電体，導体，磁性体などに分類するが，光波に対する物質の振舞いも同様に分けて考えることができる．ここでは，媒質の微細構造には触れずに，物質を連続体と見なせるとして議論する．ただし，分散の生じる理由など，必要に応じ最小限の古典的電子論は用いている．また，媒質は一様，均質で等方，線形であるとする．非等方媒質については次章で議論する．非線型性には本書では立ち入らないが，光波を思いどおりに操作したり，光信号と電気信号とを互いに変換したりなど，光波を様々に制御し，利用し役立てる上で，多くの場合，光波と物質との相互作用が鍵となり，相互作用の背後には光波に対する物質の非線形な応答特性がある．光波と物質との相互作用に関する理解は，急速に深まってきている．大きな学術分野であり，多くの教科書，解説書が出版されているので，それらを参考にするものとする．

6.1　誘電分極

　誘電性媒質では，外部電界の印加により分極が生じる．あるいは，自発分極をもつ材料では，外部電界により，ばらばらな方向を向いていた分子に，方向がそろう傾向が現れ，平均値が 0 からずれて全体として分極をもつようになる．誘電体では，通常磁性は非常に弱く，透磁率 μ が真空の透磁率 μ_0 にほぼ等しいので，議論を進める上で特に断らない限り $\mu = \mu_0$ とおく．

第6章 光波と媒質

屈折率 n は，通常の物質では，真空中の光速 c と媒質中における位相速度 v_p の比，$n = c/v_p$ で与えられる．第2章にも述べたとおり，媒質が誘電性（誘電率 ε，$\mu = \mu_0$）の場合には，n は，比誘電率 $\varepsilon_r = \varepsilon/\varepsilon_0$ を用いて，$n = \sqrt{\varepsilon_r}$ と表すことができる．

屈折率は，光波が媒質中を通過する際に，媒質に分極を誘起することによって生じる．光波が入射すると，光波の電磁界によって，媒質を構成する原子の電荷分布が変化し，光波と同じ周波数で振動する双極子分極が誘起される．通常は，双極子により散乱される光波の位相が入射波に比べわずかに遅れることから，全体として光波が媒質中を進む位相速度が遅くなり，屈折率は1より大きな値となる．ただし，後で述べるが，紫外光の領域では屈折率が1より小さくなる場合もある．

誘電性媒質に電界 E が印加されると分極電荷が発生し，誘電分極 P が生じる．線形で等方な媒質を考えているので，P は E に比例し，

$$P = \varepsilon_0 \chi_e E \tag{6.1}$$

ここで，定数 χ_e は電気感受率である．

電束密度 D は以下で定義される．

$$D = \varepsilon E = \varepsilon_0 E + P \tag{6.2}$$

ここで，先の $P = \varepsilon_0 \chi_e E$ を用いると，

$$D = \varepsilon E = \varepsilon_0 E + P = \varepsilon_0 (1 + \chi_e) E \tag{6.3}$$

比誘電率 $\varepsilon_r = \varepsilon/\varepsilon_0$ を用いると，

$$\varepsilon_r = 1 + \chi_e \tag{6.4}$$

と表すことができる．

分極電荷は，本来，媒質の特性に深く関連していて，印加電界に対して誘起される分極には，容易に，非等方性や，多重極成分，高次の非線形項などが含まれることになるが，ここでは，あくまで線形な小信号領域のみを考え，分極は印加電界に比例するとしている．また，以下では，異方性

も無視できて E, D などが同じ方向にあるとし，スカラ量として議論を進める．

媒質の屈折率や誘電率は光波の波長（周波数）によって変化する，分散性を示す．空に浮かぶ小さな水滴によって太陽光が7色に分解される現象，虹，は，水の屈折率分散によるものである．可視光の領域での分散は，主に電子分散と呼ばれる現象によって生じている．媒質に光波による電界が加わると，媒質を構成しているそれぞれの原子を取り巻いている電子雲が変形することで分極が生じる．図 6.1 は，原子の古典的なモデル図である．光波電界 E により電子雲の中心が r だけずれるとする．ただし，ここで考えている電界は，必ずしも光波電界そのものではなく，対象とする原子の周囲の状況によって修正する必要のある局所電界，E_L，である．希薄な気体などでは光波電界がそのまま電子雲に作用するが，固体中では周囲の原子や分子が生じる分極によって，電界が一部相殺されるためである．

ローレンツモデルに従って速度 r' に比例した減衰力が生じるとすれば，運動方程式は以下のように書ける．

$$\frac{d^2 r}{dt^2} + \Gamma \frac{dr}{dt} + \omega_0^2 r = -\frac{q}{m} E_L \tag{6.5}$$

ただし，Γ は減衰定数，ω_0 は固有角周波数，q は電子の電荷，m は電子質量である．固有角周波数は，例えば酸素や水素を例にとると，紫外線の領域となる．

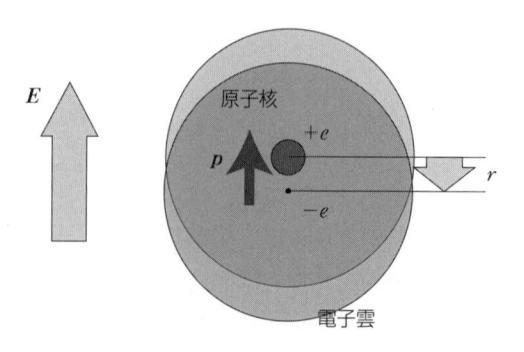

図 6.1 原子の古典的モデル

第6章　光波と媒質

フェーザ表示によって r を導くと，

$$r = -\frac{\frac{q}{m}E_L}{(\omega_0^2-\omega^2)+j\omega\Gamma} \tag{6.6}$$

電荷 q が r だけ変位して生じる双極子モーメント p と局所電界 E_L の比が分極率 α である．

$$\alpha = \frac{p}{E_L} = -\frac{qr}{E_L} = \frac{\frac{q^2}{m}}{(\omega_0^2-\omega^2)+j\omega\Gamma} \tag{6.7}$$

単位体積当りの原子数を N とすると，単位体積当りの分極 $P=Np$ となるので，

$$\chi_e = \frac{P}{\varepsilon_0 E_L} = \frac{N\frac{q^2}{m\varepsilon_0}}{(\omega_0^2-\omega^2)+j\omega\Gamma} \tag{6.8}$$

比誘電率 ε_r に直すと，

$$\varepsilon_r = 1+\chi_e = 1+\frac{N\frac{q^2}{m\varepsilon_0}}{(\omega_0^2-\omega^2)+j\omega\Gamma} \tag{6.9}$$

が得られる．

フェーザ表示を用いているので，上式のとおり誘電率は角周波数に対する複素関数となっていて，実部 ε' と虚部 ε'' に分けることができる．

$$\varepsilon_r = \frac{\varepsilon'(\omega)-j\varepsilon''(\omega)}{\varepsilon_0} \tag{6.10}$$

(6.9) より，ε'，ε'' を分離すると，

$$\varepsilon'(\omega) = \varepsilon_0 + \frac{N\left(\frac{q^2}{m}\right)(\omega_0^2-\omega^2)}{(\omega_0^2-\omega^2)^2+\omega^2\Gamma^2} \tag{6.11a}$$

$$\varepsilon''(\omega) = \frac{N\left(\dfrac{q^2}{m}\right)\omega\varGamma}{(\omega_0^2 - \omega^2)^2 + \omega^2\varGamma^2} \tag{6.11b}$$

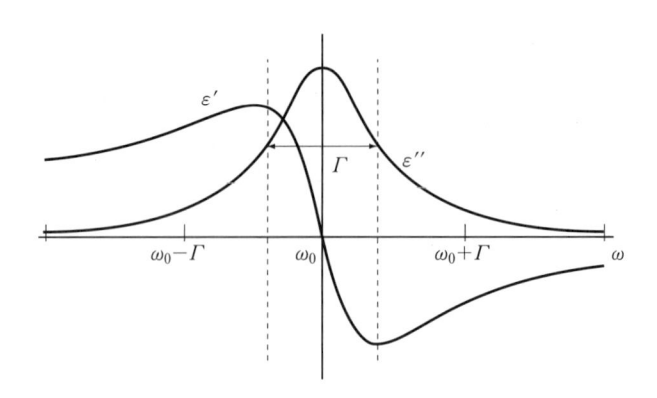

図 6.2 に ε', ε'' の ω に対する変化の様子を示す. ε'' は,ローレンツ(あるいは,コーシー・ローレンツ分布)関数となる. ω_0 を中心としてほぼ偶関数となっていて ω_0 の近傍で大きな値となる. 大きな値となる領域は, $\omega_0 \gg \varGamma$ とすると, ω_0 を中心に, $\pm \varGamma/2$ 程度である. 一方,実数部, ε', はおおよそ ω_0 を中心とする奇関数となっていて, $\omega_0 \gg \varGamma$ では,極値は $\omega_0 \pm \varGamma/2$ にある. 低周波域から ω_0 に近づくにつれ, ε' の値は次第に大きな値となる. このような誘電率(屈折率)変化を正常分散と呼ぶ. ω が, ω_0 を中心とする幅 $\varGamma$ 程度の領域では, ε' は急激に減少(異常分散)し,同時に, ε'' が極大となって光波は伝搬に伴い大きな損失を受ける. ω が更に大きくなると, ε' は再び緩やかに増大する. ただし,図 6.3 に示すように,この領域では,ある角周波数までは ε' が負となっていて,同時に ε'' もある程度の値として残っている. すなわち,実部が負,虚部ももっていて,金属的な複素誘電率となる. 更に高い周波数域では, ε' は正に戻るが, ε_0 よりは小さな値(屈折率が 1 より小)である.

物質には,入射する電磁波に対して様々な共鳴がある. ここまで述べた電子分極では,可視から紫外領域に吸収の中心周波数がある. 赤外域には

図 6.2 ε', ε'' の ω に対する変化

第 6 章　光波と媒質

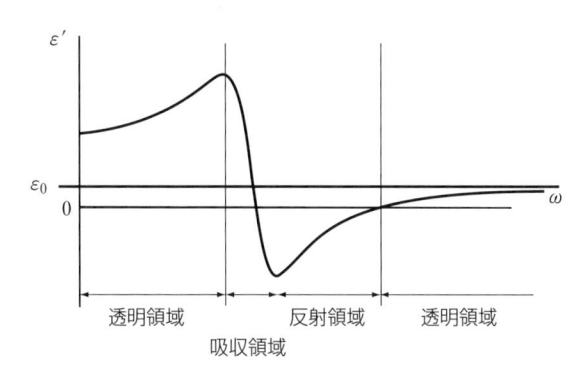

図 6.3　電子分極による誘電率の周波数依存性

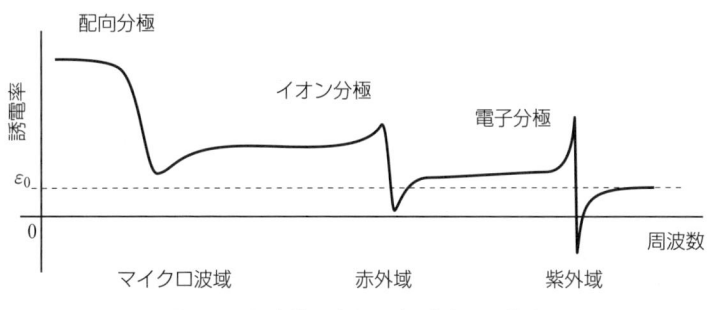

図 6.4　周波数に対する誘電率変化の模式図

イオン分極がある．単一元素で構成された物質でなければ，多かれ少なかれ電子雲が偏在しているので，外部電界により格子振動や分子振動が誘起されイオン分極が生じる．したがってこの領域では，電子分極に加えイオン分極の効果が重畳される．更に，誘電体を構成する分子が自発的な分極をもっている場合には，より低い周波数領域，例えばマイクロ波周波数の領域で配向分極が加わる．外部電界の印加により，分子の方向が，平均として電界の方向に添う傾向となり分極が発生する．配向分極には，通常，明確な共振周波数が現れず緩和型の周波数特性となる．**図 6.4** には，これらをまとめ，周波数に対する誘電率変化を単純化して模式的に示している．

6.2 クラマース・クローニッヒの関係

　誘電率は，ここでは周波数の関数として扱っているが，フーリエ変換によりインパルス応答として表示することも可能である．物理量であるので当然因果律を満足し，周波数応答の実部 $\varepsilon'(\omega)$ と虚部 $\varepsilon''(\omega)$ とは，クラマース・クローニッヒの関係で結ばれている．

　電気感受率 χ_e は誘電分極に直接結び付く物理量であるので，第5章に示したクラマース・クローニッヒの関係式がそのまま適用できる．

$$\chi_e(\omega) = \chi_e'(\omega) - j\chi_e''(\omega) \tag{6.12}$$

と，$\chi_e(\omega)$ を実部，$\chi_e'(\omega)$，と虚部，$-\chi_e''(\omega)$，に分ければ，

$$\chi_e'(\omega) = \frac{1}{\pi}\int_{-\infty}^{\infty}\frac{\chi_e''(\omega')}{(\omega'-\omega)}\cdot d\omega' \tag{6.13a}$$

$$\chi_e''(\omega) = -\frac{1}{\pi}\int_{-\infty}^{\infty}\frac{\chi_e'(\omega')}{(\omega'-\omega)}\cdot d\omega' \tag{6.13b}$$

$\chi_e(\omega)$ は，物理量であるので，フーリエ変換して時間関数として表示した場合，実時間関数となるはずである．したがって，$\chi_e(\omega)$ の実部 $\chi_e'(\omega)$ は偶関数，虚部 $\chi_e''(\omega)$ は奇関数である．上式の被積分関数の分子，分母に $(\omega'+\omega)$ を掛け，関数の偶・奇を考慮して整理すると，

$$\chi_e'(\omega) = \frac{2}{\pi}\int_{0}^{\infty}\frac{\omega'\chi_e''(\omega')}{(\omega'^2-\omega^2)}\cdot d\omega' \tag{6.14a}$$

$$\chi_e''(\omega) = -\frac{2\omega}{\pi}\int_{0}^{\infty}\frac{\chi_e'(\omega')}{(\omega'^2-\omega^2)}\cdot d\omega' \tag{6.14b}$$

この表現では，負の周波数が出てこないので，実際的な立場からより扱いやすく，しばしば用いられる．

　また，これらを感受率の関係から誘電率の実部と虚部の関係に書き直せば，$\varepsilon_r = 1 + \chi_e$ であるので，

第6章 光波と媒質

$$\varepsilon'(\omega) = \varepsilon_0 + \frac{2}{\pi} \int_0^\infty \frac{\omega' \varepsilon''(\omega')}{(\omega'^2 - \omega^2)} \cdot d\omega' \tag{6.15a}$$

$$\varepsilon''(\omega) = -\frac{2\omega}{\pi} \int_0^\infty \frac{\varepsilon'(\omega')}{(\omega'^2 - \omega^2)} \cdot d\omega' \tag{6.15b}$$

更に，吸収のある媒質に対して定義される複素屈折率

$$\tilde{n}(\omega) = n(\omega) - j\kappa(\omega) \quad (\kappa \text{ は消衰係数}) \tag{6.16}$$

についても，同様な議論から，

$$n(\omega) = 1 + \frac{2}{\pi} \int_0^\infty \frac{\omega' \kappa(\omega')}{(\omega'^2 - \omega^2)} \cdot d\omega' \tag{6.17a}$$

$$\kappa(\omega) = -\frac{2\omega}{\pi} \int_0^\infty \frac{n(\omega')}{(\omega'^2 - \omega^2)} \cdot d\omega' \tag{6.17b}$$

が，導かれる．

また，(複素) 反射係数

$$r = \frac{\tilde{n} - 1}{\tilde{n} + 1}$$

についても，$r = |r|\exp(j\phi)$ に対して，$\ln r = \ln|r| + j\phi$ が因果律を満たすものと看破し，実部と虚部の間にクラマース・クローニッヒの関係を適用すると，

$$\phi(\nu) = \frac{2\nu}{\pi} \int_0^\infty \frac{\ln|r(\nu')|}{(\nu'^2 - \nu^2)} \cdot d\nu' \tag{6.18}$$

が得られ，分光計測に活用されている．材料表面からの電力反射係数 $R = rr^*$ の波長特性を計測すると，各波長における位相角 ϕ が計算でき，(複素) 反射係数 r，更には，複素屈折率 $\tilde{n}$ を得ることができる．ここでは詳細には立ち入らず，専門書に譲るものとする．

6.3 誘電損失と導電性

電磁界を複素表示する場合，媒質の損失は誘電率の虚数部（すなわち，$\varepsilon = \varepsilon' - j\varepsilon''$）として表すことができる．媒質が導電性（導電率 σ）をもつ場合，導電電流 J と変位電流 $\partial D/\partial t$ の和は，以下のように表される．

$$j\omega\varepsilon E - \sigma E = j\omega\left(\varepsilon' - j\varepsilon'' - \frac{j\sigma}{\omega}\right)E \tag{6.19}$$

誘電体媒質を考える場合には，σ を ε'' に含めることとし，便宜的に $\sigma = 0$ とおく．

このような場合，波数 k は複素数となり，伝搬定数 $\gamma = jk$ は次のように表される．

$$\gamma = jk = \alpha + j\beta = j\omega\sqrt{\mu\varepsilon'\left(1 - j\frac{\varepsilon''}{\varepsilon'}\right)} \tag{6.20}$$

ここで，α は減衰定数，β は位相定数である．

また，媒質の固有インピーダンス η は，

$$\eta = \sqrt{\frac{\mu}{\varepsilon}} = \sqrt{\frac{\mu}{\varepsilon'\left(1 - j\frac{\varepsilon''}{\varepsilon'}\right)}} \tag{6.21}$$

ここで，$\varepsilon''/\varepsilon' = \tan\delta$ と表記し，損失正接（ロスタンジェント）と呼ぶ．

主要な損失が導電損である媒質では，上記とは逆に $\varepsilon''/\varepsilon'$ を $\sigma/(\omega\varepsilon')$ の中に含める．$\sigma/(\omega\varepsilon') \gg 1$ なる材料を良導体と呼ぶ．このとき，

$$\gamma = jk = j\omega\sqrt{\frac{\mu\sigma}{j\omega}} = (1+j)\sqrt{\pi f\mu\sigma} \tag{6.22}$$

ただし，

$$\delta = \frac{1}{\sqrt{\pi f\mu\sigma}} \tag{6.23}$$

は表皮深さ（スキンデプス）である．良導体表面において，電磁波が，導

体表面から深さ δ 程度以上には内部に入らない現象を表皮効果と呼ぶ．

　古典的電子論では，金属中の電子は束縛を受けず，金属の内部を自由に動き回ると考える（自由電子）．電子を，限定された領域の中に留める原子核の働きがないので，ローレンツモデルにより導かれた電子の運動方程式(6.5)，において，固有角周波数 ω_0 が 0 の状態と見なすことができる．また，減衰定数 Γ は，電子が動き回る際の衝突周波数に対応することになる．したがって，光波領域における金属の誘電率は，図 6.3 の分散曲線で，ω が ω_0 より大きな領域における曲線に似たものになると考えることができる．実際，金属の光領域における誘電率は，実部は負，波長が短くなるにつれ虚部が小さくなり，ある波長以下の光波に対しては，誘電率は ε_0 より小さな値で，また損失が減少して透明となる．

　電磁気学でしばしば仮定される完全導体では，上記で更に衝突周波数を 0（すなわち，$\Gamma = 0$）と置いたものと考えることができる．外部電界がどれだけ早く変化しても，完全導体中では，電子は抵抗なしに外部電界に反応することができ，電磁波は完全導体の内部に進入することができない．一方，超伝導体では，マイスナー効果により超伝導材料中では磁束密度 $B = 0$ であり，電磁波は材料中に進入することができない．また，たとえ高温超伝導体でも，クーパー対のエネルギーは，光波のエネルギーに比べはるかに小さいので，光波が入射すると超伝導が破壊されることになる．

6.4　磁気光学材料

　光アイソレータなどの非可逆素子，光磁気記録装置など，光波領域においても磁気材料が重要な役割を担う技術分野は多い．これまで，主に誘電性材料に着目して議論を進めてきたが，以下では，静磁界が印加された磁気光学材料中における光波の振舞いについて考察する．磁性の物性を把握するには，材料中における電子の量子力学的なエネルギー順位やスピンに関する理解が必要となるが，ここでは電子の運動を古典力学的に扱うことによって，特性の説明を試みる．

　マイクロ波など，周波数の低い電磁波に対する磁気材料の特性は，回転する電子（電子スピン）が，印加磁界の方向を軸に歳差運動する模型によっ

て古典力学的に説明されることが多い．これにより，透磁率の周波数や印加磁界強度に対する変化が説明されている．しかし光波の領域は，電子スピンの共鳴周波数から十分離れていてその影響は非常に小さく，もっぱら，印加磁界の電子分極，すなわち誘電率に対して与える影響が大きくなる．

図 6.5 は直流磁界の中に置かれた電子に光波が照射された場合に，電子にどのような力が働くかを示している．ここでは，電子の運動は更に直流磁界（磁束 B）の影響を受けることになる．電磁界中で運動する電子が受ける力（ローレンツ力）f は次式で与えられる．

$$f = -q(E + v \times B) \tag{6.24}$$

ただし，q は電子の電荷，v は電子の速度である．

ところで，6.1 節では電子分極をローレンツモデル（図 6.1）によって説明した．電子の運動方程式をベクトル表示すると以下のとおりである．

$$\frac{d^2 r}{dt^2} + \Gamma \frac{dr}{dt} + \omega_0^2 r = -\frac{q}{m} E \tag{6.25}$$

電界 E と変位 r をベクトルとして扱っている．先と同様，フェーザ表示によって r を導くと，

$$r = f(\omega) E \tag{6.26}$$

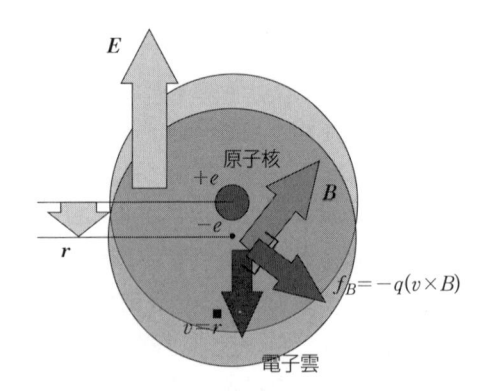

図 6.5 光波電界に加え，外部磁界が加えられた場合に電子に働く力

第6章 光波と媒質

ただし，

$$f(\omega) = -\frac{\dfrac{q}{m}}{(\omega_0^2 - \omega^2) + j\omega\Gamma} \tag{6.27}$$

また，$v = dr/dt$ 及び (6.25) より，

$$v = j\omega r = j\omega f(\omega) E \tag{6.28}$$

　直流磁界（磁束）により，電子は運動方向に垂直な力を受けるが，$v \times B$ は，E に比べ，$|v|/c$ のオーダの大きさであり，電子の速度が光速より十分小さいとすると，磁界による力は，ローレンツモデル（図6.1）に加わった微小な摂動と見なすことができる．そこで，(6.26) に (6.24)，(6.28) を適用し，ω 成分のみに着目すると，

$$\begin{aligned} r &= f(\omega)(E + \mu_0 v \times H) \\ &= f(\omega)(E + j\omega\mu_0 f(\omega) E \times H) \end{aligned} \tag{6.29}$$

ただし，H は印加された直流磁界である．
　分極，$P = -Nqr$，に (6.29) を代入することにより，電束密度，D，は，

$$\begin{aligned} D &= \varepsilon_0 E - Nqr \\ &= \varepsilon_0 E - Nq f(\omega)(E + j\omega\mu_0 f(\omega) E \times H) \end{aligned} \tag{6.30}$$

これより，外部磁界を加えない，無摂動時の誘電率を ε_d とすると，磁界が加えられた場合の誘電率 ε は，

$$\varepsilon = \varepsilon_d - j\omega\mu_0 Nq f^2(\omega) \begin{pmatrix} 0 & H_z & -H_y \\ -H_z & 0 & H_x \\ H_y & -H_x & 0 \end{pmatrix} \tag{6.31}$$

と，誘電率には，右辺第2項が，磁界によって生じる微小項として加わることが分かる．ただし，H_i ($i = x, y, z$) は H の成分である．
　磁気光学材料に z 方向に静磁界 H_z が印加されているとする．材料の誘電率 ε は，(6.31) より次のように書けることが分かる．

$$\varepsilon = \begin{pmatrix} \varepsilon_d & \varepsilon_{12} & 0 \\ \varepsilon_{21} & \varepsilon_d & 0 \\ 0 & 0 & \varepsilon_d \end{pmatrix} \tag{6.32}$$

ただし，

$$\varepsilon_{12} = -\varepsilon_{21} = -j\omega\mu_0 Nqf^2(\omega)H_z \tag{6.33}$$

誘電率が (6.32) で与えられる媒質中を伝搬する光波について考察する．媒質の透磁率を μ_0 とすると，マクスウェルの方程式より，

$$\text{curl curl } \boldsymbol{E} = -\mu_0 \frac{\partial^2 \boldsymbol{D}}{\partial t^2} \tag{6.34}$$

光波は印加磁界と同じ z 方向（あるいは $-z$ 方向）に進行する平面波であるとする．すなわち，界に z 方向成分はなく，x, y 成分のみであり，また，界は z のみの関数，x, y 方向には変化がなく一様であるとする（時間関数は $\exp[j\omega t]$）．

これらを仮定すると，上記波動方程式 (6.34) は次のように変形される．

$$\frac{\partial^2}{\partial z^2}\begin{pmatrix} E_x \\ E_y \\ 0 \end{pmatrix} + \omega^2 \mu_0 \begin{pmatrix} \varepsilon_d & \varepsilon_{12} & 0 \\ \varepsilon_{21} & \varepsilon_d & 0 \\ 0 & 0 & \varepsilon_d \end{pmatrix}\begin{pmatrix} E_x \\ E_y \\ 0 \end{pmatrix} = 0 \tag{6.35}$$

(6.35) では，E_x と E_y が結合していて（E_x と E_y が入り交じった方程式となっていて），そのままでは，それぞれを独立に扱うことができない．

媒質が無損失であると仮定すると，(6.32) で与えられる誘電率 ε はエルミート行列（$\varepsilon_{12} = \varepsilon_{21}{}^*$）となるので，適当な座標変換により対角化することで，互いに独立な界成分を得ることができる．$\varepsilon_{12} = \varepsilon_{21}{}^*$ が純虚数で与えられている場合，(6.35) の形をもつ波動方程式の解が，円偏波となることが知られている．$+z$ 方向に進行する，以下の二つの円偏波が存在できることが容易に分かる．

$$\boldsymbol{E}_+{}^{cw} = E_+{}^{cw}(\boldsymbol{x} - j\boldsymbol{y}) \tag{6.36a}$$

$$E_+^{ccw} = E_+^{ccw}(\boldsymbol{x} + j\boldsymbol{y}) \tag{6.36b}$$

(6.36a) を (6.35) に代入すると，次に示す右回り前進波の位相定数，β_+^{cw} が，(6.36b) を代入すると，左回り前進波の位相定数，β_+^{ccw}，が得られる．

$$\beta_+^{cw} = \omega\sqrt{(\varepsilon_d - j\varepsilon_{12})\mu_0} \tag{6.37a}$$

$$\beta_+^{ccw} = \omega\sqrt{(\varepsilon_d + j\varepsilon_{12})\mu_0} \tag{6.37b}$$

同様に，$-z$ 方向に進む後退波に対して，以下の二つの円偏波がある．

$$E_-^{cw} = E_-^{cw}(\boldsymbol{x} + j\boldsymbol{y}) \tag{6.38a}$$

$$E_-^{ccw} = E_-^{ccw}(\boldsymbol{x} - j\boldsymbol{y}) \tag{6.38b}$$

それぞれの位相定数は以下のとおりである．

$$\beta_-^{cw} = \beta_+^{ccw} = \omega\sqrt{(\varepsilon_d + j\varepsilon_{12})\mu_0} \tag{6.39a}$$

$$\beta_-^{ccw} = \beta_+^{cw} = \omega\sqrt{(\varepsilon_d - j\varepsilon_{12})\mu_0} \tag{6.39b}$$

図 6.6 に示すように，静磁界中に置かれた磁気光学材料に，磁界と同じ方向に進む直線偏波光が入射されたとする．材料中では，光波は互いに反対方向に回転する位相速度の異なる二つの円偏波光に分かれて伝搬し，出力端で，再び二つの円偏波成分が合成され直線偏波光に戻る．このとき，偏波面は入射光に対して θ だけ回転を受ける．これをファラデー効果と呼ぶ．

印加磁界，及び光波の伝搬方向を z とし，出力端での偏波面回転角 θ_+ について，右回りを正に取ると，

$$\theta_+ = \frac{(\beta_+^{ccw} - \beta_+^{cw})z}{2} \tag{6.40a}$$

光波の進行方向が磁界方向とは逆の $-z$ の場合，偏波面の回転角 θ_- は，

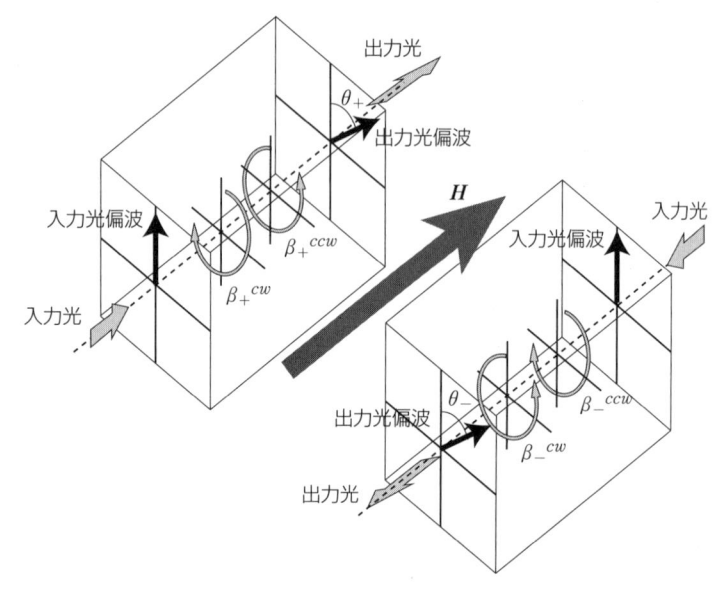

図 6.6 ファラデー効果の説明図

$$\theta_- = \frac{(\beta_-{}^{ccw} - \beta_-{}^{cw})z}{2} \tag{6.40b}$$

(6.39a, b) より，$\theta_- = -\theta_+$，であることが分かる．すなわち，偏波面の回転角は進行方向の逆転に対し相反でない（非相反である）．

第3章において，相反性に関して議論した．相反関係，(3.34) は ε, μ が対称なテンソルで与えられていれば成立する．しかし，ここで考えている媒質では，$\varepsilon_{12} = -\varepsilon_{21}$ と，誘電率は反対称テンソルとなっていて，相反関係は成り立たない．このような非相反性によって，アイソレータやサーキュレータなどの非可逆素子を実現することが可能となる．

6.5 左手系材料

メタマテリアル，フォトニック結晶など，人工的な微細構造を有する材料を創り出すことで，自然には存在しない性質をもつ光学材料が生み出され，実際にそれらの特性が実証されている．波長より十分小さな構造を材

第6章 光波と媒質

料中に作り込むメタマテリアルは，対象とする電磁波に対して微細構造は十分に小さく，媒質が一様と見なせることを前提としている．一方，フォトニック結晶は，光の波長と同程度のピッチで変化する周期構造材料であり，光波は，媒質の構造変化によって，伝搬特性に変化を受ける．

以下では，人工媒質であるメタマテリアルにしぼって，考察を進めるものとする．メタマテリアルでは，母材中に，対象とする電磁波に比べて十分小さなサイズのキャパシタンスやインダクタンスエレメントを埋め込んで，媒質の等価的な誘電率や透磁率を様々に変化させる．エレメントのサイズが，波長の1/10〜1/20以下であると，レイリー散乱を生じさせることができる．メタマテリアルがうまく機能するには，サイズと同時に，エレメントが埋め込まれる密度も重要である．密度が希薄であれば，側方散乱が生じる．エレメントのサイズが十分小さくできて，同時に高密度（例えば，1波長の中に数10個以上となるような密度）に埋め込むことができれば，通常の光学材料と同じように，側方や後方散乱のない伝搬特性が得られる．どのような構造の微細エレメントを，どのように組み合わせるかなど，具体的なメタマテリアルの構成法は専門書に任せることとして，結果として得られる人工材料の光学的性質に着目して考察する．

メタマテリアルで面白いのは，誘電率と透磁率の値が，自然には存在しない組合せに設定できる点である．誘電率 ε と透磁率 μ の値の正負について見てみると，大多数の材料では，$\varepsilon>0$，$\mu>0$ と，誘電率，透磁率が共に正の値である．しかし，先に述べたように，電子共鳴より高い周波数で，$\varepsilon<0$ と，誘電率が負になる場合がある．一方，反磁性体では透磁率 μ は，μ_0 より小さな値であり，場合によって負の値となることもある．ところが，誘電率と透磁率が，同時に，共に負の値となる媒質は，これまで知られていない．しかし，メタマテリアルの手法を使うと，対象とする波長領域で ε，μ が共に実効的に負となる媒質を創り出すことができる．

第1章で示した z 方向に進行する平面波の波動方程式を再掲すると，

$$\frac{\partial^2 E_x}{\partial z^2} - \varepsilon\mu \frac{\partial^2 E_x}{\partial t^2} = 0 \tag{1.7a}$$

$$\frac{\partial^2 H_y}{\partial z^2} - \varepsilon\mu \frac{\partial^2 H_y}{\partial t^2} = 0 \tag{1.7b}$$

ただし，ここでは，電界が x 方向，磁界が y 方向にあると考えている．媒質は一様，定常で等方，電荷や電流は存在しない，としている．

　誘電率，透磁率の一方が負の場合，$\varepsilon\mu < 0$ であり，上式は，微分方程式として，もはや波動方程式ではなくラプラス方程式（楕円型の微分方程式）である．光波を考えているので，電磁界は時間的に正弦波振動しているとすると，空間的には z の関数として指数関数で与えられることになる．すなわち，全反射の際に生じるエバネッセント波と同様な電磁界である．あるいは，伝送線路などでいう遮断の状態であることが分かる．

　誘電率，透磁率が共に負の場合，$\varepsilon\mu > 0$ であり，上式は波動方程式となり，解として，

$$E_x = f\left(t - \frac{z}{v}\right) + g\left(t + \frac{z}{v}\right) \tag{1.10a}$$

$$H_y = f'\left(t - \frac{z}{v}\right) + g'\left(t + \frac{z}{v}\right) \tag{1.9b}$$

ただし，$v = 1/\sqrt{\varepsilon\mu}$，が存在する．誘電率，透磁率が共に正の，通常の媒質の場合と同様である．ただしここで，電界と磁界の比，すなわち f と f'，g と g' の関係については，特に注意が必要である．第1章では，$\eta = \sqrt{\mu/\varepsilon}$ を導入し，以下の関係を示した．

$$f' = \varepsilon v f = \frac{f}{\mu v} = \frac{f}{\eta}$$

$$g' = -\varepsilon v g = -\frac{g}{\mu v} = -\frac{g}{\eta}$$

この関係は，$\varepsilon > 0$，$\mu > 0$ の場合には正しいが，$\varepsilon < 0$，$\mu < 0$ の場合，以下のように符号が反転する．

第6章 光波と媒質

$$f' = \varepsilon v f = \frac{f}{\mu v} = -\frac{f}{\eta} \tag{6.41a}$$

$$g' = -\varepsilon v g = -\frac{g}{\mu v} = \frac{g}{\eta} \tag{6.41b}$$

すなわち，$\varepsilon<0$，$\mu<0$ の場合の電磁界は以下のように書ける．

$$E_x = f\left(t-\frac{z}{v}\right) + g\left(t+\frac{z}{v}\right) \tag{6.42a}$$

$$H_y = \frac{-f\left(t-\frac{z}{v}\right) + g\left(t+\frac{z}{v}\right)}{\eta} \tag{6.42b}$$

図 6.7 に，平面波の位相速度と電磁界の関係を，$\varepsilon>0$，$\mu>0$ の場合と対比して示している．図 6.7（a）の，$\varepsilon>0$，$\mu>0$ の場合では，電界，磁界，位相速度の方向の三つは右手系をなしているのに対し，図 6.7（b）の $\varepsilon<0$，$\mu<0$ では左手系の関係となる．$\varepsilon<0$，$\mu<0$ である媒質を左手系媒

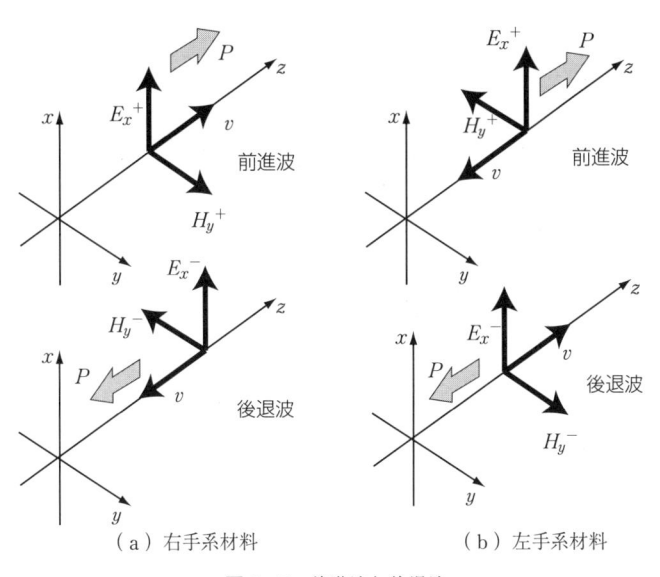

（a）右手系材料　　　　　　（b）左手系材料

図 6.7　前進波と後退波

質と呼ぶゆえんである.図にはポインティングベクトル $P = E \times H$ も同時に示している.電界,磁界のベクトル積がポインティングベクトルであり,$\varepsilon < 0$, $\mu < 0$ の場合でもこれら三つのベクトルは右手系の関係にあるので,左手系媒質では位相速度の方向とポインティングベクトルの方向とは,逆向きとなる.伝送線路でいう後進波では,位相速度と郡速度とが逆方向を向いているので,左手系媒質中の光波と対比される.

次に,右手系媒質と左手系媒質との境界における,平面波の反射と透過について考察する.図 6.8(b)のように,$z = 0$ において右手系媒質 1 と左手系媒質 2 が境界面を形成しているとする.この境界面に媒質 1 から角周波数 ω の平面波が角度 θ_1 で斜め入射する.

両媒質中の電磁界は,境界面の上下で,位相定数の接線成分は連続である.しかし,面白いのは,位相定数の垂直成分が反転する点である.境界面における電磁界の境界条件は,電界,磁界の接線成分が連続,に加え,界面に電荷,電流がないとしているので,電束密度,磁束密度の垂直成分が連続,である.したがって,右手系媒質から左手系媒質に進入すると,ε, μ の符号が反転するので,電界及び磁界の境界面に垂直な成分も反転する.

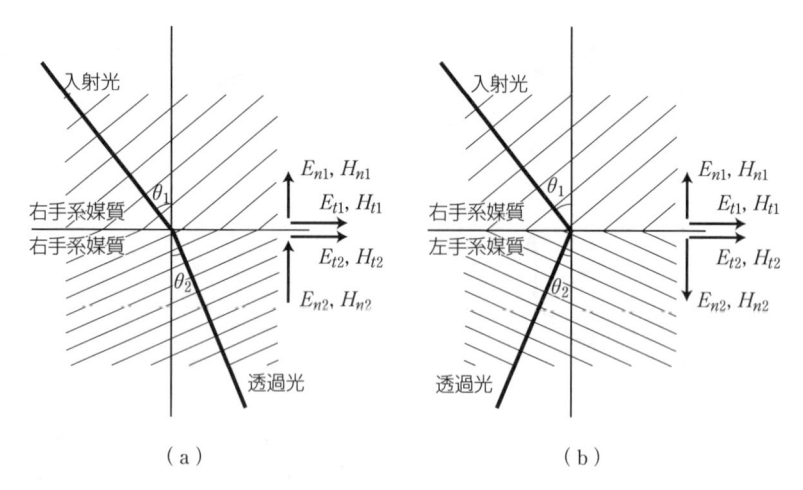

図 6.8 右手系媒質と左手系媒質との境界における光波の屈折 (b).(a)は通常の(右手系媒質同士の)境界における屈折

図 6.8 ではこの様子を右手系材料同士しで作る境界面での現象と対比して示している．右手系媒質と左手系媒質との境界に光波が入射すると，図で，左上から入射した光波が，右下ではなく，左下方向に透過していく．左手系媒質中で，光波の位相定数ベクトルは，左下から右上の方向を向いていて，等位相面は，上下から境界面に向かって収束していくように見える．ただし，左手系媒質中では，ポインティングベクトルは波数ベクトルと逆方向を向いているので，電力流は左下を向いている．光波が右手系から左手系に入ると，透過角 $\theta_2 < 0$ の角度で屈折するということができる．スネルの法則に当てはめると，

$$\frac{\sin\theta_2}{\sin\theta_1} = \frac{n_1}{n_2}$$

において，n_2 が負であると解釈できる．左手系媒質は負屈折率媒質とも呼ばれている．

右手系媒質と左手系媒質が接している場合の，もう一つの重要な性質は，全反射時に生じるエバネッセント波が，深さ方向への進行とともに増大することになる点である．境界において，位相定数ベクトルの接線成分は連続であるが，垂直成分の符号は反転する．このことから，右手系材料の中で，z 方向にエバネッセント波として減衰してきた波が，左手系媒質との境界に達して透過したとすると，エバネッセント波の減衰定数の符号が反転し，増大波に変化することになる．

第7章

複屈折

　光エレクトロニクス，フォトニクス技術を理解する上で，異方性光学媒質における光波の振舞いを把握しておくことは非常に重要である．異方性媒質では，誘電率や透磁率が方向によって異なった値となる．異方性媒質では，光波の進行方向によって，固有の直行する二つの偏波方向が固定されたり，進行に伴って偏波面が回転したりする．ここでは，異方性の誘電体媒質，すなわち，複屈折媒質における光波の振舞いについて考察する．

7.1　誘電率テンソル

　電界 E と電束密度 D はベクトル量であり，直角座標系においては，それぞれ，x，y，z の三つの成分で表すことができる．したがって，D と E を結び付ける誘電率 ε が線形であるとすると，以下のように九つの係数を導入することで両者の関係が表される．

$$
\begin{aligned}
D_x &= \varepsilon_{xx}E_x + \varepsilon_{xy}E_y + \varepsilon_{xz}E_z \\
D_y &= \varepsilon_{yx}E_x + \varepsilon_{yy}E_y + \varepsilon_{yz}E_z \\
D_z &= \varepsilon_{zx}E_x + \varepsilon_{zy}E_y + \varepsilon_{zz}E_z
\end{aligned}
\quad (7.1)
$$

ただし，$\varepsilon_{ij}\ (i,j=x,y,z)$ は ε の成分である．

　すなわち，誘電率 ε は，九つの成分によって表現することのできる物理量である．このように，二つのベクトル量を結び付ける物理量を，2階のテンソル量と呼ぶ．上式は，次のように書き表すこともできる．

$$D_k = \sum_\ell \varepsilon_{k\ell} E_\ell \qquad (k, \ell, = x, y, z) \tag{7.2}$$

なお，テンソルを含む関係式では，一つのΣ記号の中に同じ添字が2度現れる場合，その添字については，暗黙に和を取るものとして，しばしばΣ記号が省略される．この約束に従えば，$D_k = \varepsilon_{k\ell} E_\ell$ は上式と同じ意味である．ただし本書では，他章との一貫性を保ち，混乱を避けるため，この表記法は用いない．

誘電率テンソルは対称，すなわち，$\varepsilon_{k\ell} = \varepsilon_{\ell k}$ $(k, \ell = x, y, z)$ である．第1章においてポインティングベクトルを定義する過程で，媒質が線形で，また，誘電率が時間的に変化しないとすると

$$\boldsymbol{E} \cdot \frac{\partial \boldsymbol{D}}{\partial t} = \frac{\partial}{\partial t}\left(\frac{\boldsymbol{D} \cdot \boldsymbol{E}}{2}\right)$$

であると書いたが，誘電率がスカラでなくテンソルで与えられる場合，この式の変形には，実は，誘電率テンソルが対称であるとの条件が必要である．また，第3章では散乱行列の議論の中で，誘電率，透磁率がスカラであれば相反関係式 (3.3) が成立すると書いたが，誘電性媒質 ($\mu = \mu_0$ とおくことができる）において，電磁界に相反関係が成立するには，誘電率が対称テンソルであることが必要である．ただし，これらの説明では，複屈折性媒質中でも電磁界は相反性をもつ必要があるから，とか，ポインティングベクトルが電力流を表すから，誘電率は対称テンソルでなければならない，との論法となっているので注意が必要である．

誘電率テンソルは，対称性により，六つの独立した成分（三つの対角成分と，三つの非対角成分）によって定義されることが分かった．ただし，それらの値は，用いる座標系によって様々に変化する．ベクトル量は，三つの独立した数値の組によって与えられ，座標変換によって，各成分の値は様々に変化するが，そのベクトルは，物理量としては，座標変換にかかわらず同一である．これと同じく，テンソルも座標変換によって各成分の値は変化しても，物理量としては固有である．

図 7.1 に元の直角座標系 (x, y, z) と，変換後の新しい直角座標系 $(x', y',$

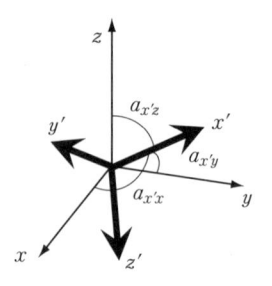

図 7.1 元の直角座標系 (x, y, z) と，変換後の新しい直角座標系 (x', y', z')

z') の関係を示す．ただしここでは媒質の異方性を取り扱うために座標変換を考えるので，座標軸の回転のみを考えていて，平行移動は考えない．図のように，新しい座標系の座標軸の，古い座標系の座標軸に対する方向余弦を $a_{x'x}$, $a_{y'z}$ のように表すと，以下のような変換行列によって，特定の座標変換を記述することができる．

$$\begin{pmatrix} a_{x'x} & a_{x'y} & a_{x'z} \\ a_{y'x} & a_{y'y} & a_{y'z} \\ a_{z'x} & a_{z'y} & a_{z'z} \end{pmatrix} \tag{7.3}$$

a_{ij} $(i, j = x, y, z)$ は方向余弦なので，

$$a_{i'x}^2 + a_{i'y}^2 + a_{i'z}^2 = 1 \quad (i = x, y, z) \tag{7.4}$$

あるいは，書き直せば，

$$\sum_k a_{i'k} a_{i'k} = 1 \quad (i = j = x, y, z) \tag{7.5}$$

すなわち，同じ行の三つの成分を2乗して足し合わせると1になる．また，

$$\sum_k a_{i'k} a_{j'k} = 0 \quad (i, j = x, y, z, \ i \neq j) \tag{7.6}$$

すなわち，異なる行の同じ列成分を掛け合わせて加えると0である．九つの方向余弦の間に六つの関係式があるので，結局，座標変換は，三つの値が決まれば一意的に定まることになる．

変換行列を用いると，ベクトルや2階のテンソルの座標変換は以下のように表される．

$$p'_{i'} = \sum_{j} a_{i'j} p_j, \quad T'_{i'j'} = \sum_{k\ell} a_{i'k} a_{j'\ell} T_{k\ell} \tag{7.7}$$

ただし，p_i, $p'_{i'}$ は，それぞれ座標変換前と後のベクトル成分，$T_{k\ell}$, $T'_{i'j'}$ は，それぞれ座標変換前と変換後のテンソル成分である．より高階のテンソルも同様に座標変換されるが，ここでは扱わない．

誘電率が対称テンソルであるので，電気的な蓄積エネルギー $u_e = \boldsymbol{ED}/2$ は，以下のように表される．

$$\begin{aligned}
u_e &= \frac{\boldsymbol{ED}}{2} \\
&= \frac{1}{2}(\varepsilon_{xx}E_x^2 + \varepsilon_{yy}E_y^2 + \varepsilon_{zz}E_z^2 \\
&\quad + 2\varepsilon_{yz}E_yE_z + 2\varepsilon_{zx}E_zE_x + 2\varepsilon_{xy}E_xE_y)
\end{aligned} \tag{7.8}$$

すなわち，電界の三つの成分を直交軸に取れば等エネルギー面は，図 7.2 に示すように，2次曲面を形成する．電界エネルギーは常に正の値であるので，この2次曲面は楕円体である．座標系が楕円体の主軸系に一致するような座標変換が必ず可能であるので，そのような変換を見いだして，電界と誘電率に施すと，

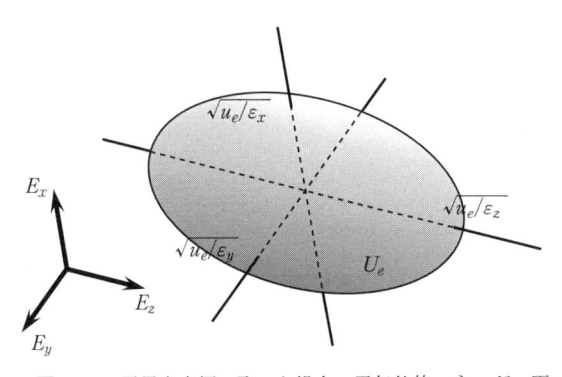

図 7.2 電界を座標に取った場合の電気的等エネルギー面

$$D_x = \varepsilon_x E_x, \quad D_y = \varepsilon_y E_y, \quad D_z = \varepsilon_z E_z \tag{7.9}$$

あるいは，

$$\begin{pmatrix} D_x \\ D_y \\ D_z \end{pmatrix} = \begin{pmatrix} \varepsilon_x & 0 & 0 \\ 0 & \varepsilon_y & 0 \\ 0 & 0 & \varepsilon_z \end{pmatrix} \begin{pmatrix} E_x \\ E_y \\ E_z \end{pmatrix} \tag{7.10}$$

また，このとき，

$$u_e = \frac{\varepsilon_x E_x{}^2 + \varepsilon_y E_y{}^2 + \varepsilon_z E_z{}^2}{2} = \frac{\dfrac{D_x{}^2}{\varepsilon_x} + \dfrac{D_y{}^2}{\varepsilon_y} + \dfrac{D_z{}^2}{\varepsilon_z}}{2} \tag{7.11}$$

と表すことができる．誘電率テンソルの非対角成分は0となり，三つの対角成分のみでテンソルの値が決まる．このような操作を対角化と呼ぶ．また，このとき得られる誘電率の三つの対角成分を，主誘電率と呼ぶ．座標変換を一意的に定めるのに三つの角度が必要であるので，誘電率テンソルには，合計六つのパラメータが含まれていることに変わりはない．具体的な対角化の方法は，通常の2次曲面の対角化と同一であり，他書を参照されたい．

7.2 複屈折性媒質中の平面波

複屈折性媒質中を，角周波数 ω，波数ベクトル $\boldsymbol{k}$ で進む平面波を考える．フェーザ表示を用い，電界ベクトル $\boldsymbol{E}$，電束密度ベクトル $\boldsymbol{D}$，磁界ベクトル $\boldsymbol{H}$ が以下のように表されるとする．$\boldsymbol{E}_0, \boldsymbol{D}_0, \boldsymbol{H}_0$ をそれぞれの複素振幅（ベクトル）とすると，

$$\begin{aligned} \boldsymbol{E} &= \boldsymbol{E}_0 \exp[-j\boldsymbol{k}\boldsymbol{r}] \\ \boldsymbol{D} &= \boldsymbol{D}_0 \exp[-j\boldsymbol{k}\boldsymbol{r}] \\ \boldsymbol{H} &= \boldsymbol{H}_0 \exp[-j\boldsymbol{k}\boldsymbol{r}] \end{aligned} \tag{7.12}$$

$\boldsymbol{r}$ は位置ベクトルであり，平面波は $\boldsymbol{s}\,(=\boldsymbol{k}/|\boldsymbol{k}|)$ 方向（波面進行方向を表す）

第7章 複屈折

に，位相速度 $v_p = \omega/|\boldsymbol{k}|$ で進行する．

まず，電界 $\boldsymbol{E}$ と電束密度 $\boldsymbol{D}$ の関係を考える．誘電性媒質（$\mu = \mu_0$）であるとすると，マクスウェルの方程式（電流 $J = 0$）は，

$$\operatorname{curl} \boldsymbol{H} = \frac{\partial \boldsymbol{D}}{\partial t} \tag{7.13a}$$

$$\operatorname{curl} \boldsymbol{E} = -\frac{\partial \boldsymbol{B}}{\partial t} \tag{7.13b}$$

$\partial/\partial t$ は $j\omega$，curl は $-j\boldsymbol{k} \times$ と形式的に置き換えることができるので，上式は，

$$-j\boldsymbol{k} \times \boldsymbol{H}_0 = j\omega \boldsymbol{D}_0 \tag{7.14a}$$

$$-j\boldsymbol{k} \times \boldsymbol{E}_0 = -j\omega\mu_0 \boldsymbol{H}_0 \tag{7.14b}$$

これより，$\boldsymbol{D}_0$ と $\boldsymbol{E}_0$ の関係を導くと，

$$\omega^2 \mu_0 \boldsymbol{D}_0 = -\boldsymbol{k} \times \boldsymbol{k} \times \boldsymbol{E}_0 \tag{7.15}$$

$\boldsymbol{s} = \boldsymbol{k}/|\boldsymbol{k}|$ と，ベクトル公式，$\boldsymbol{A} \times (\boldsymbol{B} \times \boldsymbol{C}) = \boldsymbol{B}\,(\boldsymbol{A} \cdot \boldsymbol{C}) - \boldsymbol{C}(\boldsymbol{A} \cdot \boldsymbol{B})$ を用いると，(7.15) は，

$$\begin{aligned}\boldsymbol{D}_0 &= \frac{1}{\mu_0 v_p^2}(\boldsymbol{E}_0 - \boldsymbol{s}(\boldsymbol{s} \cdot \boldsymbol{E}_0)) \\ &= \varepsilon_0 \left(\frac{c}{v_p}\right)^2 (\boldsymbol{E}_0 - \boldsymbol{s}(\boldsymbol{s} \cdot \boldsymbol{E}_0))\end{aligned} \tag{7.16}$$

ただし，ε_0 は真空の誘電率，c は真空中の光速である．

$\boldsymbol{s}(\boldsymbol{s} \cdot \boldsymbol{E}_0)$ は $\boldsymbol{E}_0$ の $\boldsymbol{s}$ 方向（すなわち $\boldsymbol{k}$ 方向）成分であるので，$\boldsymbol{E}_0 - \boldsymbol{s}(\boldsymbol{s} \cdot \boldsymbol{E}_0)$ は，$\boldsymbol{E}_0$ の $\boldsymbol{s}$ に垂直な成分，すなわち，$\boldsymbol{D}_0$ 方向成分を表している．

(7.14a) より $\boldsymbol{D}_0$ は $\boldsymbol{H}_0$ 及び $\boldsymbol{k}$ に対して垂直，同じく (7.14b) より $\boldsymbol{H}_0$ は $\boldsymbol{E}_0$ 及び $\boldsymbol{k}$ に対して垂直である．ただし，一般には，$\boldsymbol{D}_0$ と $\boldsymbol{E}_0$ は平行では

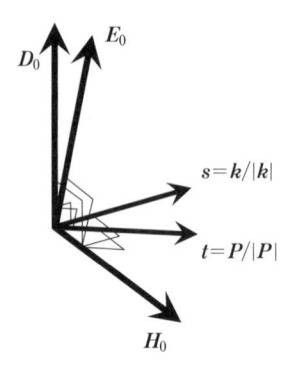

図 7.3 $H_0, E_0, D_0, s = k/|k|$, 及び, $t = P/|P|$ の関係

ない．図 7.3 に，H_0，E_0，D_0，k，及び，ポインティングベクトル $P = E_0 \times H_0$ の方向，$t = P/|P|$，の関係を示している．

一般に，複屈折性媒質では，波面の進む方向 s とエネルギー進行方向 t が異なる．その間の角度 α は，

$$\sin \alpha = \frac{|s \cdot E_0|}{|E_0|} \tag{7.17a}$$

あるいは，

$$\cos \alpha = t \cdot s \tag{7.17b}$$

座標系を誘電率の主軸に選ぶと，$D_{0x} = \varepsilon_x E_{0x}$，$D_{0y} = \varepsilon_y E_{0y}$，$D_{0z} = \varepsilon_z E_{0z}$ の関係となる．このとき，(7.16) を x, y, z 成分に分けて整理すると，

$$D_{0x} = \frac{\varepsilon_0 c^2 (s \cdot E_0) s_x}{v_x^2 - v_p^2} \tag{7.18a}$$

$$D_{0y} = \frac{\varepsilon_0 c^2 (s \cdot E_0) s_y}{v_y^2 - v_p^2} \tag{7.18b}$$

$$D_{0z} = \frac{\varepsilon_0 c^2 (s \cdot E_0) s_z}{v_z^2 - v_p^2} \tag{7.18c}$$

第7章 複屈折

ただし, $v_i = \sqrt{\varepsilon_0/\varepsilon_i}\,c$, $(i = x, y, z)$ は, それぞれ, 誘電率 ε_i ($i = x, y, z$, それぞれ, x, y, z 方向の主誘電率) の媒質中を進む平面波の位相速度, また, s_x, s_y, s_z は, 波面法線方向単位ベクトル s の x, y, z 方向成分である.

得られた三つの式にそれぞれ s_x, s_y, s_z を掛け, 足し合わせる ($\boldsymbol{D}_0$ と $\boldsymbol{s}$ の内積を取る) と, $\boldsymbol{D}_0$ と $\boldsymbol{s}$ とは直交しているので, 0 となる. すなわち,

$$\frac{s_x^2}{v_x^2 - v_p^2} + \frac{s_y^2}{v_y^2 - v_p^2} + \frac{s_z^2}{v_z^2 - v_p^2} = 0 \tag{7.19}$$

この式が, フレネルの位相速度の公式である. 三つの主誘電率と, 波面法線方向 $\boldsymbol{s}$ が与えられると, v_p を得ることができる. この式は, v_p^2 に対して2次方程式となっているので, 一つの波面法線方向 $\boldsymbol{s}$ に対して, 二つの位相速度 (の2乗) v_p^2 が存在することになる. v_p には, 更にそれぞれ正負が可能であるので, 合計四つの位相速度が決まる. それらを $\pm v_{p1}$, $\pm v_{p2}$ で表すことにする. v_{p1}, v_{p2} の正負は, 同じ $\boldsymbol{s}$ に対して, それぞれ, 後退波, 前進波を表している.

(7.18a-c) より, v_{p1}, v_{p2} に対して, それぞれに対応する電束密度 D_{01}, D_{02} (振幅に対する相対値) が導かれる. $i = 1, 2$, に対して,

$$D_{0ix} = \frac{\varepsilon_0 c^2 (\boldsymbol{s} \cdot \boldsymbol{E}_0) s_x}{v_x^2 - v_{pi}^2} \tag{7.20a}$$

$$D_{0iy} = \frac{\varepsilon_0 c^2 (\boldsymbol{s} \cdot \boldsymbol{E}_0) s_y}{v_y^2 - v_{pi}^2} \tag{7.20b}$$

$$D_{0iz} = \frac{\varepsilon_0 c^2 (\boldsymbol{s} \cdot \boldsymbol{E}_0) s_z}{v_z^2 - v_{pi}^2} \tag{7.20c}$$

ここで, 例えば $D_{01x} D_{02x}$ を計算する. 煩雑さを避けるため, 振幅係数 $A = \varepsilon_0 c^2 (\boldsymbol{s} \cdot \boldsymbol{E}_0)$ を導入すると,

$$D_{01x} D_{02x} = \frac{A^2 s_x^2}{(v_x^2 - v_{p1}^2)(v_x^2 - v_{p2}^2)}$$

$$= \frac{A^2 s_x{}^2}{v_{p1}{}^2 - v_{p2}{}^2} \cdot \left(\frac{1}{v_x{}^2 - v_{p1}{}^2} - \frac{1}{v_x{}^2 - v_{p2}{}^2} \right) \tag{7.21}$$

同様の関係が y, z に対しても導かれるが,これら3式を加え合わせ,v_{p1}, v_{p2} が (7.19) の解であることを考慮すると,

$$\bm{D}_{01} \cdot \bm{D}_{02} = 0 \tag{7.22}$$

であることが分かる.すなわち,複屈折媒質中を任意の方向 $\bm{s}$ に進む平面波には,2種の位相速度 v_{p1}, v_{p2} をもつ成分があり,それらの偏波方向(電束密度の方向)は,互いに直交している.

電界 $\bm{E}_0$ の各成分は,(7.10) に,$\bm{D}_0 = \varepsilon \bm{E}_0$ の関係を代入すれば,

$$\begin{aligned} E_{0ix} &= \frac{D_{0ix}}{\varepsilon_x} \\ E_{0iy} &= \frac{D_{0iy}}{\varepsilon_y} \\ E_{0iz} &= \frac{D_{0iz}}{\varepsilon_z} \end{aligned} \tag{7.23}$$

($i = 1, 2$) である.(7.20a-c) より,

$$E_{0x} = \frac{(\bm{s} \cdot \bm{E}_0) s_x v_x{}^2}{v_x{}^2 - v_p{}^2}$$

などであるので,$\bm{s}$ と $\bm{E}_0$ との内積をとると,

$$\bm{s} \cdot \bm{E}_0 = \left(\frac{s_x{}^2 v_x{}^2}{v_x{}^2 - v_p{}^2} + \frac{s_y{}^2 v_y{}^2}{v_y{}^2 - v_p{}^2} + \frac{s_z{}^2 v_z{}^2}{v_z{}^2 - v_p{}^2} \right) (\bm{s} \cdot \bm{E}_0)$$

すなわち,

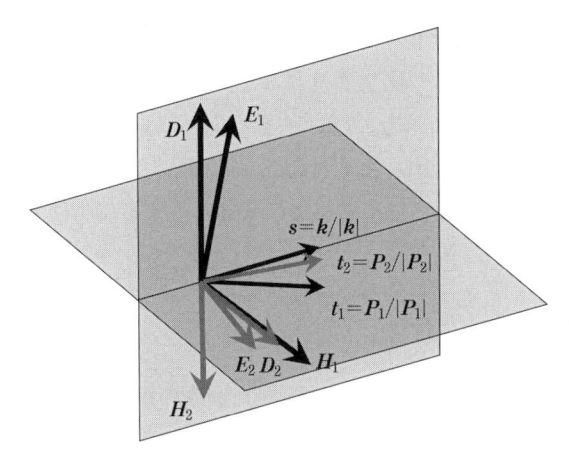

図 7.4 s に対する二つの偏波成分，(D_1, E_1, H_1) と (D_2, E_2, H_2)

$$\frac{s_x^2 v_x^2}{v_x^2 - v_p^2} + \frac{s_y^2 v_y^2}{v_y^2 - v_p^2} + \frac{s_z^2 v_z^2}{v_z^2 - v_p^2} = 1 \qquad (7.24)$$

であることも分かる．

以上，まとめると，波面進行方向 s に対して，(7.19) より，二つの位相速度 v_{p1}, v_{p2} が決まり，それぞれについて，電束密度と電界，D_1 と E_1，及び，D_2 と E_2 を，(7.20)，(7.23) より求めることができる．ポインティングベクトルの方向を示す単位ベクトル t_1, t_2 は，H_{01}, H_{02} を求めることにより計算することができる．図 7.4 に示すように，s, D_1, E_1, t_1 は H_{01} に垂直で同一平面上にあり，この平面は，s, D_2, E_2, t_2 を含む平面に対しても垂直である．

7.3 屈折率楕円体

次式で与えられる楕円体を屈折率楕円体と呼ぶ．

$$\frac{x^2}{n_x^2} + \frac{y^2}{n_y^2} + \frac{z^2}{n_z^2} = 1 \qquad (7.25)$$

ここで，$n_i = \sqrt{\varepsilon_i/\varepsilon_0}$，$i = x, y, z$，は，主屈折率と呼ばれる．対角化さ

れた座標系で，電気的蓄積エネルギーについて，電束密度によって等エネルギー面を表した楕円体，図7.2及び(7.11)，と相似形である．

屈折率楕円体の原点を通り，波面法線方向 s に垂直な平面と，屈折率楕円体との交線は一つの楕円となる（**図7.5**参照）．この楕円の長半径と短半径は s 方向に進む光波の二つの固有偏波成分に対する屈折率 n_1, n_2，ただし，

$$n_i = \frac{c}{v_{pi}} \quad (i = 1, 2) \tag{7.26}$$

を与え，また，長軸と短軸の方向は両固有偏波の電束密度 D，及び磁界 H の向きに一致する．詳しい議論は文献参照のこと．

誘電体媒質は，対角化された誘電率テンソルの成分（主誘電率），ε_x, ε_y, ε_z，あるいは，主屈折率，n_x, n_y, n_z, の大小関係によって，以下の3種に分類される．

等方性媒質：$\varepsilon_x = \varepsilon_y = \varepsilon_z$, $n_x = n_y = n_z$
1軸性媒質：$\varepsilon_x = \varepsilon_y \neq \varepsilon_z$, $n_x = n_y \neq n_z$
2軸性媒質：$\varepsilon_x \neq \varepsilon_y \neq \varepsilon_z$, $n_x \neq n_y \neq n_z$

等方性媒質では主屈折率は三つとも同じ値であり，屈折率楕円体は球となる．一方，2軸の異方性（2軸性）媒質では三つの主屈折率がすべて異なっ

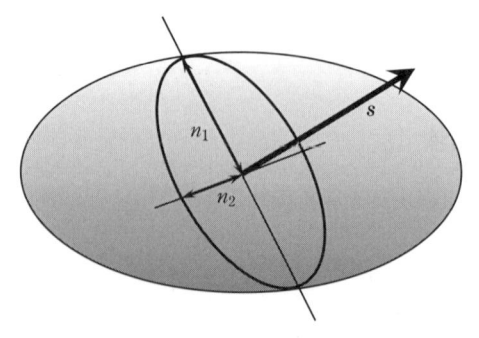

図7.5 屈折率楕円体（光波の進行方向 s に対して二つの偏波方向と屈折率を与える）

第7章 複屈折

た値で，屈折率楕円体は一般の楕円体である．1軸性媒質では主屈折率の二つが同じ値，残る一つは異なった値（通常，異なる値の成分の方向をz方向とする）となり，屈折率楕円体は（z方向を軸とする）回転楕円体となる．

図7.6は1軸性媒質の屈折率楕円体である．1軸性媒質では，原点を通り波面進行方向sに垂直な面で屈折率楕円体を切った切断面は楕円となるが，楕円の一方の軸は常にxy面内にあり，一定長さ$n_x(=n_y)$である．他方はsの方向によってn_xからn_zまで変化する（図中で，進行方向がs_1, s_2, s_3と変化するにつれ$n_{e1}=n_x$, n_{e2}, $n_{e3}=n_z$と変化する）．前者を常屈折率n_o，後者を異常屈折率n_e，対応する偏波成分をそれぞれ常光線，異常光線という．sがz方向を向くとき断面は円，すなわち，常屈折率と異常屈折率は一致して，偏波面も任意となる．$n_x=n_y<n_z$の場合，正の1軸性媒質，$n_x=n_y>n_z$の場合を負の1軸性媒質と呼ぶ．

一方，2軸性媒質の場合（**図**7.7参照），$n_x<n_y<n_z$と仮定すると，sをxz面内でx方向からz方向に進行方向を変えると，原点を通りsに垂直な面が楕円体を切断する楕円の一方の軸は常にy軸方向にあり，軸の長さはn_yである．切断楕円のもう一方の軸の長さは角度の変化に伴い，n_zからn_xまで変化するが，その間でn_yに一致する方向があり，その角度で断面は円となる．この方向は，進行方向を正の角度で傾けた場合と，負の角度

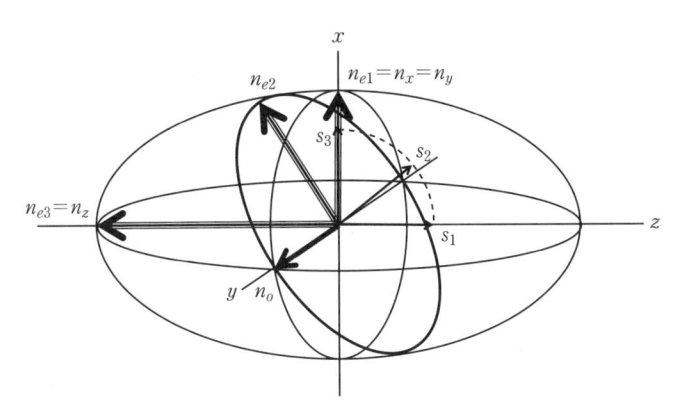

図7.6 1軸性媒質の屈折率楕円体と常屈折率，異常屈折率

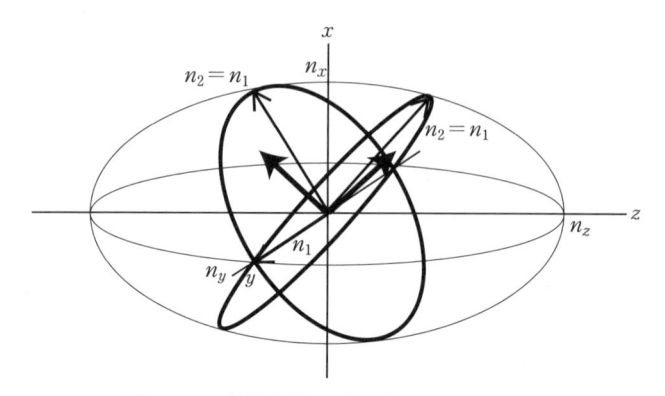

図 7.7 2 軸性媒質の屈折率楕円体と二つの軸

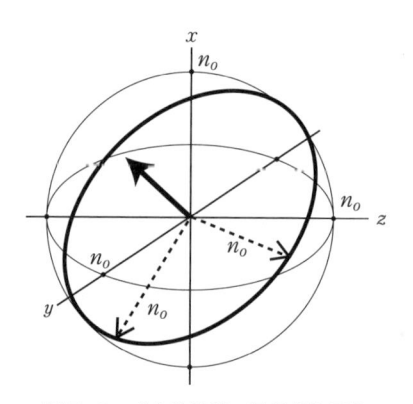

図 7.8 当方性媒質の屈折率楕円体

に傾けた場合の二つあるが，これらの方向に進む光波には複屈折が生じず，偏波面も不定となる．他の方向に進行する場合では，切断面は楕円であり，常に二つの直交偏波方向が定まる．

等方性媒質（**図 7.8**），では s の方向によらず切断面は常に円であり，屈折率の値は方向に依存せず一定で，また，切断面が円であるので主軸は存在せず，偏波面も任意となる．

7.4 結晶の対称性と屈折率楕円体

結晶性の光学材料では，結晶の対称性によってどのような異方性を示すかが決まる．結晶の対称性には，点対称性（回転対称性と反転対称性）と，結晶格子を構成する基礎となる並進対称性とがあるが，結晶の光学特性に影響するのは，点対称性である．結晶における点対称性は，並進対称性と両立しなければならない（例えば，5回回転対称は並進対称と両立しない，など）が，並進対称性と両立できる点対称性には32種があることが知られ

表 7.1 結晶の対称性と屈折率の関係

屈折率	結晶系	特徴	点群対称	独立なテンソル成分数	誘電率テンソルの形状	座標軸
等方	立方晶 (cubic)	3回対称軸 ×3	23, $\bar{4}$3m, m3, 432, m3m	1	$\begin{matrix}\varepsilon & 0 & 0\\ 0 & \varepsilon & 0\\ 0 & 0 & \varepsilon\end{matrix}$	
1軸 (単軸)	正方晶 (tetragonal)	4回対称軸 ×1	4, $\bar{4}$, 4/m, 422, 4mm, $\bar{4}$2m, 4/mmm	2	$\begin{matrix}\varepsilon_1 & 0 & 0\\ 0 & \varepsilon_1 & 0\\ 0 & 0 & \varepsilon_2\end{matrix}$	z軸//4回対称軸
	三方晶 (trigonal)	3回対称軸 ×1	3, $\bar{3}$, 32, 3m, $\bar{3}$m			z軸//3回対称軸
	六方晶 (hexagonal)	6回対称軸 ×1	6, $\bar{6}$, 622, 6mm, $\bar{6}$m2, 6/m, 6/mmm			z軸//6回対称軸
2軸 (双軸)	斜方晶 (orthorhombic)	2回対称軸 ×3 (互いに直交)	222, mm2, mmm	3	$\begin{matrix}\varepsilon_1 & 0 & 0\\ 0 & \varepsilon_2 & 0\\ 0 & 0 & \varepsilon_3\end{matrix}$	x, y, z軸//各2回対称軸
	単斜晶 (monoclinic)	2回対称軸 ×1	2, m, 2/m	4	$\begin{matrix}\varepsilon_1 & 0 & \varepsilon_4\\ 0 & \varepsilon_2 & 0\\ \varepsilon_4 & 0 & \varepsilon_3\end{matrix}$	y軸//2回対称軸
	三斜晶 (triclinic)	対称性無し，あるいは中心対称	1, $\bar{1}$	6	$\begin{matrix}\varepsilon_1 & \varepsilon_6 & \varepsilon_5\\ \varepsilon_6 & \varepsilon_2 & \varepsilon_4\\ \varepsilon_5 & \varepsilon_4 & \varepsilon_3\end{matrix}$	結晶軸と座標軸に特定の関係はない

ている.32の対称操作は数学的には群を成しているので,点群,あるいは結晶点群と呼ばれ,それぞれ,国際命名法により名が付けられている.

一方,結晶構造からは,結晶は大きく七つの晶系に分類されている.立方晶,正方晶,三方晶,六方晶,斜方晶,単斜晶,三斜晶,の7種である.また,光学的な分類では,これまで議論を進めてきたとおり,2軸性媒質,1軸性媒質,等方性媒質の3種になる.これらの関係をまとめて,表7.1に示す.

結晶系は,表に示したとおり,どのような回転対称軸をもつかによって分類することができる.ただし,ここでは回転と同時に反転操作が必要な場合も含めて記載している.詳細は専門書を参照することとする.

対称性の高い結晶ほど,誘電率テンソルにおける独立なテンソル成分の数が少なくなる.表には,独立なテンソル成分数と,座標軸を結晶軸に対して適当に設定した場合のテンソルの形も共に示している.

単斜晶や三斜晶では,座標軸を結晶軸に一致させただけでは,テンソルは対角化されない.分散を考慮すれば,対象とする波長ごとに対角化される座標軸方向が異なるので,屈折率楕円体の主軸方向も分散性を示すことになる.単斜晶では,通常,結晶軸としてa軸とc軸の間の角度が90°になっていないように取られるので,屈折率楕円体の主軸はy軸(b軸)方向のみが固定され,x軸,z軸の方向は波長により変化する.三斜晶では,a, b, c,三つの結晶軸はすべて互いに斜交しているので,屈折率楕円体の主軸はx, y, z,三つの方向とも波長により変化する.

第 8 章

回 折

ここまでは，光波を無限に広がる平面波であるとして取り扱ってきたが，より実際的には，例えば，古い例では，雨戸の節穴から差し込む日差しのように，あるいは，新しい例では，レーザポインタのビームのように，進行と共に緩やかに広がりながら進む光波の挙動を理解しておくことが重要である．壁に映る衝立の影では，縁の部分がぼやけたり，縁に明暗の縞模様ができたりする．このような回折現象は，波動が示す物理現象の中で最も基本的な性質の一つである．

フーリエ変換の議論では，異なる周波数成分の正弦波信号を重ね合わせることで，様々な時間波形を構成できることが分かった．同じように，異なる波数ベクトルをもつ平面波成分を重ね合わせることで，様々な空間分布をもつ電磁界が構成できる．したがって，回折現象はフーリエ解析の考え方を用いて説明することができる．

8.1 回折波の平面波展開

$z = 0$ における界分布が与えられた場合に，任意の z における界分布がどのように表されるかについて考察する．媒質は，均質，等方，無損失（誘電率 ε，透磁率 μ）であるとし，角周波数 ω の電磁波を考える．ここでは，以下に与えられるベクトルポテンシャル $\boldsymbol{A}$ を用いて議論を進めることとする．

$$\boldsymbol{A}(\boldsymbol{r}, t) = \boldsymbol{n}\psi(x, y, z)\exp[j\omega t] \tag{8.1}$$

ただし，n はベクトル A の方向を示す単位ベクトル，$\psi(x, y, z)$ は A の複素振幅でスカラ関数である．

このとき，A の満足すべき波動方程式は，

$$\nabla^2 A - \varepsilon\mu \frac{\partial^2 A}{\partial t^2} = 0 \tag{8.2}$$

より，

$$\nabla^2 \psi - k^2 \psi = 0 \tag{8.3}$$

ただし，$k = \omega\sqrt{\varepsilon\mu}$ は位相定数である．

ローレンツゲージを用いるので，スカラポテンシャル ϕ は，

$$\phi = \frac{j}{\omega\varepsilon\mu} \mathrm{div} A \tag{8.4}$$

これより，電界 E は，

$$\begin{aligned}E &= -j\omega A - \mathrm{grad}\,\phi \\ &= -j\omega\left(A + \frac{1}{\omega^2\varepsilon\mu}\mathrm{grad}\,\mathrm{div} A\right)\end{aligned} \tag{8.5}$$

また，磁界 H は，

$$H = \frac{1}{\mu}\mathrm{curl}\,A \tag{8.6}$$

平面波でなく，光波の進行方向に垂直な面内に界分布があるとすると，$\mathrm{div}\,D = 0$，あるいは，均質媒質では $\mathrm{div}\,E = 0$ を満足させるには，電磁界の進行方向に垂直な横方向成分だけでなく，進行方向を向いた縦方向成分の存在が必要である．したがって，波面の振幅分布を考慮しなければならない場合には，電界や磁界が満たすべきマクスウェルの方程式や，マクス

ウェルの方程式から導かれる波動方程式では,界の横方向成分と縦方向成分とが結合した状態となり,界が満足すべき波動方程式は煩雑となる.これに対して,ベクトルポテンシャルでは,div $A = 0$ を満たす必要がなく,ここで用いるような単純なベクトル界を仮定することができて,満たすべき波動方程式も簡明となる利点がある.

ベクトルポテンシャル A の向きを,光波が進行する中心線方向に垂直な断面内に取ると,(8.5) から分かるように,電界 E はほぼ A に平行で,断面内にあるが,進行方向成分もスカラポテンシャルの勾配,grad ϕ,の中の成分として含まれる.磁界 H も,同じく断面内にあるが,進行方向成分は,界の断面内分布関数の微係数として現れる.

先に,斜め入射の平面波を扱い,波数ベクトル(位相定数ベクトル)を境界面に垂直な方向の成分と水平方向の成分とに分けて議論した.今回は,3次元空間における回折を取り扱うので,波数ベクトル k の x, y, z 成分,それぞれ,k_x, k_y, k_z を考えることになる.すなわち,k 方向に進む平面波は時間因子を除くと,次のような関数形をもつとする.

$$\exp[-j\boldsymbol{k}\boldsymbol{r}] = \exp[-j(k_x x + k_y y + k_z z)] \tag{8.7}$$

ただし,

$$k_x^2 + k_y^2 + k_z^2 = k^2 = \omega^2 \varepsilon \mu \tag{8.8}$$

図 8.1 に波数ベクトル成分の関係を示している.波数ベクトル k は,z 軸に対して角度 θ の方向を向いているとすると,

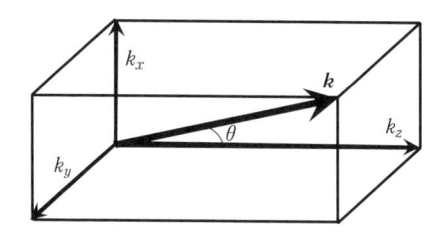

図 8.1 波数ベクトル k とその成分 k_x, k_y, k_z, の関係

$$\sin\theta = \frac{\sqrt{k_x{}^2 + k_y{}^2}}{k} \tag{8.9}$$

ただし，$k = |\boldsymbol{k}|$ である．

　回折現象を議論するための，いまひとつの準備は，2次元フーリエ変換である．第4章では時間関数と周波数関数のフーリエ変換対を扱ったが，ここでは，2次元の関数 $f(x, y)$ のフーリエ変換，$F(k_x, k_y)$，を次式で定義する．

$$F(k_x, k_y) = \left(\frac{1}{2\pi}\right)^2 \iint \{f(x, y)\exp[j(k_x x + k_y y)]\}dxdy \tag{8.10}$$

逆フーリエ変換は

$$f(x, y) = \iint \{F(k_x, k_y)\exp[-j(k_x x + k_y y)]\}dk_x dk_y \tag{8.11}$$

　ここで，フーリエ積分の前に係数 $(1/2\pi)^2$ を付けているのは，4.1節の流儀2を用いていることによる．F の変数を空間周波数にとれば，この係数は不要となる．ちなみに，例えば，界分布が x 方向に λ_x の周期で正弦関数変化している場合，

$$k_x = 2\pi\nu_x = \frac{2\pi}{\lambda_x} \tag{8.12}$$

ν_x は x 方向の空間周波数，k_x は x 方向の波数ベクトル（位相定数）で，角波数と呼ばれることもある．また，積分核の指数の符号が，第4章の時間領域で用いた定義と逆転しているのは，$+z$ 方向に進む（関数形として $(\omega t - k_z z)$ をもつ）前進波のスペクトルを扱う場合，この方が簡明となるからである．

　$f(x, y)$ と $g(x, y)$ の畳込み積分，$g * f$，は以下のとおりである．

$$g * f = \iint g(x - x', y - y')f(x', y')dx'dy' \tag{8.13}$$

$g*f$ のフーリエ変換は,

$$\left(\frac{1}{2\pi}\right)^2 \iint \{[g*f]\exp[j(k_x x + k_y y)]\} dk_x dk_y$$
$$= (2\pi)^2 G(k_x, k_y) F(k_x, k_y) \tag{8.14}$$

次式で決まる振幅分布関数 $u(x, y, z)$ を導入する.

$$\psi(x, y, z) = u(x, y, z) \exp[-jkz] \tag{8.15}$$

すなわち,おおむね z 方向に進む光波を考えるので,複素振幅 ψ から位相因子,$\exp[-jkz]$,を取り除いて,振幅分布関数 u を定義する.

$U_0(k_x, k_y)$ を,$u(x, y, z)$ の内の k_x,k_y,k_z 方向に進む平面波成分の振幅であるとする.u の場合に対応して,平面波成分振幅 U_0 でも,$\exp[-jkz]$ を取り除く必要があるので,振幅 U_0 をもつ平面波成分は,以下のように表される.

$$U_0(k_x, k_y) \exp[-j\boldsymbol{kr}] \exp[jkz]$$
$$= U_0(k_x, k_y) \exp[-j(k_x x + k_y y)] \exp[j(k - k_z)z] \tag{8.16}$$

$u(x, y, z)$ は,このような平面波成分を,k_x,k_y について足し合わせたものであるので,

$$u(x, y, z) = \iint \{U_0(k_x, k_y) \exp[-j(k_x x + k_y y)] \exp[j(k - k_z)z]\} dk_x dk_y \tag{8.17}$$

$z = 0$ における u を $u_0(x, y)$ と表記すると,(8.17) より,

$$u_0(x, y) = \iint \{U_0(k_x, k_y) \exp[-j(k_x x + k_y y)]\} dk_x dk_y \tag{8.18}$$

すなわち,$U_0(k_x, k_y)$ は,当然ながら,以下のように $z = 0$ における振幅分布,$u_0(x, y)$,のフーリエ変換であることが分かる.

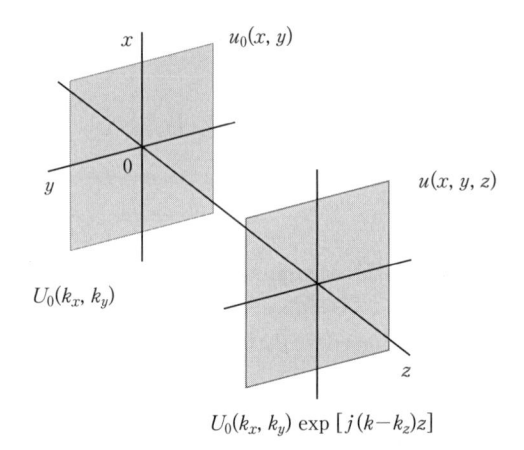

図 8.2 $x=0$ における振幅分布関数 $u_0(x, y)$ と z における $u(x, y, z)$ 及びそれらのフーリエ変換

$$U_0(k_x, k_y) = \left(\frac{1}{2\pi}\right)^2 \iint \{u_0(x, y)\exp[j(k_x x + k_y y)]\}dxdy \qquad (8.19)$$

以上より，$z=0$ において振幅分布関数，$u_0(x, y)$，が与えられれば，u_0 は，平面波成分 $U_0(k_x, k_y)$ にフーリエ展開でき，これを (8.17) に代入すれば，任意の z における振幅分布関数 $u(x, y, z)$ を求めることができることが分かった．$u(x, y, z)$ は，$U_0(k_x, k_y)\exp[j(k-k_z)z]$ の逆フーリエ変換となっている．これらの関係を，図 8.2 に示している．

8.2 フレネル回折

$u_0(x, y)$ によって生じる回折界を求めるには，$U_0(k_x, k_y)\exp[j(k-k_z)z]$ のフーリエ変換を求める必要がある．ただし，(8.17) における位相因子，$k-k_z = (1-\cos\theta)k$，をそのまま用いると計算は煩雑であり，数値解析が必要となる．そこで，フレネル回折では，界の波数ベクトルのスペクトルは軸付近に集中しているとして，近軸近似が適用できるとする．

近軸近似では，波数ベクトル $\boldsymbol{k}$ は z 軸にほぼ平行で，$k_x, k_y \ll k_z, k$，あるいは，$\theta \ll 1$ であると仮定する．すると，

$$k_z = \sqrt{(k^2 - k_x^2 - k_y^2)} \fallingdotseq k\left(1 - \frac{1}{2}\frac{k_x^2 + k_y^2}{k^2}\right) = k - \frac{k_x^2 + k_y^2}{2k}$$
(8.20)

とおくことができる.

ちなみに,この近似では,例えば,波数ベクトルの方向と光軸との角度 θ が 30°であれば,k_z の誤差は 1%程度,45°で 4%程度であるので,おおよそ,近軸近似の利用できる範囲の,見当を付けることができる.ただし,数値解析などにおいて,回折計算を多段に繰り返す場合など,誤差の累積に注意する必要がある.

近軸近似,$k_z \fallingdotseq k - (k_x^2 + k_y^2)/(2k)$,を適用すると,(8.17) において,

$$\exp[j(k-k_z)z] \fallingdotseq \exp\left[j\left(\frac{k_x^2 + k_y^2}{2k}\right)z\right]$$
(8.21)

とおくことができて,k_x,k_y,k_z 方向に進む平面波成分は,(8.16) の近似として,

$$U_0(k_x, k_y)\exp[-j(k_x x + k_y y)]\exp\left[j\left(\frac{k_x^2 + k_y^2}{2k}\right)z\right]$$
(8.22)

で与えられることが分かる.ただし,$U_0(k_x, k_y)$ の値は,$\sqrt{(k_x^2 + k_y^2)/|k|}$ $= \sin\theta \ll 1$,の範囲外では十分小さく,無視できる必要がある.

$u(x, y, z)$ は,このような平面波成分を,k_x,k_y について加え合わせたものなので,

$$u(x, y, z) = \iint \left\{U_0(k_x, k_y)\exp[-j(k_x x + k_y y)]\exp\left[j\left(\frac{k_x^2 + k_y^2}{2k}\right)z\right]\right\} dk_x dk_y$$
(8.23)

$u_0(x, y)$ と $U_0(k_x, k_y)$ はフーリエ変換対であることを用いて,上式より $U_0(k_x, k_y)$ を消去し,変形すると,

$$u(x,y,z) = \iint \left\{ \left(\frac{1}{2\pi}\right)^2 \left\{ \iint u_0(x_0, y_0) \right. \right.$$
$$\left. \cdot \exp[-j(k_x(x-x_0) + k_y(y-y_0))]dxdy \right\}$$
$$\left. \cdot \exp\left[j\left(\frac{k_x^2 + k_y^2}{2k}\right)z\right] \right\} dk_x dk_y \tag{8.24}$$

ここで，次式のフレネル積分核 $h(x, y, z)$ を導入する．

$$h(x,y,z) = \left(\frac{1}{2\pi}\right)^2 \iint \exp[-j(k_x x + k_y y)]$$
$$\cdot \exp\left[j\left(\frac{k_x^2 + k_y^2}{2k}\right)z\right]dk_x dk_y \tag{8.25}$$

導出の詳細は省略するが，積分を実行することで，$h(x, y, z)$ は，以下のように整理できる．

$$h(x,y,z) = \left(\frac{j}{\lambda z}\right) \exp\left[j\frac{k(x^2+y^2)}{2z}\right] \tag{8.26}$$

(8.24)，(8.25) を見ると，$u(x, y, z)$ は，以下のように，$h(x, y, z)$ と $u_0(x, y)$ との畳込み積分で与えられていることが分かる．

$$u(x,y,z) = h(x,y,z) * u_0(x,y) \tag{8.27}$$

(8.24) あるいは (8.27) がフレネルの回折積分である．

また，$h(x, y, z)$ のフーリエ変換は以下のとおりである．

$$H(k_x, k_y, z) = \left(\frac{1}{2\pi}\right)^2 \exp\left[j\left(\frac{k_x^2 + k_y^2}{2k}\right)z\right] \tag{8.28}$$

これを用いると，(8.27) より，

第8章 回折

$$U(k_x, k_y, z) = (2\pi)^2 H(k_x, k_y, z) U_0(k_x, k_y) \tag{8.29}$$

これらの関係を，図 8.3 に示している.

　フレネル核，$h(x, y, z)$ は，フレネル回折におけるインパルス応答関数と見なすことができる．開口 ($z=0$) における振幅分布，$u_0(x, y)$，を入力信号と考えると，z における振幅分布，$u(x, y, z)$，は入力 u_0 と，インパルス応答 h との畳込み積分で与えられる．フレネル核，h，のフーリエ変換，$H(k_x, k_y, z)$ はフレネル回折における空間周波数応答である.

　フレネル回折は近軸近似 ($k_x, k_y \ll k_z, k$，あるいは，$\theta \ll 1$) の下で導かれる．k_x, k_y は k_z, k に比べて十分小さい，すなわち，x 方向，y 方向の界の変化は，z 方向に比べ十分緩やかである，として導かれていることになる．これが，波動方程式から出発する解析では，どのような近似に対応しているかについて考察する.

　電磁界（ベクトルポテンシャル）の複素振幅

$$\psi(x, y, z) = u(x, y, z) \exp[-jkz] \tag{8.30}$$

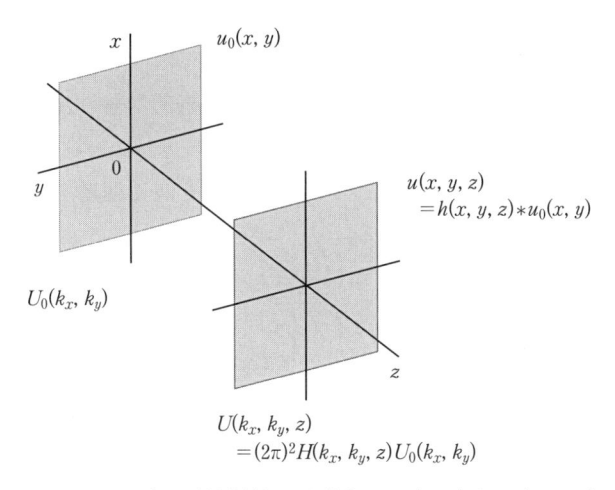

図 8.3 フレネル近似を適用した場合の $u_0(x, y)$ と $u(x, y, z)$ 及びそれらのフーリエ変換（$h(x, y, z)$ はフレネル積分核）

は，ヘルムホルツの方程式，$\nabla^2 \psi + k^2 \psi = 0$，を満足する．この方程式に $u\exp[-jkz]$ を代入し，u によって書き表せば，

$$\nabla_T^2 u + \frac{\partial^2 u}{\partial z^2} - 2jk\frac{\partial u}{\partial z} = 0 \tag{8.31}$$

ただし，∇_T^2 は xy 面内におけるラプラシアンである．

u の変化は波長に比べ十分緩やかであるとする，すなわち，$|\partial u/\partial z| \ll |ku|$ とすると，以下の近軸波動方程式が得られる．

$$\nabla_T^2 u - 2jk\frac{\partial u}{\partial z} = 0 \tag{8.32}$$

インパルス応答関数 $h(x, y, z)$，(8.26)，を (8.32) に代入してみると，$h(x, y, z)$ は，近軸波動方程式 (8.32) の解であることが確かめられる．したがって，近軸波動方程式による電磁界解析は，フレネル回折による取扱いと等価であることが分かる．

8.3 レ ン ズ

凸レンズによる集光作用，結像作用について考察する．凸レンズは，通常，中心部分が厚く，周辺にいくに従い薄くなった透明材料（例えば，光学ガラス）でできている．中心部に入射する光波は，周辺部に入射する光波より，外部空間より大きな屈折率をもつレンズ媒質中を長く通過するので，透過した際の位相が遅れることになる．

図 8.4 のように，凸レンズに振幅関数 $u_1(x, y)$ をもつ光波が入射したとする．レンズは，いわゆる薄肉レンズであって，レンズを通過する際に，光波が屈折することによる透過位置のずれが無視できて，透過光には，入射位置によって決まる位相変化のみが与えられるとする．理想的なレンズによって与えられる位相変化量は，次のように表すことができる．

$$\phi(x, y) = \phi_0 - \frac{(x^2 + y^2)k}{2f} \tag{8.33}$$

第8章 回　折

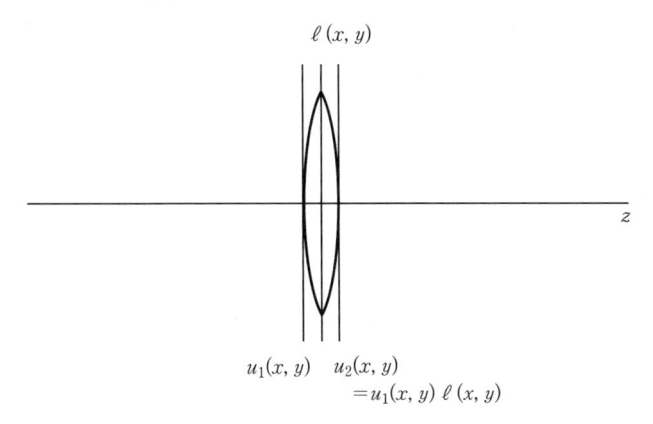

図 8.4 　レンズによる界分布の変換

f は焦点距離である．ϕ_0 は入射した光波に一様に加わる移相量であるので，以下では省略する．

レンズを透過した光波の振幅関数を $u_2(x, y)$ とすると，

$$u_2(x, y) = u_1(x, y)\,\ell(x, y) \tag{8.34}$$

ただし，

$$\ell(x, y) \equiv \exp\left(\frac{jk(x^2+y^2)}{2f}\right) \tag{8.35}$$

はレンズの透過関数である．

$u_1(x, y)$ が一様であるとすると，レンズを透過した光波の複素振幅の位相因子は，

$$\exp\left(\frac{jk(x^2+y^2)}{2f}\right)\cdot\exp(-jkz) \tag{8.36}$$

次節と同様の手法により，軸上における波面の曲率半径 R_0 を求めてみる．まず，xz 面における位相 ϕ の等位相曲線は，

$$\frac{k_x{}^2}{2f} + kz = \phi \tag{8.37}$$

xに関して1階微分,2階微分をとり,$x=0$と置いて,後に出てくる曲率半径の式(8.59)に代入すると,$R_0 = -f$,が得られる.

すなわち,レンズを透過した光波は,$z=f$に向かって収束する球面波となっている.

レンズに平面波が入射した場合,焦点面ではどのような像が得られるかについて考える(図8.5).先と同様に,入射光の振幅関数を,$u_1(x,y)=1$,とする.レンズを透過した直後の振幅は,$u_2 = u_1\ell$,である.

フレネル核,$h(z,y,z)$を用いると,焦点面での振幅関数,$u_3(x,y)$,は,$z=f$とおいて,

$$u_3(x,y) = (u_1(x,y)\ell(x,y)) * h(z,y,f) \tag{8.38}$$

$u_1=1$を代入し,両辺をフーリエ変換する.まず,$\ell(x,y)$のフーリエ変換,$L(k_x, k_y)$を導いておくと,

$$L(k_x, k_y) = \left(\frac{1}{2\pi}\right)^2 \iint \{\ell(x,y) \cdot \exp[j(k_x x + k_y y)]\} dk_x dk_y$$

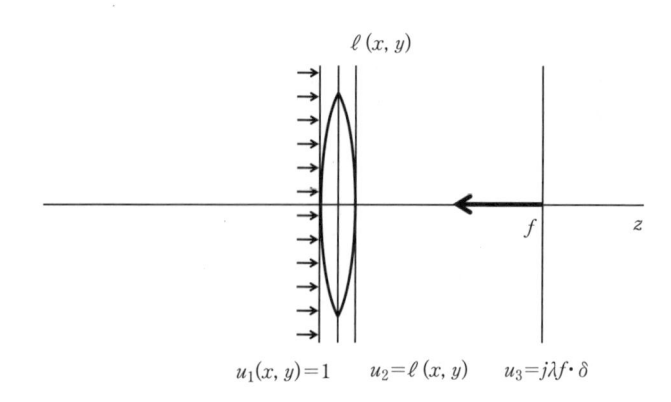

図8.5 レンズによる集光作用

第8章 回　折

$$= \frac{j\lambda f}{(2\pi)^2} \cdot \exp\left[-\frac{jf(k_x{}^2+k_y{}^2)}{2k}\right] \tag{8.39}$$

また，フレネル核のフーリエ変換（8.28）において，$z=f$ とおくと，

$$H(k_x, k_y, f) = \left(\frac{1}{2\pi}\right)^2 \exp\left[j\left(\frac{k_x{}^2+k_y{}^2}{2k}\right)f\right] \tag{8.40}$$

これらを用いると，$u_3 = \ell * h(z, y, f)$, のフーリエ変換は

$$U_3 = (2\pi)^2 LH(f) = \frac{j\lambda f}{(2\pi)^2} \tag{8.41}$$

すなわち，焦点面上で U_3 は一定値，逆フーリエ変換して得られる u_3 は，

$$u_3 = j\lambda f \cdot \delta \tag{8.42}$$

ただし，δ は，$x, y = 0$ のみで値をもつ δ 関数であり，焦点面には，インパルス状の像が結ばれる．

　次に，レンズのフーリエ変換作用について考察する．次節に述べるフラウンホーファー回折によれば，自由伝搬だけでフーリエ変換が行われる．とはいっても，十分遠方，との条件（$z/d \gg d/\lambda$）は，例えば，光波長 $\lambda = 1\,\mu\mathrm{m}$，開口 $d = 1\,\mathrm{mm}$ とすると，$z \gg 1\,\mathrm{m}$（$d = 1\,\mathrm{cm}$ なら $z \gg 100\,\mathrm{m}$），などと，非常に長距離が必要となる．これに対して，レンズを用いれば，はるかにコンパクトにフーリエ光学系が構成できる．

　図 8.6 にここで対象とする光学系を示す．焦点距離 f の薄肉凸レンズの手前（左側），距離 f，に入力となる開口面があり，レンズを透過して距離 f に出力面がある．すなわち，凸レンズの左右二つの焦点面に，入力面と出力面が置かれている．

　入力面の振幅関数を $u_0(x, y)$，レンズへの入射面，透過面，出力面における振幅関数を，それぞれ，$u_1(x, y)$, $u_2(x, y)$, $u_3(x, y)$，また，それらのフーリエ変換は，U_0 などと，大文字で表す．

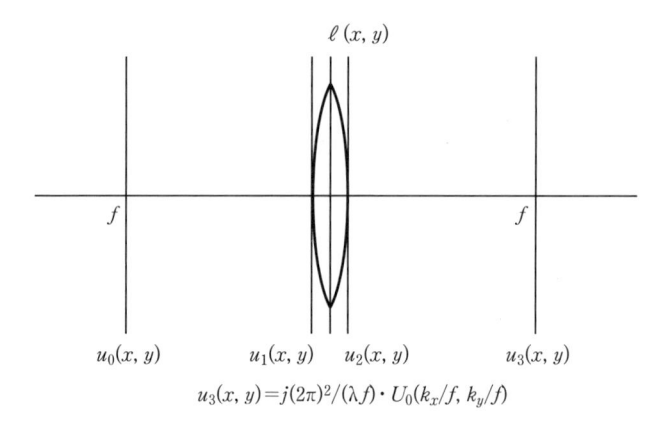

図8.6 レンズによるフーリエ変換作用の説明図

$u_3(x,y) = j(2\pi)^2/(\lambda f) \cdot U_0(k_x/f, k_y/f)$

u_0 から u_1, u_2 から u_3 は,伝搬距離 $z=f$ のフレネル回折 $h(x,y,f)$ との畳込み積分,u_1 と u_2 の関係は $\ell(x,y)$ を用いて,$u_2 = u_1 \ell$, であるので,

$$U_2 = U_1 * L \tag{8.43}$$

また,前節 (8.29) より,

$$U_1 = (2\pi)^2 H(f) U_0, \quad U_3 = (2\pi)^2 H(f) U_2 \tag{8.44}$$

したがって,

$$U_3 = (2\pi)^4 \cdot H(f)[(H(f) U_0) * L] \tag{8.45}$$

である.実際にこれを計算すると,簡単に解けて,

$$U_3(k_x, k_y) = \frac{j\lambda f}{(2\pi)^2} \cdot u_0\left(-\frac{fk_x}{k}, -\frac{fk_y}{k}\right) \tag{8.46}$$

あるいは,これをフーリエ変換すると,

第8章 回折

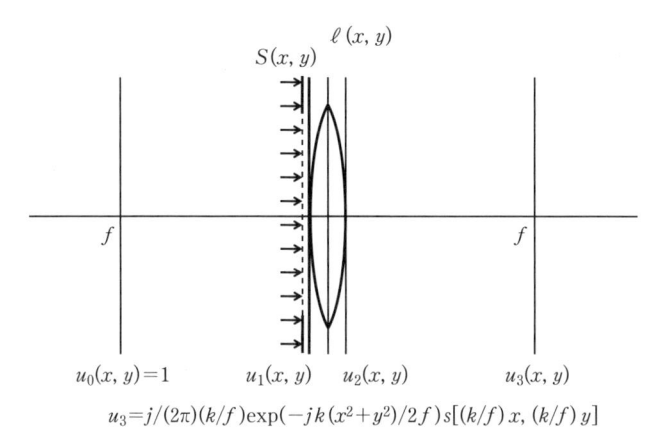

$$u_3 = j/(2\pi)(k/f)\exp(-jk(x^2+y^2)/2f)s[(k/f)x, (k/f)y]$$

図 8.7 有限開口レンズによるフーリエ変換

$$u_3(x,y) = \frac{j(2\pi)^2}{\lambda f} \cdot U_0\left(\frac{kx}{f}, \frac{ky}{f}\right) \tag{8.47}$$

出力面には，入力面のフーリエ変換の得られていることが分かる．

ここまでの議論では，積分範囲が，xy 面上で無限にまで広がっていて，暗黙に，レンズの開口が無限に大きいと仮定している．しかし実際には，レンズの開口は有限であり，その結果，焦点における集光スポットに広がりが生じ，フーリエ変換にもぼやけが生じる．

図 8.7 に示すように，有限なレンズ開口 S が，一様に照射されているとして，焦点における界の様子について考察する．焦点面における振幅関数，$u_3(x,y)$，は，

$$\begin{aligned}
u_3(x,y) &= (\ell(x,y)\,|_S) * h(z,y,f) \\
&= \iint_\sigma \ell(x',y')h[(x-x'),(y-y'),f]dx'dy' \\
&= \frac{j}{\lambda f}\exp\left(\frac{-jk(x^2+y^2)}{2f}\right)\cdot\iint_\sigma \exp\left[\frac{jk(x'x+y'y)}{f}\right]dx'dy'
\end{aligned} \tag{8.48}$$

ただし，σ はレンズ開口 S に対応する積分領域である．

上式右辺の指数関数部分は，レンズによる収束作用を表しているので，これ以上議論せず，積分の部分について考察する．

積分領域 σ が，レンズの開口部分 S であるので，開口関数 $S(x, y)$ を，以下のように定義する．

$$S(x, y) = \begin{cases} 1 & (x, y) \in \sigma \\ 0 & (x, y) \notin \sigma \end{cases} \tag{8.49}$$

これにより，(8.48) の積分は以下のように書き直すことができる．

$$\iint_{-\infty}^{\infty} S(x', y') \exp\left[\frac{jk(x'x + y'y)}{f}\right] dx' dy' = s\left[\frac{k}{f}x, \frac{k}{f}y\right] \tag{8.50}$$

ただし，$s(x, y)$ は $S(x, y)$ のフーリエ変換である．

以上より，一様に照射された，開口 S のレンズにより作られる，焦点面上の像，u_3 は，次式で与えられることが分かった．

$$u_3 = \frac{j}{2\pi} \frac{k}{f} \exp\left(\frac{-jk(x^2 + y^2)}{2f}\right) s\left(\frac{k}{f}x, \frac{k}{f}y\right) \tag{8.51}$$

一辺 a の方形開口を考えると，

$$u_3 = \frac{j}{2\pi} \frac{4k}{fa^2} \exp\frac{-jk(x^2 + y^2)}{2f} \frac{\sin\left(\frac{\pi a}{f\lambda}x\right)}{\frac{\pi a}{f\lambda}x} \frac{\sin\left(\frac{\pi a}{f\lambda}y\right)}{\frac{\pi a}{f\lambda}y} \tag{8.52}$$

図 8.8 に u_3 の様子を示す．$\sin(\pi x)/(\pi x) = \mathrm{sinc}\, x$ の最初の 0 点は，$x = 1$，であるが，これを，焦点における像の広がりの目安，$w/2$，とおくと，$w = f\lambda/2a$，であることが分かる．有限開口のレンズでは，光波を完全に 1 点に絞ることはできず，図のように，光波は有限の広がりの中に集束されることになる．円形開口の場合，関数形は sinc 関数の代わりに，1 次のベッセル関数を用いて $J_1(x)/x$ で与えられる．中心に明るい円盤，エアリディ

第8章 回折

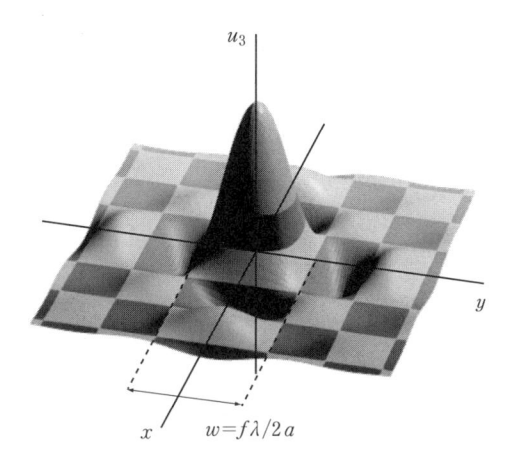

図 8.8 方形開口による像の回折広がり

スクをもつ同心円状の縞模様となる．

　焦点距離と開口の比，f/a，をレンズの F 数（F ナンバー，$f/\#$，angular aperture）と呼ぶ．焦点から見たレンズの開口数，N.A. $= n\sin\theta$，は，$\theta = \mathrm{atan}\,(a/2f)$ より求められる．

8.4 フラウンホーファー回折

　フラウンホーファー回折では，フレネル近似で導入した近軸近似に加え，更に，開口面から十分に遠方，との条件を付ける．

　フレネルの回折積分を実行する場合，$u_0(x,y)$ と $h(x,y,z)$ の畳込み積分，すなわち，開口面（$z=0$）における $u(x_0, y_0)$ と，$h(x-x_0, y-y_0, z)$ との積の積分が必要となる．十分遠方における回折界を求める場合では，フレネル核（8.26）との畳込み積分に含まれる因子，

$$\exp\left(\frac{-jk[(x-x_0)^2+(y-y_0)^2]}{2z}\right) \tag{8.53}$$

において，$k(x_0{}^2+y_0{}^2)/2z$ を無視できるものとし，

$$\exp\left(\frac{-jk(x^2+y^2-2xx_0-2yy_0)}{2z}\right) \tag{8.54}$$

で近似する.

ここで用いる条件,$[k(x_0^2+y_0^2)/2z]\ll 1$,は,x_0, y_0 が,大きさ d の開口内部を指す座標なので,$2\pi d^2/(z\lambda)\ll 1$,と書き表すこととする.これは,よく知られたフラウンホーファー近似を適用する際の条件,$d^2\ll z\lambda$,そのものである.

十分遠方($d^2\ll z\lambda$)との条件を書き直すと,

$$\frac{z}{d} \gg \frac{d}{\lambda} \tag{8.55}$$

開口の波長に対する大きさ,d/λ,に比べ,開口の大きさに対する観測面の開口からの距離,z/d,が極めて大きい,との意味であることが分かる.図 8.9 にこれらの関係を示す.

このような近似を用いると,フレネルの回折積分 (8.25, 27) は,以下のように整理される.

$$u(x,y,z) = j\frac{(2\pi)^2}{\lambda z}\exp\left(\frac{-jk(x^2+y^2)}{2z}\right)\cdot U_0\left(\frac{kx}{z},\frac{ky}{z}\right) \tag{8.56}$$

すなわち,回折界は三つの因子の積となっていて,第 1 の因子は,遠方界の振幅は距離に反比例($1/\lambda z$)することを,第 2 の因子は,波面が軸付

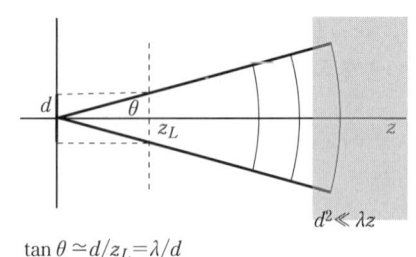

$\tan\theta \simeq d/z_L = \lambda/d$

図 8.9 フラウンホーファー回折の適用可能領域

近で $z=0$ を中心とする球面となっていることを，また第3の因子は，振幅分布が $u_0(x, y)$ のフーリエ変換 $(U_0(kx/z, ky/z))$ となっていることを示している．

u_0, u は，しばしば，強度として観測されるが，$|u_0|^2$ を近視野像，$|u|^2$ を遠視野像と呼ぶ．$|u|^2$ は，u_0 の自己相関波形のフーリエ変換，すなわち，u_0 の電力スペクトルに対応している．

フラウンホーファー回折では，波面が球面である，との記述について補足する．(8.56) より，複素振幅 ψ の位相因子は

$$\exp\left(\frac{-jk(x^2+y^2)}{2z}\right) \cdot \exp(-jkz)$$

したがって，一定の位相 ϕ となる等位相面は，以下の方程式を満足する．

$$\frac{k(x^2+y^2)}{2z} + kz = \phi \tag{8.57}$$

等位相面は回転楕円体（の一部，z 軸近傍）となっているが，軸付近における波面の曲率を見積もるには，zx 面と等位相面の交線（楕円）について考えるとよい．

$$\frac{kx^2}{2z} + kz = \phi \tag{8.58}$$

曲線の曲率半径 R は，以下で与えられる．

$$R = -\frac{\left[1+\left(\frac{dz}{dx}\right)^2\right]^{3/2}}{\frac{d^2z}{dx^2}} \tag{8.59}$$

(8.58) を x について1階及び2階微分し，$x=0$ とおくと，

$$\left.\frac{dz}{dx}\right|_{x=0} = 0$$

$$\left.\frac{d^2 z}{dx^2}\right|_{x=0} = \frac{1}{\dfrac{\phi}{k} - 2z}$$

一方，(8.57) より，軸上では $kz = \phi$ である．これらを (8.59) に代入すれば，軸上における曲率半径 R_0 は，

$$R_0 = 2z - \frac{\phi}{k} = z \tag{8.60}$$

すなわち，R_0 は開口面からの距離 z に等しい．

フラウンホーファー回折の適用例として，図 8.10 のように，$z = 0$ 面上に N 個の同一形状スリットが，x 方向に一様周期で並んだ回折格子を考える．n 番目のスリット開口上の界分布を $u_0^n(x_0, y_0)$，ただし，x_0, y_0 は各開口上の x, y 座標，$n = 0, 1, \cdots, N-1$，とし，スリットの周期（開口幅と間隔を合わせた長さ）を Λ，全スリットが平面波により一様，同相に照

x

$u_0(x, y) = \sum_n u_0^0(x - n\Lambda, y)$

$u(x, y, z) = u^0(x, y, z) \cdot A$

$\cdots$

$u_0^n(x_0, y_0) = u_0^0(x - n\Lambda, y)$

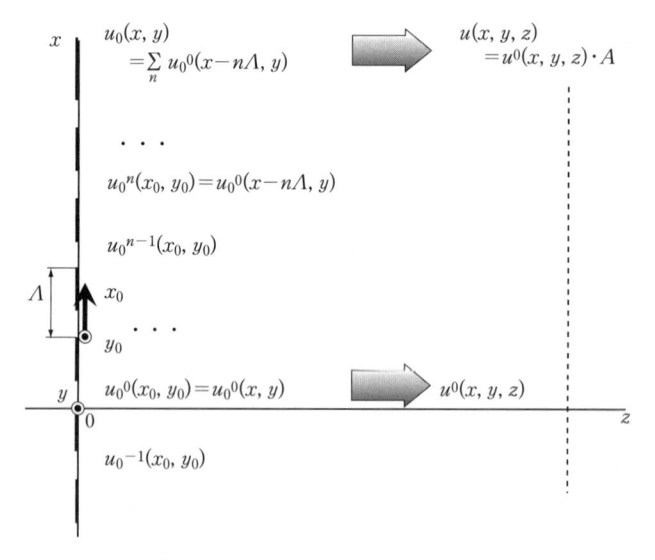

$u_0^{n-1}(x_0, y_0)$

Λ

x_0

y_0

$\cdots$

$u_0^0(x_0, y_0) = u_0^0(x, y)$

$u^0(x, y, z)$

y 0

z

$u_0^{-1}(x_0, y_0)$

図 8.10　周期スリットからのフラウンホーファー回折．A はアレーファクタ

第8章 回　　折

射されているとすると,

$$u_0{}^n(x_0, y_0) = u_0{}^0(x - n\Lambda, y)$$

すべてを合わせた開口界分布 $u_0(x, y)$ は,

$$u_0(x, y) = \sum_{n=-(N-1)/2}^{(N-1)/2} u_0{}^0(x - n\Lambda, y) \tag{8.61}$$

と表される.

このような開口界分布 $u_0(x, y)$ によって生じる, フラウンホーファー回折界, $u(x, y, z)$ を求める. 先の (8.56) に (8.61) を代入すると,

$$u(x, y, z) = j\frac{(2\pi)^2}{\lambda z}\exp\frac{-jk(x^2+y^2)}{2z} \cdot U^0\left(\frac{kx}{z}, \frac{ky}{z}\right)\sum_n \exp\frac{-njkx\Lambda}{z} \tag{8.62}$$

ただし, U^0 は $u_0{}^0(x, y)$ のフーリエ変換である.

$u(x, y, z)$ は, 単一スリット開口界 $u_0{}^0(x, y)$ のフラウンホーファー回折界 $u^0(x, y, z)$ と, アレーファクタ, $A = \sum_{n=-(N-1)/2}^{(N-1)/2} \exp(-jnkx\Lambda/z)$ との積となっている.

アレーファクタ A は以下のように変形できる.

$$A = \frac{\sin\dfrac{Nk\Lambda x}{2z}}{\sin\dfrac{k\Lambda x}{2z}} \tag{8.63}$$

近軸近似を適用し, $x/z \fallingdotseq \sin\theta$ とおけば, よく知られた次式が得られる.

$$A(\theta) = \frac{\sin\dfrac{Nk\Lambda\sin\theta}{2}}{\sin\dfrac{k\Lambda\sin\theta}{2}} \tag{8.64}$$

図 8.11 はアレーファクタ, $A(\theta)$, の計算例である. Λ 及び N を変えた

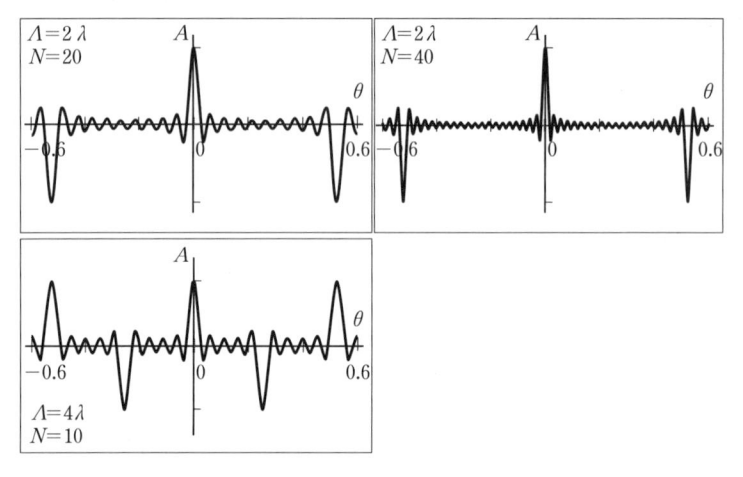

図 8.11 アレーファクタの例

際の，$|\theta| < 0.6$ における A を示している．

8.5 近 接 界

波長と同程度，あるいはそれ以下の極微小な開口からの漏れ光を用いた光技術が，近接場光学，ナノオプティクス，などと呼ばれて注目を集め，高分解な顕微鏡などへの応用も広がり始めている．微細な開口からの回折は，ここまで述べてきた回折現象とはかなり様相が異なるが，多くの解説書が出ているので，詳細はそれらを参照することとし，以下では，点波源から放射される光波の性質を調べることで，近接界の特徴を考察する．

これまで述べてきた回折現象では，開口が波長より十分大きいとの仮定が，暗黙の内に含まれていた．8.1節で示したように，開口上の界分布 $u_0(x, y)$ は以下のように平面波展開できる．

$$U_0(k_x, k_y) = \left(\frac{1}{2\pi}\right)^2 \iint \{u_0(x, y) \exp[j(k_x x + k_y y)]\} dx dy \quad (8.19)$$

開口から z の位置における界分布，$u(x, y, z)$ は，

$$U_0(k_x, k_y) \exp[j(k - k_z)z]$$

の逆フーリエ変換により，以下のように与えられる．

$$u(x, y, z) = \iint \{U_0(k_x, k_y) \exp[-j(k_x x + k_y y)] \exp[j(k - k_z)z]\} dk_x dk_y \tag{8.17}$$

開口の大きさ，すなわち，$u_0(x, y)$ の広がりが，波長程度，あるいはそれ以下になると，U_0 は，横方向波数 k_x, k_y の広い範囲に分布することになる．以下では，近接界がどの程度の広がりになるかを考察するが，簡便のため，x 方向に幅 d のスリットを考え，y 方向には変化がないとする．$|x| < d/2$ で，$u_0(x, y) = 1$，$|x| > d/2$ では 0 である．

(8.19) により $U_0(k_x, k_y)$ を求めると，

$$U_0(k_x, k_y) = \left(\frac{1}{2\pi}\right)^2 \int_{-d/2}^{d/2} \exp[jk_x x] dx = \left(\frac{1}{2\pi}\right)^2 \left[\frac{\sin\frac{k_x d}{2}}{\frac{k_x}{2}}\right] \tag{8.65}$$

図 8.12 に，$k_x d$ に対する U_0 の関数型を示す．sinc x 型の関数である．スペクトルは，$k_x d$ に対して振動しながら際限なく広がっている．特に，d が波長 λ に近い場合には，k_x として，k を超えて広がる部分を無視して考えることができない．図には，$kd = 1.5\pi (d/\lambda = 0.75)$ の場合の $k_x d$ に対する $k_z d$ の変化の様子も同時に示している．$|k_x d| < 1.5\pi$ の領域では k_z は実数であり，界は z 方向に振動しながら伝搬するが，$|k_x d| > 1.5\pi$ では k_z が純虚数であり，z 方向にエバネッセント波となる．参考のため，図 8.13 には，$kd = 0.2\pi (d/\lambda = 0.1)$ の場合の $k_x d$ に対する $k_z d$ の変化の様子を示している．k_z が実数となるのは $|k_x d| < 0.2\pi$ の領域のみであり，その領域の外部では k_z が純虚数となるので，回折波の中で z 方向にエバネッセント波となる割合が非常に大きい．

図 8.14 は，d/λ に対して，回折によって z 方向にエバネッセント波となる電力の割合を示している．$d/\lambda = 10$ であれば約 1% であるのに対して，

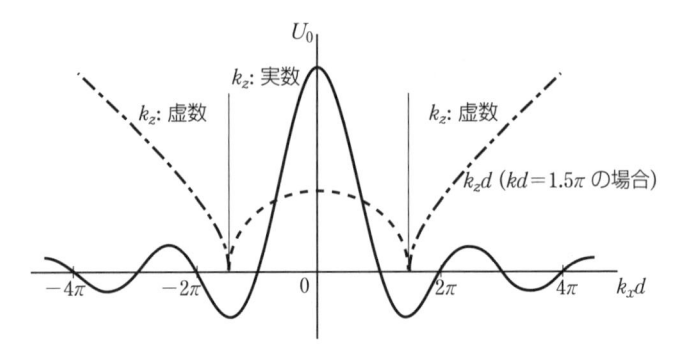

図 8.12 $U_0(k_x d)$ の関数形と，$kd = 1.5\pi$ の場合の $k_z d$ の変化の様子

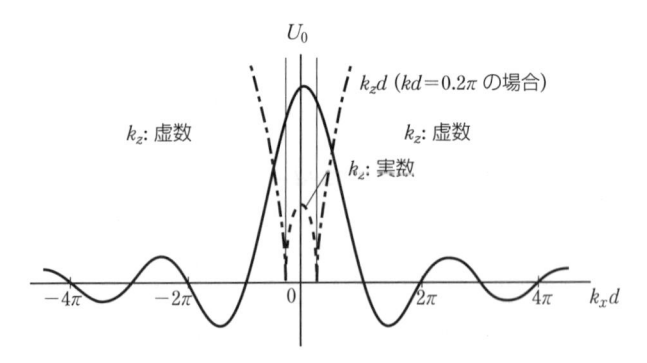

図 8.13 $U_0(k_x d)$ の関数形と，$kd = 0.2\pi$ の場合の $k_z d$ の変化の様子

$d/\lambda = 1$ では約 10%，$d/\lambda = 0.1$ では約 80% がエバネッセント波となる．

ここで考えているような微細スリットによる近接界の界分布は，(8.65)を (8.17) に代入することによって計算できる．$|k_x| < k$ では，k_z は実数であり，開口の近傍で波長より少し大きい程度の横広がりをもつ光波であることが分かる．ただし，先に示したように，d が λ に比べ非常に小さくなると，この部分に含まれる波数スペクトルが少なくなって電力もまた非常に小さい．

一方，$|k_x| > k$ の領域では，k_z は純虚数であり，この領域における平面

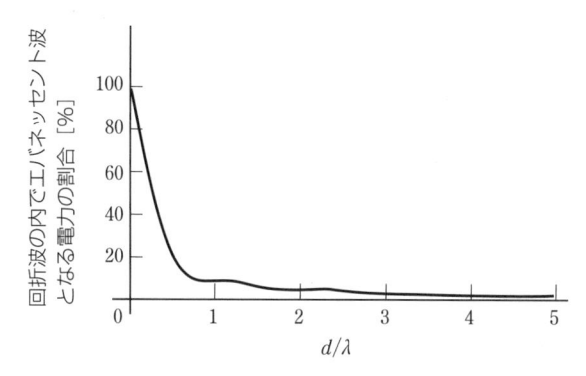

図 8.14 開口の幅，d/A，と回折波がエバネッセント波となる割合の関係

波成分は z 方向にエバネッセント波となる．$|k_z|$ は $|k_x|$ が大きくなると急速に大きな値となり，エバネッセント波は $|k_x|$ の大きな領域では速やかに減衰するので，$|k_x|$ が k より少し大きい付近を除き，z 方向にエバネッセント波の届く距離は極めて短い．またこのとき，x 方向には界は振動的であり，後の章で述べる表面波の性質をもっていることになる．

近接界の性質を考える上で，点波源からの放射がどのような性質をもつかについて調べておくことが有効である．波長に比べ極端に小さな開口から放射される界を，単一の双極子からの放射として捉え，有限開口からの回折波は，開口上に分布した双極子からの放射を足し合わせたものと考えることができる．

図 8.15 に示すように，微小電流が時間的に正弦波振動し，電磁波が放射されている．電流の時間変化は，電荷の運動とも考えられるので，微小電気双極子が振動しているということもできる．原点に置かれた長さ h の電流 I_0（フェーザ表示，角周波数 ω）は，他の多くの教科書に倣って，z 軸方向に沿う方向に振動しているとし，図のように球座標系を取る．

原点から距離 r におけるベクトルポテンシャルは，アンペールの電流と磁界との関係を，変動電流と遅延ベクトルポテンシャルの関係に変換することにより，次のように表される．

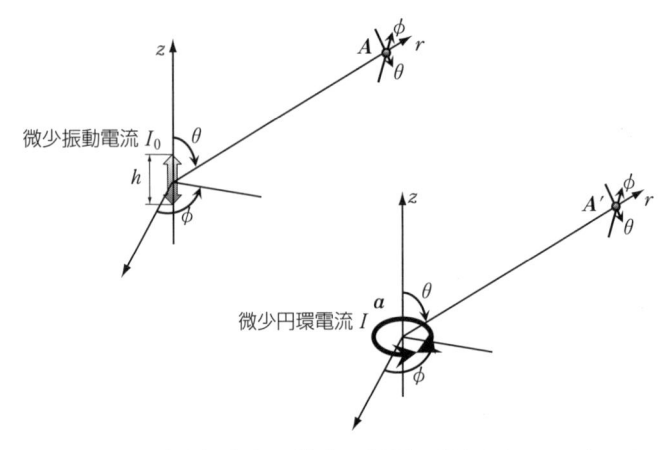

図 8.15 微少振動電流，微少円環電流で誘起されるベクトルポテンシャル A 及び A'

$$A_x = \frac{\mu I_0 h}{4\pi r} \exp[jkr] \tag{8.66}$$

これより，電磁界を求める．導出手順は他を参照することとし，結果のみを示すと，

$$H_\phi = \frac{I_0 h}{4\pi} \exp[-jkr]\left(\frac{jk}{r} + \frac{1}{r^2}\right)\sin\theta \tag{8.67a}$$

$$E_r = \frac{I_0 h}{4\pi} \exp[-jkr]\left(\frac{2\eta}{r^2} + \frac{2}{j\omega\varepsilon r^3}\right)\cos\theta \tag{8.67b}$$

$$E_\theta = \frac{I_0 h}{4\pi} \exp[-jkr]\left(\frac{j\omega\mu}{r} + \frac{\eta}{r^2} + \frac{1}{j\omega\varepsilon r^3}\right)\sin\theta \tag{8.67c}$$

これを，変形すると，

$$H_\phi = -\frac{\pi\omega p}{\lambda^2} \exp[-jkr]\sin\theta(D + jD^2) \tag{8.68a}$$

$$E_\theta = -\frac{\pi\omega p}{\lambda^2} \exp[-jkr]\sin\theta(D + jD^2 - D^3)\eta \tag{8.68b}$$

$$E_r = -\frac{\pi\omega p}{\lambda^2}\exp[-jkr]2\cos\theta(jD^2 - D^3)\eta \tag{8.68c}$$

となる．ただし，$D = 1/(kr) = \lambda/(2\pi r)$，である．また，電流 I_0 を電荷 $q = I_0/j\omega$ に書き換え，電気双極子 $p = qh$ を導入して，$I_0 h = j\omega p$ と置き換えている．

すなわち，電気双極子から放射される電磁界は，$1/r$（あるいは D）に比例する項，$1/r^2$（同じく D^2）に比例する項，$1/r^3$（同じく D^3）に比例する項，の三つの成分に分解できる．

ところで，(8.68a–c) で与えられる電磁界が放射する電力（ポインティングベクトル）の時間平均値 P_{av} は，第1章 (1.28) に (8.68a–c) を代入すると，

$$P_{av} = \frac{1}{2}\eta\left[\frac{\pi\omega p}{\lambda^2}\sin\theta D\right]^2 \mathbf{r} \tag{8.69}$$

ただし，$\mathbf{r}$ は r 方向の単位ベクトル，である．すなわち，r 方向に放射される電力は，(8.68a, b) それぞれの第1項を掛け合わせたもので与えられ，電磁界が含む（D^2 や D^3 に比例する）その他の項は，双極子の周辺に電磁エネルギーを蓄積するリアクティブな働きを担うのみである．更に，D^3 に比例する項は，電界成分 E_θ，E_r のみを有していて，静電双極子の作る電界に $\exp[-jkr]$ が掛かった形となっていることが分かる．以上より，

・D に比例する項は，遠方に電力を放射するので放射項と呼ぶことができる．

・D^2 に比例する項は，波源と 90°の位相差をもっていて，電力の放散に寄与しないので，リアクティブ項と呼ぶことができる．

・D^3 に比例する項には磁界がなく，準静電界項と呼ぶことができる．

図 8.16 は，距離に対する各項の大きさの変化である．$r \gg \lambda (D \gg 1)$ である遠方界では，H_ϕ と E_θ の成分の中で，$1/r$ に比例する放射項が主要であり，波動インピーダンスも媒質の固有波動インピーダンス η に漸近する．よく知られた双極子アンテナによるドーナツ型のローブである．r が次第

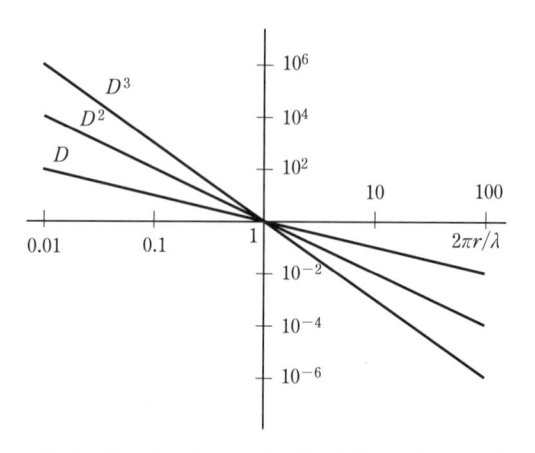

図 8.16 $2\pi r/\lambda$ に対する D, D^2, D^3 の変化. それぞれ, 放射電力, リアクティブ電力準静電エネルギーに関係するパラメータである.

に小さくなってくると, D に比べ, D^2, D^3 が相対的に大きくなり, $r \ll \lambda$ では, 電界成分は D^3, 磁界成分は D^2 に比例する項が主要となる. したがって, 双極子から見た波動インピーダンスは, D すなわち $\lambda/(2\pi r)$ に比例することになって, インピーダンスの高い, 磁界に比べ電界が大きな状態となることが分かる. このように, 点波源の電磁界を見ると, 微少開口からの近接界は, $D = \lambda/(2\pi r) < 1$ の領域における点波源からの電磁界に類似するものと考えることができる.

半径 a の微小円環電流 I が原点, xy 面上に置かれているとすると, 微少磁気双極子 $m = I\pi a^2$ による電磁界が発生する. 電界と磁界の双対性より,

$$E_\phi = \frac{\pi\omega\mu m}{\lambda^2} \exp[-jkr] \sin\theta (D + jD^2) \tag{8.70a}$$

$$H_\theta = -\frac{\pi\omega\mu m}{\lambda^2} \exp[-jkr] \sin\theta \frac{D + jD^2 - D^3}{\eta} \tag{8.70b}$$

$$H_r = -\frac{\pi\omega\mu m}{\lambda^2} \exp[-jkr] \, 2\cos\theta \frac{jD^2 - D^3}{\eta} \tag{8.70c}$$

が，導かれる．

　双対性とは，電荷や電流のない空間に，ある電磁界が存在すると，マクスウェルの方程式の対称性から，E を H に，H を $-E$ に，そして，ε と μ とを入れ換えた電磁界もまた存在し得る，との性質である．

　磁気双極子によって生成される電磁界は，$r \gg \lambda$ である遠方界で，電気双極子による放射と偏波が直交する，$r \ll \lambda$ の近傍界で，電気双極子の場合とは逆に波動インピーダンスが低くなる，等の違いはあるが，界分布の形状は相似である．

第 9 章

ビーム波

　光波を様々に利用する上で，自由空間中に光波を伝搬させ，レンズや反射鏡，グレーティングなどを組み合わせて光信号を伝送し，処理する技術が不可欠である．極微の資料からの光信号を拾い集め，分光して検出器に導入するとか，遠く離れた光送受信器の間に空間伝搬の光回線を張るとか，光ビームを扱わなければならない応用分野は極めて広い．ここでは，主に光ビームの基本であるガウスビームについて考察する．また，ガウスビームを共振させる，ファブリペロー干渉計，更には，光線マトリックス，モードマッチングについて考える．

9.1 ガウスビーム

　ガウスビームは，近軸近似の下での回折波として取り扱うことができて，近軸波動方程式

$$\nabla_T^2 u - 2jk\frac{\partial u}{\partial z} = 0 \tag{8.32}$$

の解となっている．フレネル回折におけるインパルス応答関数

$$h(x,y,z) = \left(\frac{j}{\lambda z}\right)\exp\left[-j\frac{k(x^2+y^2)}{2z}\right] \tag{8.26}$$

も近軸波動方程式の解であり，両者は密接に関係していることは前章にお

いて述べた.

$h(x,y,z)$ では, $z \to z+z_0$ の座標変換を行っても, 同じ, 近軸波動方程式の解である. $h(x,y,z)$ に対して, この座標変換を虚軸方向 $(z \to z+jb)$ に行うと, ガウスビームが得られる.

$$\frac{j}{\lambda[z+jb]} \exp\left[-\frac{jk(x^2+y^2)}{2(z+jb)}\right] \tag{9.1}$$

$b>0$ とし, 正規化のための定数として $\sqrt{2b\lambda}$ を導入すると, ガウスビームの振幅分布関数 u_{00} は, 以下のように書くことができる.

$$u_{00}(x,y,z) = \frac{j\sqrt{\frac{kb}{\pi}}}{z+jb} \exp\left[-\frac{jk(x^2+y^2)}{2(z+jb)}\right] \tag{9.2}$$

ただし, 正規化には, 以下の関係式を用いている.

$$\iint_{-\infty\ -\infty}^{\infty\ \infty} |u_{00}(x,y,z)|^2 dxdy = 1 \tag{9.3}$$

虚軸上を平行移動させた距離 b を, コンフォーカルパラメータ (共焦点パラメータ) と呼ぶ. また, $q=z+jb$ を, ガウスビームの q パラメータと呼ぶ.

振幅分布関数 u_{00} を, 振幅と位相, 実部と虚部に整理して示すと,

$$u_{00}(x,y,z) = \frac{1}{\sqrt{\frac{\pi}{2}}w} \exp[j\phi] \exp\left[\frac{-(x^2+y^2)}{w^2}\right] \exp\left[\frac{-jk(x^2+y^2)}{2R}\right] \tag{9.4}$$

ただし,

$$w^2(z) = \left(\frac{2b}{k}\right)\left(1+\frac{z^2}{b^2}\right) \tag{9.5a}$$

$$\frac{1}{R(z)} = \frac{z}{z^2 + b^2} \tag{9.5b}$$

$$\tan\phi = \frac{z}{b} \tag{9.5c}$$

である.

　$w(z)$ はガウスビームのビーム半径で，断面内での振幅が，中心軸 ($x = y = 0$) 上の値の $1/e$ となる点の，軸からの距離である．$w(z)$ はスポットサイズとも呼ばれる．ただし，ビーム直径，$2w(z)$，をスポットサイズと呼ぶこともあるので，注意が必要である．b がある値に固定されているとすると，**図9.1**のように，w は z に対して双曲線を描く．$z = 0$ において，w は最小ビーム半径，$w_0 = \sqrt{2b/k}$，となるが，この部分，あるいは w_0 をビームウェストと呼ぶ．w_0 の値は，波数 k とコンフォーカルパラメータ b により，一意的に決まる．逆に w_0 が分かれば，$b = kw_0^2/2 = \pi w_0^2/\lambda$ により，b が求められる．z がビームウェストから離れるにつれ，$w(z)$ は増大する．$z = \pm b$ において，$w(z) = \sqrt{2} \cdot w_0$ となるが，ガウスビームがあまり広がらない z の範囲の目安として，$z = b$ はレイリー長と呼ばれる．更に z が増加すると，$w(z)$ は，$w = (w_0/b)z$ の直線に漸近しながら大きくなっていく．

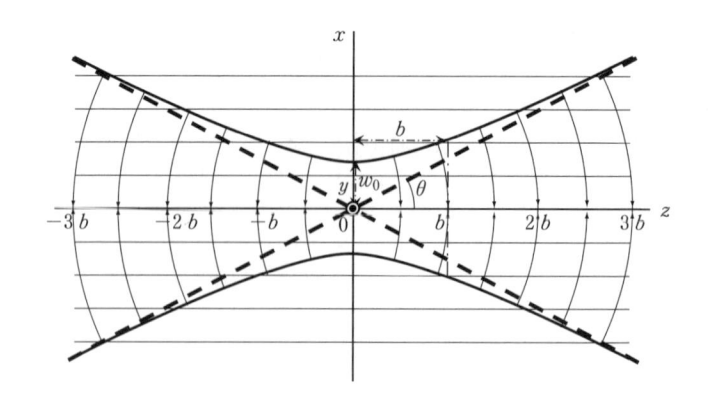

図9.1　ガウスビーム

漸近線の傾きを θ とすると,

$$\tan\theta = \sqrt{\frac{2}{kb}} = \frac{w_0}{b} = \frac{\lambda}{\pi w_0} \tag{9.6}$$

この角度は，開口 w_0 からの回折波の広がり角（回折広がり角）である．

図 9.2 は，z に対する w の変化を，いくつかの b に対して示したものである（それぞれ k で正規化している）．先に述べたように，ガウスビームは近軸近似におけるインパルス応答関数，$h(x, y, z)$，において $z \to z + jb$ と，虚軸方向に座標変換を行うと得られるが，虚軸方向への移動量 b が小さな値から大きくなるにつれ，点波源からの放射に近いものから平面波に近い放射へと変化していく様子が見て取れる．ただし，$kb = 2 (b = \lambda/\pi)$ で $\tan\theta = 1$，すなわち，$\theta = 45°$ であり，この辺りより kb が小さい領域では，近軸近似からの誤差が大きい．

$R(z)$ は波面の曲率半径である．z/b に対する，$b/R(z)$ の変化の様子を図 9.3 に示している．$z = 0$ では $b/R = 0$，すなわち波面は平面であるが，$z = b$ において曲率 $1/R$ は最大値 $1/(2b)$ となり，その後 R は z の増加と共に $1/R = 1/z$ の曲線に漸近し，$z = 0$ を中心とする球面に移っていくことが分かる．

ビーム波の位相速度は平面波とは異なる．平面波における位相因子,

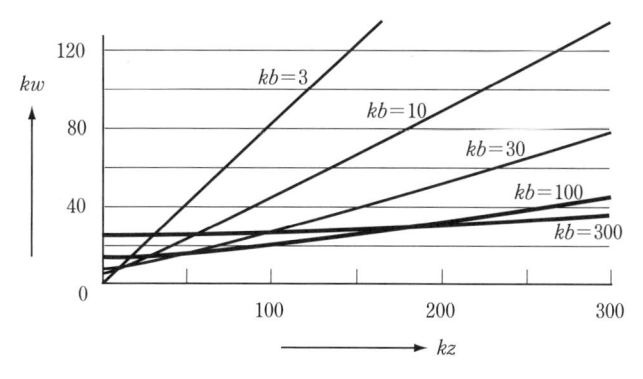

図 9.2 様々な kb に対する kz と kw の関係

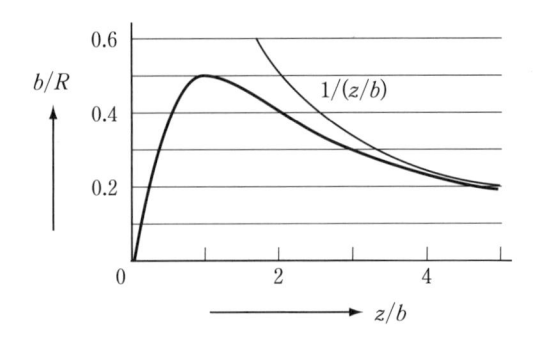

図 9.3 z/b と波面の正規化曲率 $b/R(z)$ の関係

$\exp(-jkz)$, に加えて, ガウスビームでは, (9.4), (9.5c) に示されているとおり, 振幅分布関数 u_{00} に, z に依存した位相遅延因子, すなわち, グイ位相因子 (Gouy phase 因子), $\exp(j\phi)$, が含まれているので, 両者を合わせ, 移相量として, $kz - \phi$, を考えなければならない. 実効的な波数を $k_{\rm eff}$ と書くとすると, 0 から z まで波が進む際の, 複素振幅の移相量は

$$\int_0^z k_{\rm eff} dz = kz - \phi \tag{9.7}$$

であるので, (9.5c) を用いて,

$$k_{\rm eff}(z) = k - \frac{d\phi}{dz} = k - \frac{d}{dz}{\rm atan}\left[\frac{z}{b}\right] = k - \frac{b}{b^2 + z^2} = k - \frac{2}{kw^2(z)} \tag{9.8}$$

b で正規化した実効波数 $bk_{\rm eff}$ の, z/b に対する変化の様子を図 9.4 に示す. $k_{\rm eff}$ はビームウェスト ($z=0$) において $k - 1/b$, ビームウェストから離れるにつれて k に漸近する. $k_{\rm eff}$ は常に k より小さく, ガウスビームの位相速度, $v_p = \omega/k_{\rm eff}$ は, 平面波の位相速度, $v_{p0} = \omega/k$ より常に大きい.

ガウスビームの断面内横方向波数 k_x, k_y がビーム半径 $w(z)$ と次の関係にあると仮定する.

第9章　ビーム波

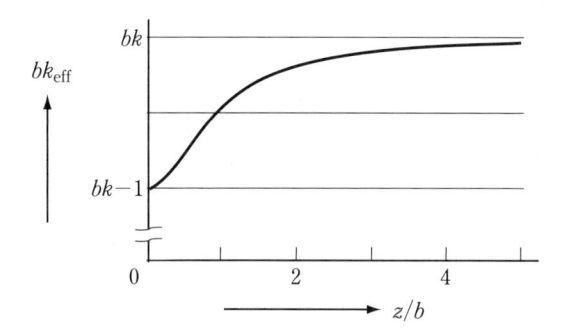

図 9.4 z/b に対する実効波数 bk_{eff} の変化

$$k_x(z) = k_y(z) = \frac{\sqrt{2}}{w(z)} \tag{9.9}$$

すると，

$$\frac{k_x{}^2 + k_y{}^2}{2k} = \frac{2}{kw^2(z)} = \frac{b}{b^2+z^2}$$

すなわち，

$$k_{\text{eff}} = k - \frac{b}{b^2+z^2} = k - \frac{k_x{}^2 + k_y{}^2}{2k} \tag{9.10}$$

前章で示した，近軸近似における $k_z = k - (k_x{}^2 + k_y{}^2)/(2k)$ と，ガウスビームの k_{eff} とが一致する．

9.2 高次モード

　ガウスビーム u_{00} が，近軸波動方程式の解の一つであることが分かった．が，近軸波動方程式には，ほかにも直交関数系が解として存在し，任意の波面をこのような直交関数系で与えられるモード（直交モード）の組みで展開することができる．直角座標系では，エルミートガウス関数系が近軸波動方程式の解であることが知られている．

m 次のエルミートガウス関数，$\Psi_m(\xi)$ は，m 次のエルミート多項式，$H_m(\xi)$ と，ガウス関数，$\exp[-\xi^2/2]$ との積である．

$$\Psi_m(\xi) = H_m(\xi)\exp\left[-\frac{\xi^2}{2}\right] \tag{9.11}$$

例として，低次のエルミート多項式を以下に示す．

$$H_0(\xi)=1, \quad H_1(\xi)=2\xi, \quad H_2(\xi)=4\xi^2-2 \tag{9.12}$$

$H_0=1$ であるので，0 次のエルミートガウス関数は，通常のガウス関数である．図 9.5 に，$\Psi_0(\xi)$，$\Psi_1(\xi)$，$\Psi_2(\xi)$ の形状を示す．ただし，エルミート関数及びエルミートガウス関数の定義にはここで示した以外にもいくつかの流儀があり，注意が必要である．

エルミート多項式には次の漸化式が成り立つので，高次の多項式も順に導いていくことができる．

$$H_{n+1} - 2\xi H_n + 2nH_{n-1} = 0 \tag{9.13}$$

また，次の微分関係式が成り立つ．

$$\frac{dH_n}{d\xi} = 2nH_{n-1} \tag{9.14}$$

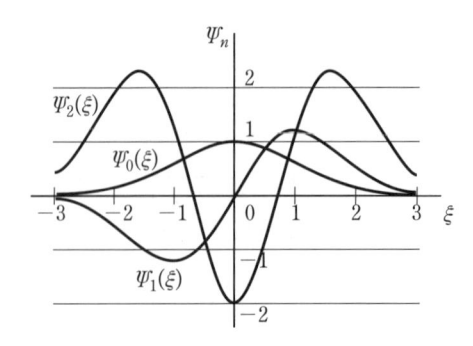

図 9.5　エルミートガウス関数 $\Psi_m(\xi)$，$m=0, 1, 2$ の概形

エルミートガウス関数は，次の母関数 $F(s, \xi)$ を級数展開した際の，係数として与えられる．

$$F(s, \xi) \equiv \exp\left[-s^2 + 2s\xi - \frac{\xi^2}{2}\right]$$

$$= \sum_{n=0}^{\infty} \frac{s^n}{n!} H_n(\xi) \exp\left[-\frac{\xi^2}{2}\right]$$

$$= \sum_{n=0}^{\infty} \frac{s^n}{n!} \Psi_n(\xi) \tag{9.15}$$

エルミートガウス関数には，次の直交性がある．

$$\int_{-\infty}^{\infty} \Psi_m(\xi) \Psi_n(\xi) d\xi = \int_{-\infty}^{\infty} H_m(\xi) H_n(\xi) \exp[-\xi^2] = 0 \quad (m \neq n) \tag{9.16}$$

また，$m = n$ の場合，

$$\int_{-\infty}^{\infty} \Psi_m^2(\xi) d\xi = \int_{-\infty}^{\infty} H_m^2(\xi) \exp[-\xi^2] = \sqrt{\pi} \cdot 2^n n! \tag{9.17}$$

これより正規化係数を決めることができる．
また，母関数 $F(s, \xi)$ をフーリエ変換すると，

$$\frac{1}{2\pi} \int_{-\infty}^{\infty} F(s, \xi) \exp[jk\xi] d\xi = \frac{1}{\sqrt{2\pi}} \cdot F[js, k] \tag{9.18}$$

が得られるので，エルミートガウス関数のフーリエ変換は，

$$\frac{1}{2\pi} \int_{-\infty}^{\infty} \Psi_n(\xi) \exp[jk\xi] d\xi = \frac{1}{\sqrt{2\pi}} (j)^n \Psi_n(k) \tag{9.19}$$

すなわち，同じ次数のエルミートガウス関数に，係数 $1/\sqrt{2\pi}(j)^n$ を掛けたものとなっている．以上の式の導出や，エルミートガウス関数の様々なより詳しい性質については，他を参照するものとする．

高次のガウスビームは，x に関するエルミートガウス関数と，y に関するエルミートガウス関数の積で表される．mn 次のガウスビームは，エルミートガウス関数，Ψ_m, Ψ_n を用いて，次式で与えられる．

$$u_{mn}(x,y,z) = \frac{C_{mn}}{\sqrt{1+\frac{z^2}{b^2}}} \exp[j(m+n+1)\phi]$$

$$\cdot \Psi_m \frac{\sqrt{2}x}{w} \Psi_n \frac{\sqrt{2}y}{w} \exp\left(\frac{-jk(x^2+y^2)}{2R}\right)$$

$$= C_{mn} \frac{w_0}{w(z)} \exp[j(m+n+1)\phi]$$

$$\cdot H_m \frac{\sqrt{2}x}{w} H_n \frac{\sqrt{2}y}{w} \exp\left(\frac{-(x^2+y^2)}{w^2}\right) \exp\left(\frac{-jk(x^2+y^2)}{2R}\right)$$

(9.20)

$m = n = 0$ の場合，u_{00}，すなわち，基本モードである．
ここで，

$$C_{mn} = \left(\frac{2}{\pi w_0^2 2^{m+n} m! n!}\right)^{1/2} \tag{9.21}$$

また，w, R, ϕ，は前節のガウスビーム，u_{00}，の場合と同一である．

$$w^2(z) = \left(\frac{2b}{k}\right)\left(1+\frac{z^2}{b^2}\right) \tag{9.5a}$$

$$\frac{1}{R(z)} = \frac{z}{z^2+b^2} \tag{9.5b}$$

$$\tan\phi = \frac{z}{b} \tag{9.5c}$$

スポットサイズ，$w(z)$，波面の曲率，$1/R(z)$ は，基本モードを含め，モー

ド次数にかかわらず同一である．ただ，グイ位相 ϕ は，位相因子，$\exp[j(m+n+1)\phi]$，に含まれることになる．位相変化量は，モード次数，m, n により異なっていて，高次モードほど変化が大きい．基本モードで行ったと同じように，実効波数，$k_{\mathrm{eff}}(z)$ を導くと，

$$k_{\mathrm{eff}}(z) = k - (m+n+1)\frac{d\phi}{dz} = k - \frac{(m+n+1)b}{b^2+z^2} = k - \frac{2(m+n+1)}{kw^2(z)}$$
(9.22)

mn 次エルミートガウスビームに対して，先の (9.9) と同様に，近軸近似に対応させた場合の，横方向波数 k_x, k_y を，形式的に導くと，

$$k_x = \frac{\sqrt{2(1+m)}}{w(z)} \tag{9.23a}$$

$$k_y = \frac{\sqrt{2(1+n)}}{w(z)} \tag{9.23b}$$

図 9.6 に，u_{12} の形状を示す．

高次モードには，直角座標系で表示されるエルミートガウスビームの他に，円筒座標系で表示されるラゲールガウスビームがある．

動径 r 方向に p 次，偏角 θ 方向に m 次のラゲールガウスビーム，$u_{pm}(r, \theta, z)$ は，ラゲール多項式 $L_{pm}(\xi)$ を用いて，次式で与えられる．

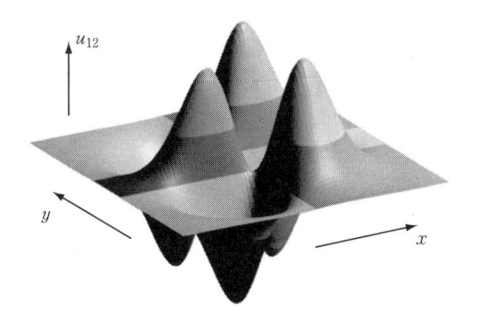

図 9.6　u_{12} の概略形状

$$u_{pm}(r,\theta,z) = D_{pm}\left(\frac{w_0}{w(z)}\right)\left(\frac{\sqrt{2}r}{w(z)}\right)^m$$

$$\cdot \exp[j(2p+m+1)\phi]L_{pm}\left[\frac{2r^2}{w^2(z)}\right]\exp[jm\theta]$$

$$\cdot \exp\left[\frac{-r^2}{w^2}\right]\exp\left[\frac{-jkr^2}{2R}\right] \tag{9.24}$$

ただし，$p \geq 0$ は整数，m は整数，D_{pm} は正規化定数，また，w, R, ϕ などのパラメータはこれまでのガウスビームの場合と同一である．

$p = m = 0$ では，u_{00} となり，ガウスビームの基本モードとなる．$m = 0$ の場合，界分布は円周方向に変化がなく，中心軸上で極大値を取る同心円状である．

これに対して，$m \neq 0$ では，中心軸上で界は 0，ビームの進行に伴って，中心軸に対して波面（等位相面）が回転する．すなわち，波面がらせん状にねじれながら進行する．このような性質は，光渦（ひかりうず，光ヴォーテックス）と呼ばれ，ビームを物体に照射すると，ビームから物体に回転力を伝達することができる．

その他，興味深い光ビームとして，ベッセルビームが注目を集めている．円筒座標系で波動方程式を解くことで，ベッセル関数によって表される界分布をもつビームが導かれる．このビームでは，理論上は（無限開口を仮定すれば），進行に伴う界分布の変化がなく，回折広がりが生じない．また，ビームの郡速度は位相速度に等しく，常に光速より大きい（ただし，信号を伝達するに必要な速度は，常に光速に及ばない）．高次のベッセルビームでは，軸上で界が 0 となり，ラゲールガウスビームと同じように，光渦が存在する．

更に，伝搬とともに進行方向を変曲する，エアリービームも話題を集めている．

ラゲールガウスビームやベッセルビーム，エアリービームなどの更に詳しい性質には，本書では立ち入らないので他を参照することとする．ビー

ム波のように,進行方向に対する断面光強度が一様でない場合,光波は物体に力を与えることができる.そのような力を,光勾配力（Optical Gradient Force）と呼ぶ.目に見える大きさや,光学顕微鏡で観察できる程度の大きさの物体,あるいは,波長よりずっと小さな物体までを,光の圧力によって微細に操作する技術が,光ピンセット（optical tweezers）として,注目を集めている.

9.3 ファブリペロー共振器

ガウスビームの適当な二つの等位相面に,それぞれの位置での界の曲率に一致した曲面をもつ反射鏡を置くことによって,ガウスビームが二つの反射鏡の間で反射を繰り返し,両反射鏡の間に閉じ込められて,光共振器が構成される.

図 9.7 に示すとおり,コンフォーカルパラメータ b, あるいは,ビームウェストにおけるスポットサイズ,$w_0 = \sqrt{2b/k}$,で決まるガウスビームを考える.二つの球面鏡を,位置,z_1, z_2,におくとすると,共振器が構成されるためには,それぞれの球面鏡の曲率半径,R_1, R_2,が,次の関係式を満たす必要がある.

$$\frac{1}{R_1} = \frac{z_1}{z_1^2 + b^2} \tag{9.25a}$$

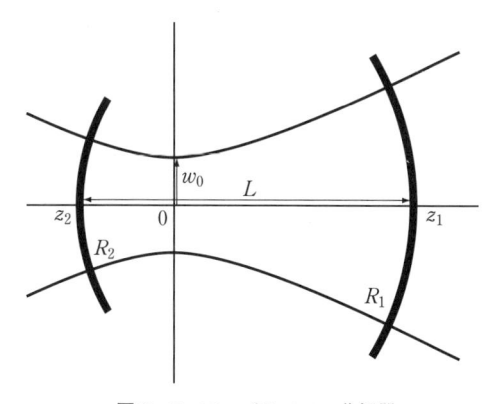

図 9.7 ファブリペロー共振器

$$\frac{1}{R_2} = \frac{z_2}{z_2^2 + b^2} \qquad (9.25\text{b})$$

ただし，曲率半径は，通例に倣い，凸面鏡の場合には負の値とする．

　反射鏡の間隔を，$L = z_2 - z_1$，とする．R_2, z_2 が共に正である場合には，R_1 と z_1 が異符号となることに注意して，(9.25a, b) を用い，L を R_1, R_2 及び b によって表せば，

$$L = \frac{R_1}{2} + \frac{R_2}{2} \pm \sqrt{\frac{R_1^2}{4} - b^2} \pm \sqrt{\frac{R_2^2}{4} - b^2} \qquad (9.26)$$

この式を b^2 について解けば，

$$b^2 = \frac{\left[\dfrac{R_1 R_2}{4}\right]^2 \left[1 - \left(\left(\dfrac{2L}{R_1 R_2}\right)(L - R_1 - R_2) + 1\right)^2\right]}{\left[L - \dfrac{R_1 + R_2}{2}\right]^2} \qquad (9.27)$$

これより，b が実数であるためには，右辺の分子が正，すなわち，

$$\left|\left(\frac{2L}{R_1 R_2}\right)(L - R_1 - R_2) + 1\right| \leq 1$$

更に変形すると，

$$0 \leq \left(1 - \frac{L}{R_1}\right)\left(1 - \frac{L}{R_2}\right) \leq 1 \qquad (9.28)$$

でなければならないことが分かる．

　間隔，L, 曲率半径，R_1, R_2 の二つの反射鏡の間に，有限な実数値のスポットサイズをもつガウスビームが存在するには，L, R_1, R_2 が，この不等式を満足しなければならない．これを，ファブリペロー共振器の安定条件と呼ぶ．この範囲外では，安定な共振モードは存在しない．逆に，この条件を満足する，L, R_1, R_2 の組に対して，b が実数として定まり，共振モードが

確定する.

図9.8 には，$L/R_1 - L/R_2$ 面上にこの領域を示している．グラフの原点では二つの反射鏡の曲率が 0，すなわち，共振器は，平行平面型（パラレルプレーン型）となる．同じ曲率の反射鏡で構成される対称型共振器 ($R_1 = R_2 = R$) は，グラフ上で傾き 1 の直線上にあるが，(1, 1) の点では，R と L が等しく，互いの曲率中心が対向する反射鏡上にあり，また，焦点は，両方ともが共振器の中央となるので，共焦点型（コンフォーカル型），点 (2, 2) では，$R = L/2$ となり，二つの反射鏡の曲率中心が共に共振器の中央に来るので，共中心型（コンセントリック型）と呼ばれる（図9.9 参照）．

対称型の共振器では，ビームウェストの位置は共振器の中央となる．共焦点パラメータ b（あるいは，ビームウェストにおけるスポットサイズ w_0）と R，L の関係は，

$$b = \frac{\pi w_0^2}{\lambda} = \sqrt{\left(\frac{L}{2}\right)\left(R - \frac{L}{2}\right)} = \left(\frac{R}{2}\right)\sqrt{\left(\frac{L}{R}\right)\left(2 - \frac{L}{R}\right)} \tag{9.29}$$

$L/R = 0$（平行平面型）では b（すなわち，w_0）は 0，共振器の中央でスポッ

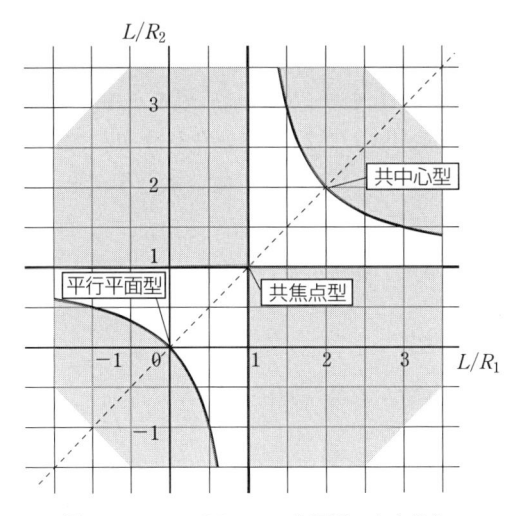

図9.8 ファブリペロー共振器の安定条件

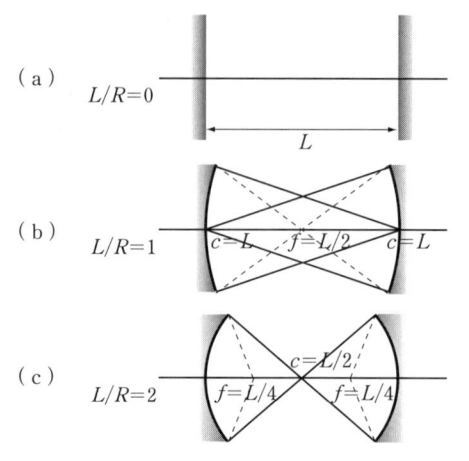

図 9.9 （a）平行平面型，（b）共焦点型，（c）共中心型ファブリペロー干渉計

トサイズが 0，したがって，(9.6) より，ビームの広がり角 θ が発散する．

$L/R=1$（共焦点型）で，b は最大値，$R/2$（このとき，$w_0 = \sqrt{R/k}$），(9.5a) より，反射鏡の位置では $w = \sqrt{2w_0}$ となって，共振器長は，ちょうどレイリー長の 2 倍に対応している．

$L/R=2$（共中心型）で b は再び 0 となり θ は発散する．

共振器中では，$\pm z$ 方向に進行するガウスビームが定在波を形成する．反射鏡間隔 L に対して，h を（z 方向の）縦モード次数とする．一方の反射鏡から他方まで光波が進む際の位相変化量が $h\pi$ である．横モード次数 mn のエルミートガウスビームが共振しているとすると，このモードを，(m, n, h) 次の共振モードと名づけることができる．

共焦点パラメータ b の，mn 次ガウスビームの，z における等価波数は，先に示したとおり，

$$k_{\text{eff}}(z) = k - (m+n+1)\frac{d\phi}{dz} \tag{9.22}$$

で与えられる．光波モードが，共振器を進む間に受ける位相変化量が，$h\pi$ であるので，

$$\int L k_{\text{eff}}(z) = h\pi$$

すなわち,

$$kL - (m+n+1)\left[\operatorname{atan}\left(\frac{z_2}{b}\right) - \operatorname{atan}\left(\frac{z_1}{b}\right)\right]$$
$$= kL - (m+n+1)\operatorname{atan}\left[\frac{bL}{b^2 + z_1 z_2}\right] = h\pi \qquad (9.30)$$

ただし,反射鏡などで生じる位相変化は無視している.

簡単のため,対称型共振器を考え,$z_2 = -z_1 = L/2$ と置くと,

$$kL - 2(m+n+1)\operatorname{atan}\left[\frac{L}{2b}\right] = h\pi \qquad (9.31)$$

この関係を満たす k が,共振条件を満足する.

$k = 2\pi f/c$, の関係を用いて,(m, n, h) 次モードの共振周波数,f_{mnh}, を求めると,

$$f_{mnh} = \left[\frac{c}{2L}\right]\left(h + \frac{2(m+n+1)}{\pi}\operatorname{atan}\left[\frac{L}{2b}\right]\right) \qquad (9.32)$$

横モード次数 (m, n) が同じであれば,隣り合う縦モード (h と $h+1$ 次モード) の周波数間隔 (縦モード間隔) Δf_ℓ は,一定値である.

$$\Delta f_\ell = \frac{c}{2L} \qquad (9.33)$$

一方,同じ縦モード次数 h に対する,横モード間隔 (h が同じで,m あるいは n が 1 だけ異なる共振モードの間隔) Δf_t は,共振器の構成によって,0 から $c/(2L)$ 間で変化する $(0 \leq \operatorname{atan}[L/(2b)] \leq \pi/2)$. 平行平面型共振器では 0, 共焦点型では $c/(4L)$, 共中心型では $c/(2L)$ である. したがって,共焦点型の共振器で,次数の異なる横モードが同時に励振されると,共振周波数間隔は $c/(4L)$ となる. これに対して,平行平面型や,共中心型の

共振器では,高次の横モードが励振されても,それらの共振周波数は,他の縦モードと同じ周波数に縮退していて,共振周波数間隔は $c/(2L)$ である.図 9.10 には,L/R に対する共振モードのスペクトルを模式的に示している.

部分透過鏡で構成されたファブリペロー共振器の,基本(横)モード($m, n = 0$)に対する電力透過係数 T について考察する.(3.26)あるいは(3.47b)より,間隔 L の二つの平行な界面の反射係数が共に r であるとすると,電力透過係数 T は次式で与えられる.

$$T = \frac{1}{1 + K\sin^2(kL + \psi)} \tag{9.34}$$

ただし,

$$K = \frac{4R}{(1-R)^2} \tag{9.35a}$$

$$R = r^2, \quad \psi = \arg(r) \tag{9.35b}$$

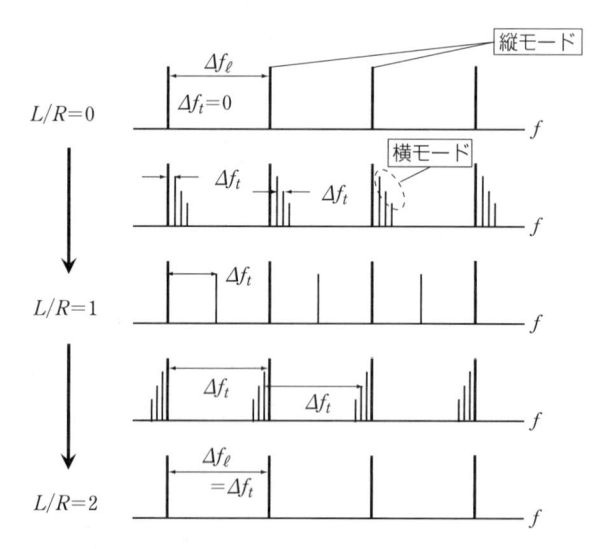

図 9.10 縦モードと横モードの関係.平行平面から共中心型に変化させた場合の変化

である.

図 9.11 に,いくつかの R に対して周波数 f に対する透過係数 T の計算例を示す.縦モード間隔, Δf_ℓ, ごとの共振に伴って透過が周期的に極大となる.このような共振器によって,入射波から特定の周波数成分を取り出すことを考えると,周波数が縦モード間隔分異なった二つの入射光成分を強度としては分離できなくなるので,Δf_ℓ を FSR(free spectral range)と呼ぶ.共振における透過帯域の半値全幅(full width at half-maximum, FWHM), Δf_H, は,(9.34) において $K\sin^2(kL+\psi)=1$ となる周波数を,$1-R \ll 1$ の仮定を用いて計算することで,

$$\Delta f_H \fallingdotseq \frac{\Delta f_\ell (1-R)}{\pi \sqrt{R}} \tag{9.36}$$

ファブリペロー共振器では,共振の鋭さを表す指標として,フィネス,$\mathcal{F} = \Delta f_\ell / \Delta f_H$, が用いられる.

$$\mathcal{F} = \frac{\Delta f_\ell}{\Delta f_H} = \frac{\pi \sqrt{R}}{1-R} \tag{9.37}$$

共振器の Q 値と $\mathcal{F}$ との関係は,$Q=(2L/\lambda)\mathcal{F}$ である.

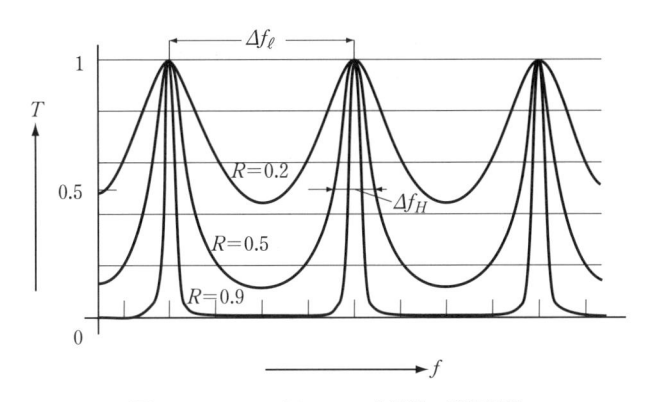

図 9.11 ファブリペロー共振器の透過特性

9.4 ABCD 行列

ガウスビームでは q パラメータ，$q \equiv z + jb$，が重要な役を果たす．実部 z はビームウェストからの距離であり，虚部 b はビーム径 w の 2 乗に比例している．q の逆数を取ると，

$$\frac{1}{q} \equiv \frac{1}{z+jb} = \frac{1}{R} - \frac{j\lambda}{\pi w^2} \tag{9.38}$$

同じ R と w をもつガウスモードは，高次モードを含め，同じ q パラメータをもつ．したがって，q の変化を調べることで，グイ位相 $(m+n+1)$ ϕ の変化以外のビームの振舞いを，すべて知ることができる．

パラメータ q のビームが距離 d を進行すると（**図 9.12**（a）参照），新たな点でのパラメータ q' は，以下のとおりである．

$$q' = q + d \tag{9.39a}$$

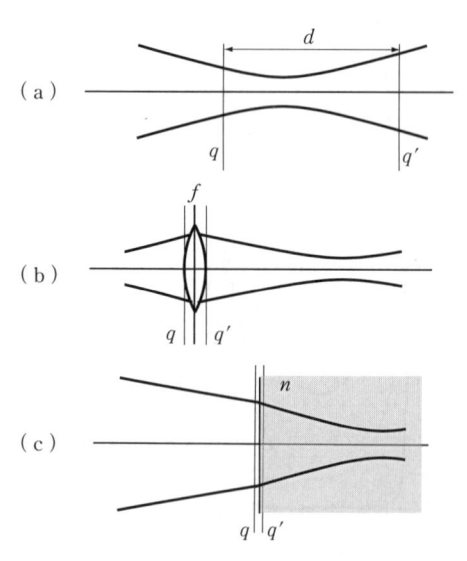

図 9.12 q パラメータの変化．(a) 自由伝搬，(b) 薄肉レンズ，(c) 屈折率媒質への入射

図9.12(b)に示すように,Rの曲率半径をもつビームが焦点距離fの薄肉レンズを通過し,曲率半径がR'に変化したとすると,それらの関係は,

$$\frac{1}{R'} = \frac{1}{R} - \frac{1}{f}$$

これを,qパラメータの関係に書き直すと,この間,スポットサイズは変化しないので,

$$\frac{1}{q'} = \frac{1}{q} - \frac{1}{f}$$

これを書き換えると,

$$q' = \frac{q}{-\dfrac{q}{f} + 1} \tag{9.39b}$$

曲率半径R_0の反射鏡によるqパラメータの変化は,$f = R_0/2$とおけば,レンズの場合と同様である(ただし,光路は折り返される).

ビームが自由空間から屈折率nの媒質に垂直入射すると(図9.12(c)参照)入射直後のパラメータq'は,直前のパラメータqと

$$q' = \frac{q}{\dfrac{1}{n}} \tag{9.39c}$$

これらの,qの変化は,以下のように,双一次変換の形にまとめることができる.変換後のパラメータをq'とすると,

$$q' = \frac{Aq + B}{Cq + D} \tag{9.40}$$

表9.1は,これらを,$ABCD$行列として表示した例である.

qの変化は,以上のように,双一次変換の形に表すことができるので,従続接続が$ABCD$行列の掛け算で表される.**図9.13**のように,q_0が行列$(ABCD)_1$によりq_1に変換され,q_1が行列$((ABCD)_2$によりq_2に変換

表 9.1　$ABCD$ 行列の例

$\begin{pmatrix} A & B \\ C & D \end{pmatrix}$	自由伝搬（長さ d）	レンズ（焦点距離 f）	媒質界面（屈折率 n）
	$\begin{pmatrix} 1 & d \\ 0 & 1 \end{pmatrix}$	$\begin{pmatrix} 1 & 0 \\ -\dfrac{1}{f} & 1 \end{pmatrix}$	$\begin{pmatrix} 1 & 0 \\ 0 & \dfrac{1}{n} \end{pmatrix}$

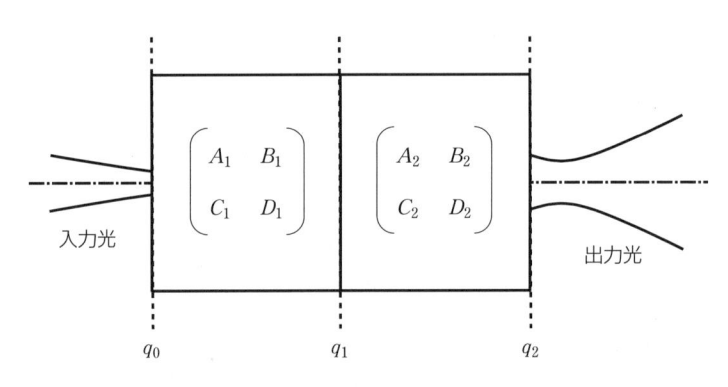

図 9.13　$ABCD$ 行列の縦続接続

されているとすると，それらを従属接続して得られる q_0 から q_2 への変換，

$$q_2 = \frac{Aq_0 + B}{Cq_0 + D} \tag{9.41}$$

は，

$$\begin{pmatrix} A & B \\ C & D \end{pmatrix} = \begin{pmatrix} A_2 & B_2 \\ C_2 & D_2 \end{pmatrix} \begin{pmatrix} A_1 & B_1 \\ C_1 & D_1 \end{pmatrix} \tag{9.42}$$

で与えられることは，容易に証明できる．

　q パラメータの変化が，双一次変換で表されることは，また，反射係数 E_-/E_+ とインピーダンスの見積りに用いられるスミス図表と同様であるので，ビームの伝搬に伴う，R と w の変化の様子は，チャートを用いて図的に表すことも可能であるが，ここでは立ち入らない．

第9章 ビーム波

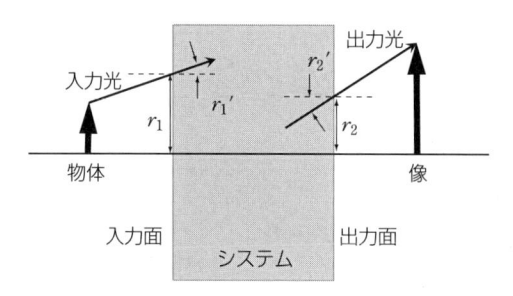

図 9.14 光線マトリックス

$ABCD$ 行列は，光線マトリックスとも呼ばれ，幾何光学と深く結びついている．図 9.14 に示すような，ある光学系を考える．入射側では，入力光線が，入力面上，位置 r_1 に角度 r_1' で入力したとする．透過側では，出力光線が，出力面上の，位置 r_2 に角度 r_2' で出力する．この光学系が線形であるとすると，r_2, r_2' と r_1, r_1' とが次の関係で結び付いていると考えることができる．

$$\begin{pmatrix} r_2 \\ r_2' \end{pmatrix} = \begin{pmatrix} A & B \\ C & D \end{pmatrix} \begin{pmatrix} r_1 \\ r_1' \end{pmatrix} \qquad (9.43)$$

ここで導入された光線マトリックスを，自由伝搬，レンズ，媒質界面，などについて，具体的に書き表してみると，先のガウスビームの q パラメータの変化から得られた $ABCD$ 行列に等しいことが分かる．

ここでは，光線マトリックスについての詳細には立ち入らないが，幾何光学的に導かれる光線マトリックスと，ガウスビームの $ABCD$ 行列とが，なぜ同じ形になるかについてのみ考察する．図 9.15 に示すように，同軸型の光学系を考える．入力光，出力光が中心軸と交わる点と，入力面，出力面との距離を，それぞれ，Δ_1, Δ_2 とすると，

$$\Delta_1 = \frac{r_1}{r_1'}, \quad \Delta_2 = \frac{r_2}{r_2'} \qquad (9.44)$$

これを用いて，(9.43) を書き直すと，

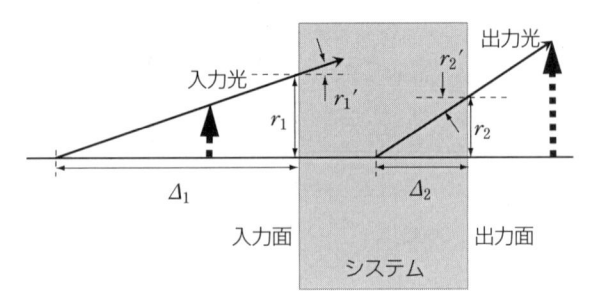

図 9.15 光線マトリックスの説明図

$$\Delta_2 = \frac{A\Delta_1 + B}{C\Delta_1 + D} \tag{9.45}$$

(9.40) で示した，q_1 と q_2 の関係式と同型である．

q パラメータ，$q = z + jb$，における z は，観測面とビームウェストからの距離，また，b は，点光源を軸から虚軸方向に b だけ平行移動したと考えた場合の移動量である．したがって，q は，ガウスビームにおける，仮想的な（虚数軸上にある）点光源と観測面との複素距離を表している．一方，Δ は軸上に置かれた点光源と観測面との距離である．すなわち，Δ は，q において $b = 0$ と置いたもの，すなわち，ビームウェストの位置に点光源を置いた場合の q パラメータである．

9.5 モードマッチング

光学系を構成しようとする際には，q パラメータ q_1 のビームを，q_2 のシステムに効率よく結合することが，しばしば必要となる．これを行う技法を，光ビームのモードマッチングと呼ぶ．

図 9.16 に示すように，入力面から d_1 の位置に焦点距離 f の（薄肉）レンズを置き，更に距離 d_2 の位置を出力面とすると，この系の ABCD 行列 M は，

$$M = \begin{pmatrix} 1 & d_2 \\ 0 & 1 \end{pmatrix} \begin{pmatrix} 1 & 0 \\ -\frac{1}{f} & 1 \end{pmatrix} \begin{pmatrix} 1 & d_1 \\ 0 & 1 \end{pmatrix}$$

第9章 ビーム波

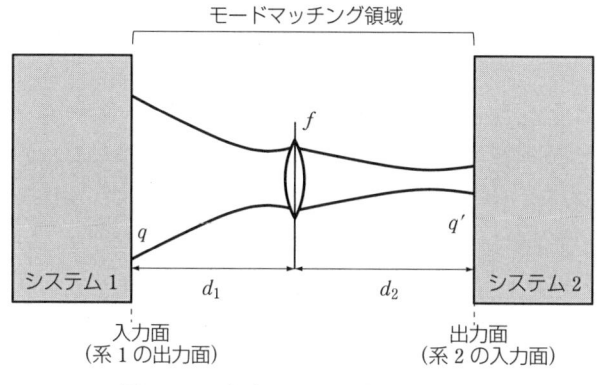

図 9.16 光ビームのモードマッチング

$$= \begin{pmatrix} 1-\dfrac{d_2}{f} & d_1+d_2-\dfrac{d_1 d_2}{f} \\ -\dfrac{1}{f} & 1-\dfrac{d_1}{f} \end{pmatrix} \tag{9.46}$$

これによって，q_1 で入力されるビームと，q_2 で出力されるビームのモードマッチングが得られるとすると，(9.40) を用いて，

$$q_2 = \dfrac{\left(1-\dfrac{d_2}{f}\right)q_1 + \left(d_1+d_2-\dfrac{d_1 d_2}{f}\right)}{-\dfrac{1}{f}q_1 + \left(1-\dfrac{d_1}{f}\right)}$$

変形すると，

$$(d_1-f+q_1)(d_2-f-q_2)-f^2=0 \tag{9.47}$$

入力面における q パラメータを，$q_1=z_1+jb_1$，出力面では，$q_2=z_2+jb_2$，として，上式に代入し，実部と虚部を分離すると，

$$(d_1-f+z_1)(d_2-f-z_2)=f^2-b_1 b_2 \tag{9.48a}$$

$$\frac{d_1 - f + z_1}{d_2 - f - z_2} = \frac{b_1}{b_2} \tag{9.48b}$$

$f^2 > b_1 b_2$, となるレンズを選べば，$X = d_1 - f + z_1$, $Y = d_2 - f - z_2$ に実根が存在し，モードマッチングの得られる d_1, d_2 を得ることができる．

　レンズ（あるいは球面反射鏡）を1枚用いることで，q パラメータを変換し，モードマッチングを得られることが分かった．ただし，この方法では，必ず，$|X+Y|>1$ となって，入力と出力との距離，$d_1 + d_2$, が長くなりがちである．そこで，実際には，マッチングを得るために，2枚のレンズを用いることも，しばしば行われている．特に，レンズの代わりに，2枚の球面反射鏡を用いれば，入出力二つのビームの空間的な光路も同時に変換できて，有効である．

第 10 章

光導波現象，導波モード

　光波には，不均質な媒質中で，屈折率の高い部分に沿って伝搬する性質がある．この性質が基礎になって，低損失，広帯域な伝送媒体として，光ファイバが実現され，現在では情報通信のための伝送線路として，基幹的な担い手となっている．また，他方では，効率が良く小形で安定な光回路を構成する上で，光導波路デバイス・光集積回路技術が大きな役割を果たすようになって来ている．光領域では，金属材料には大きな導体損があり，また，光波長も短いので，電気回路のように金属材料を用いて長く複雑な回路を構成することが困難となる．これに対して，誘電体材料では，吸収や散乱に伴う損失を非常に小さくできるので，光信号の伝送媒体として，誘電体のみで構成される光導波路が，重要な役割を果たすことになる．本章では，光導波現象を理解するための基礎として，誘電体光導波路の導波現象について述べる．

10.1　誘電体平面光導波路と導波モード

　図 10.1 に，基本的な光導波構造である，誘電体平面光導波路の構成を示す．y 方向に基板，導波層，上部層の，3 層の誘電体からなっていて，スラブ導波路，薄膜導波路，2 次元導波路，などとも呼ばれる．図中に示すとおり，導波層の厚さは d，屈折率 n_g，基板及び上部層の屈折率はそれぞれ，n_s, n_t であり，各層の境界で屈折率は階段状に変化する．このような導波路を，ステップインデックス型光導波路と呼ぶ．屈折率が滑らかに変化す

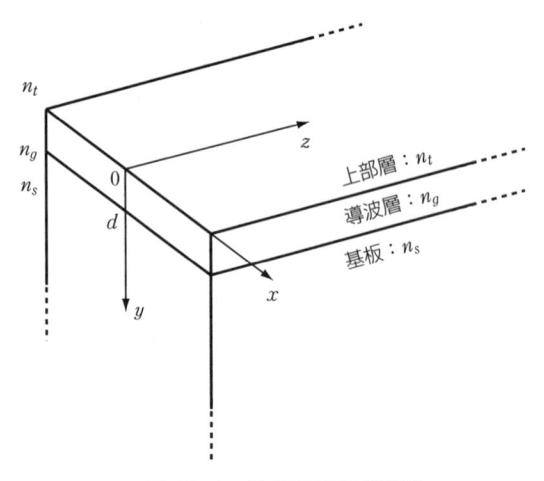

図 10.1 誘電体平面光導波路

るグレーデッドインデックス型光導波路については，あとの章において議論する．

光波は z 方向に進行し，電磁界は，時間 t 及び z に対し，$\exp(j\omega t - \gamma z)$ の関数形をもつとする．ただし，$\gamma(=\alpha+j\beta)$ は伝搬定数（α：減衰定数，β：位相定数）である．

三つの媒質が線形で等方であるとすると，マクスウェルの方程式，

$$\text{curl } \boldsymbol{E} = -j\omega\mu\boldsymbol{H}, \qquad \text{curl } \boldsymbol{H} = j\omega\varepsilon\boldsymbol{E} \tag{10.1}$$

より，横方向電磁界成分，E_x, E_y, H_x, H_y を縦方向成分 E_z, H_z によって，以下のように表すことができる．

$$E_x = \left(-\frac{1}{\gamma^2 + k_i^2}\right)\left(\gamma\frac{\partial E_z}{\partial x} + j\omega\mu\frac{\partial H_z}{\partial y}\right) \tag{10.2a}$$

$$E_y = \left(\frac{1}{\gamma^2 + k_i^2}\right)\left(-\gamma\frac{\partial E_z}{\partial y} + j\omega\mu\frac{\partial H_z}{\partial x}\right) \tag{10.2b}$$

$$H_x = \left(\frac{1}{\gamma^2 + k_i^2}\right)\left(j\omega\varepsilon\frac{\partial E_z}{\partial y} - \gamma\frac{\partial H_z}{\partial x}\right) \tag{10.2c}$$

$$H_y = \left(-\frac{1}{\gamma^2 + k_i^2}\right)\left(j\omega\varepsilon\frac{\partial E_z}{\partial x} + \gamma\frac{\partial H_z}{\partial y}\right) \qquad (10.2\text{d})$$

ただし，$k_i = n_i k_0\ (i = g, s, t)$ は，それぞれ，導波層，基板，上部層における波数ベクトルである．

導波路は x 方向に十分広く，x 方向に界の変化を考えなくてよいとする．すなわち，上式において，$\partial/\partial x$ の項を 0 と置くことができるとすると，

$$E_x = \left(-\frac{j\omega\mu}{\gamma^2 + k_i^2}\right)\left(\frac{\partial H_z}{\partial y}\right) \qquad (10.3\text{a})$$

$$E_y = \left(-\frac{\gamma}{\gamma^2 + k_i^2}\right)\left(\frac{\partial E_z}{\partial y}\right) \qquad (10.3\text{b})$$

$$H_x = \left(\frac{j\omega\varepsilon}{\gamma^2 + k_i^2}\right)\left(\frac{\partial E_z}{\partial y}\right) \qquad (10.3\text{c})$$

$$H_y = \left(-\frac{\gamma}{\gamma^2 + k_i^2}\right)\left(\frac{\partial H_z}{\partial y}\right) \qquad (10.3\text{d})$$

これより，H_z には E_x と H_y が，また，E_z には E_y と H_x が結び付けられていることが分かる．それぞれの組は分離することができて，互いに独立に存在することが可能である．(E_x, H_y, H_z) の組には電界の縦方向成分がなく，横方向成分 E_x のみなので，TE 波（transverse electric waves），(H_x, E_y, E_z) の組には磁界が横方向成分 H_x のみであるので，TM 波（transverse magnetic waves）と呼ぶ．

誘電体平面光導波路では，光波は二つの界面で反射を繰り返しながら進行する（図 10.2 参照）．導波層の屈折率 n_g が，基板及び上部層の屈折率 n_s，n_t（$n_s \geq n_t$ とする）より大きい場合，導波層内の光波は，両界面における全反射条件を満たすことが可能となり，導波層厚さ，波長，各層の屈折率などの関係が整えば，光波電力が導波層内に閉じ込められ，導波層に沿って伝送される導波モード（guided modes）が出現する．

以下では，三つの媒質は誘電性（$\mu = \mu_0$），かつ，無損失（$\alpha = 0$）であるとし，光波は，z 方向に位相定数 β で進行するとする．

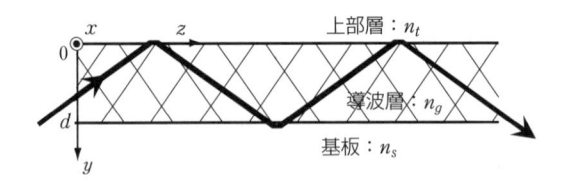

図 10.2 導波路中で全反射する光波

10.2 TE 導波モード

電界（フェーザ表示，時間因子は $\exp[j\omega t]$）の x 成分を次式で表す．

$$E_x = Af(y)\exp[-j\beta z] \tag{10.4}$$

ただし，A は複素振幅，$f(y)$ は界分布関数である．これを用いれば，波動方程式（ヘルムホルツ方程式）は，以下のように書ける．

$$\frac{d^2 f}{dy^2} + (n_i^2 k_0^2 - \beta^2)f = 0 \tag{10.5}$$

ただし，$k_0 = \omega/c$，n_i ($i = g, s, t$) は各領域の屈折率である．

この方程式の解として，以下の界分布関数を導入する．

$$f(y) = \begin{cases} N_{\text{TE}}\cos\phi_{\text{TE}}\exp[\xi_t y] & y < 0 \text{ （上部層）} \\ N_{\text{TE}}\cos(\kappa y - \phi_{\text{TE}}) & 0 < y < d \text{ （導波層）} \\ N_{\text{TE}}\cos(\kappa d - \phi_{\text{TE}})\exp[-\xi_s(y - d)] & y > d \text{ （基板）} \end{cases} \tag{10.6}$$

ここで，N_{TE} は振幅定数（正規化定数），κ, ξ_s, ξ_t は，導波層，基板，上部層，各領域における横方向の位相定数で，

$$\kappa = \sqrt{n_g^2 k_0^2 - \beta^2} \tag{10.7a}$$

$$\xi_s = \sqrt{\beta^2 - n_s^2 k_0^2} \tag{10.7b}$$

$$\xi_t = \sqrt{\beta^2 - n_t^2 k_0^2} \tag{10.7c}$$

また，ϕ_{TE} は，全反射によって生じるグース・ヘンシェンシフトに対応する位相である．$n_{\text{eff}} = \beta/k_0$ は，実効屈折率（等価屈折率とも呼ばれる）である．

H_y 及び H_z は，E_x と次の関係にある．

$$H_y = \left(\frac{\beta}{\omega\mu_0}\right) E_x \tag{10.8a}$$

$$H_z = \left(\frac{1}{j\omega\mu_0}\right) \frac{\partial E_x}{\partial y} \tag{10.8b}$$

境界面における電磁界（の境界に対する接線成分）の連続条件から，

$$\tan\phi_{TE} = \frac{\xi_t}{\kappa} \tag{10.9a}$$

$$\tan(\kappa d - \phi_{TE}) = \frac{\xi_s}{\kappa} \tag{10.9b}$$

これらより以下の固有方程式（分散方程式）が得られる．

$$\kappa d - m\pi = \operatorname{atan}\left(\frac{\xi_s}{\kappa}\right) + \operatorname{atan}\left(\frac{\xi_t}{\kappa}\right) \tag{10.10}$$

ただし，二つの逆正接関数は，共に 0 と $\pi/2$ の間の値を取ることとし，また，$m \geqq 0$ は整数で，モード次数である．

固有方程式は，次のようにも書き表すことができる．

$$\tan(\kappa d) = \frac{\kappa(\xi_s + \xi_t)}{\kappa^2 - \xi_s \xi_t} \tag{10.11}$$

ξ_s，ξ_t を，κ 及び k_0 で表し，$\kappa d = u$ とおけば，

$$\tan(u) = \frac{u\left(\sqrt{v_s{}^2 - u^2} + \sqrt{v_t{}^2 - u^2}\right)}{u^2 - \sqrt{v_s{}^2 - u^2}\sqrt{v_t{}^2 - u^2}} \tag{10.12}$$

ただし,

$$v_s = \sqrt{(n_g{}^2 - n_s{}^2)k_0 d} \tag{10.13a}$$

$$v_t = \sqrt{(n_g{}^2 - n_t{}^2)k_0 d} \tag{10.13b}$$

である.

(10.12) の右辺を $F(u)$ とおくと, $A = \tan(u)$ と $B = F(u)$ の交点が, 固有値 (固有モード) を与えることになるので, モードの存在を, 図的に把握することができる.

図 10.3 に, u に対する, $A = \tan(u)$, $B = F(u)$ の計算例を示す. $n_s \geq n_t$ と仮定しているので, $v_s \leq v_t$. したがって, $u < v_s$ では, $F(u)$ の四つの根号の内部はすべて正, すなわち, $F(u)$ は実数値となる. 一方, $u > v_s$ では $F(u)$ は複素数値となり, $A = B$ を満たす実数根 u は存在しない. また, $\kappa > 0$ であるので, $u > 0$. これら二つの条件より, 考慮すべき u の範囲は, $0 < u < v_s$ である.

領域の両端について見ると, $u = 0$ では $d = 0$, あるいは, $\beta = n_g k_0$ である. 実効屈折率 n_{eff} は導波層屈折率 n_g に等しい. 一方, $u = v_s$ では, $\beta = n_s k_0$, すなわち, n_{eff} は基板屈折率 n_s に等しい. $\xi_s = 0$, であり, 導波層と基板と

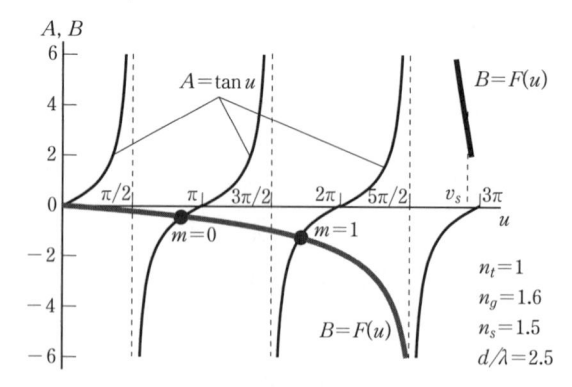

図 10.3 A と B の u に対する変化. $A = B$ となる u に導波モードが存在する.

第10章　光導波現象，導波モード

の間で全反射の臨界となって，更に，$u > v_s$ では，ξ_s は虚数，光波は導波層内に閉じ込められず，導波モードは存在しない．

　$F(u)$ の関数形について考察すると，まず，$u = 0$ で $F(u) = 0$，u の増加と共に $F(u)$ は単調に減少するが，$u = v_s v_t / \sqrt{v_s^2 + v_t^2}$ において，$F(u)$ の分母は0となる．u がこの値を超えると，$F(u)$ の値は $-\infty$ から $+\infty$ に飛び，u の増加と共に，再び単調に減少する．$u = v_s$ において

$$f(v_s) = \frac{\sqrt{v_t^2 - v_s^2}}{v_s} = \frac{\sqrt{n_s^2 - n_t^2}}{\sqrt{n_g^2 - n_s^2}} \tag{10.14}$$

となって終わる．

　$A = \tan(u)$ と $B = F(u)$ との交点が導波モードを与える．n_g と n_s の差を小さくする，あるいは，d を小さくする，λ_0 を大きくする，などにより，v_s が小さくなると，A と B との交点の数が少なくなる．すなわち，存在できる導波モードの数が減少する．

　次数 m のモードに対して，A と B との交差が存在しなくなる $u = \kappa_d$ の値，$u_{\text{TE}mc}$ は，$F(v_s) = \tan(v_s)$ となる $u = v_s$ であり，以下で与えられる．

$$u_{\text{TE}mc} - m\pi = \operatorname{atan}\left(\frac{\sqrt{n_s^2 - n_t^2}}{\sqrt{n_g^2 - n_s^2}} \right) \tag{10.15}$$

ただし，先と同様，逆正接関数は，0 と $\pi/2$ の間の値を取る．

　このように，あるモードが伝搬し得なくなることを，遮断（カットオフ）と呼ぶ．遮断となる波長 $\lambda_0 (= 2\pi/k_0)$，あるいは周波数 $\nu (= c/\lambda_0)$ を，m 次モードに対する遮断波長（カットオフ波長），あるいは，遮断周波数（カットオフ周波数）と呼ぶ．

　0次（最低次）モードのカットオフ以下では，導波モードが全く存在しない．ただし，$n_s = n_t$ の対称導波路では，導波モードの存在領域の上限，$u = v_s (= v_t)$，において，$F(u) = 0$ である．したがって，v_s がどれだけ小さくなっても，A と B との交点が必ず存在する．すなわち，導波路が対称の場合，最低次モードに遮断がない．

導波路の v_s が与えられた場合に,存在する TE 導波モードの数 $\mathrm{M_{TE}}$ は,

$$M_{\mathrm{TE}} = \mathrm{int}\left[1 + \frac{1}{\pi}\left\{v_s - \mathrm{atan}\left(\frac{\sqrt{n_s{}^2 - n_t{}^2}}{\sqrt{n_g{}^2 - n_s{}^2}}\right)\right\}\right] \tag{10.16}$$

ただし,$\mathrm{int}\,[x]$ は,変数 x の小数点以下を削除し,整数化する.

与えられた三つの屈折率,$n_i\,(i=g,s,t)$,及び,導波層厚,d,に対して,この分散方程式が満たされる横方向波数 κ,ξ_s,ξ_t の組(及び,モード次数 m)が得られれば,先に仮定した界分布関数をもつモードが存在することになる.図 10.4 に界分布関数の計算例を示す.

単位幅(x 方向)当りの伝送電力(時間平均値)

$$P_{av} = \frac{1}{2}\mathrm{Re}(E \times H^*) \tag{10.17}$$

が,$AA^*/2$ となるように,振幅定数,N_{TE},を決めると,

$$N_{\mathrm{TE}}{}^2 = \frac{2\eta_0}{n_{\mathrm{eff}}\,T_{\mathrm{TE}}} \tag{10.18}$$

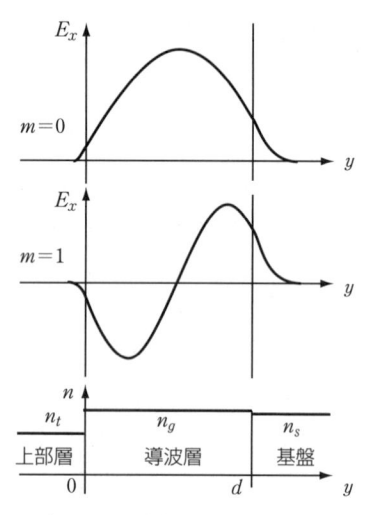

図 10.4　誘電体平面光導波路モードの界分布,計算例

ただし，

$$T_{TE} = d + \frac{1}{\xi_s} + \frac{1}{\xi_t} \tag{10.19}$$

T_{TE} は実効膜厚と呼ばれる．$1/\xi_s$, $1/\xi_t$ は，それぞれ，基板及び上部層へのエバネッセント波の実効的なしみ出し深さであり，実際の膜厚 d にこれらを加えたものが実効膜厚となっている．

10.3 TM 導波モード

$g(y)$ を界分布関数として，磁界の x 成分を次式で与える．

$$H_x = Ag(y)\exp[-jkz] \tag{10.20}$$

マクスウェルの方程式から，E_y 及び E_z は，

$$E_y = -\frac{1}{\omega\varepsilon_0 n_i^2}H_x \tag{10.21a}$$

$$E_z = -\frac{1}{j\omega\varepsilon_0 n_i^2}\frac{\partial H_x}{\partial y} \tag{10.21b}$$

ただし，n_i ($i=g, s, t$) は各領域の屈折率である．

TE モードの場合と同様，振幅定数を N_{TM} として，以下の界分布関数を仮定する．

$$g(y) = \begin{cases} N_{TM}\cos\phi_{TM}\exp[\xi_t y] & y<0 \text{（上部層）} \\ N_{TM}\cos(\kappa y - \phi_{TM}) & 0<y<d \text{（導波層）} \\ N_{TM}\cos(\kappa d - \phi_{TM})\exp[-\xi_s(y-d)] & y>d \text{（基板）} \end{cases} \tag{10.22}$$

境界面における電磁界の連続条件から，

$$\tan\phi_{TM} = \left(\frac{n_g}{n_t}\right)^2\frac{\xi_t}{\kappa} \tag{10.23a}$$

$$\tan(\kappa d - \phi_{\text{TM}}) = \left(\frac{n_g}{n_s}\right)^2 \frac{\xi_s}{\kappa} \tag{10.23b}$$

これら2式より,固有方程式(分散方程式)は,

$$\kappa d - m\pi = \text{atan}\left[\left(\frac{n_g}{n_s}\right)^2 \frac{\xi_s}{\kappa}\right] + \text{atan}\left[\left(\frac{n_g}{n_t}\right)^2 \frac{\xi_t}{\kappa}\right] \tag{10.24}$$

あるいは,

$$\tan \kappa d = \frac{\kappa\left[\left(\frac{n_g}{n_s}\right)^2 \xi_s + \left(\frac{n_g}{n_t}\right)^2 \xi_t\right]}{\kappa^2 - \left(\frac{n_g}{n_s}\right)^2 \xi_s \left(\frac{n_g}{n_t}\right)^2 \xi_t} \tag{10.25}$$

モードの存在など,TE モードの場合と同様に考察することができるので,ここでは省略する.m 次モードのカットオフを与える $u = \kappa d$ の値,$u_{\text{TM}mc}$ は,以下で与えられる.

$$u_{\text{TM}mc} - m\pi = \text{atan}\left(\frac{n_g}{n_s}\right)^2 \frac{\sqrt{n_s^2 - n_t^2}}{\sqrt{n_g^2 - n_s^2}} \tag{10.26}$$

存在する TM 導波モードの数 M_{TM} は,

$$M_{\text{TM}} = \text{int}\left[1 + \frac{1}{\pi}\left\{v_s - \text{atan}\left[\left(\frac{n_g}{n_s}\right)^2 \frac{\sqrt{n_s^2 - n_t^2}}{\sqrt{n_g^2 - n_s^2}}\right]\right\}\right] \tag{10.27}$$

N_{TM} を,先と同様に,$AA^*/2$ が単位幅(x 方向)当りの伝送電力を与えるように決めると,

$$N_{\text{TM}}^2 = \frac{2n_g^2}{n_{\text{eff}} \eta_0 T_{\text{TM}}} \tag{10.28}$$

ただし,T_{TM} は実効膜厚であり,

第10章 光導波現象,導波モード

$$T_{\text{TM}} = d + \frac{1}{q_2 \xi_s} + \frac{1}{q_3 \xi_t} \tag{10.29}$$

ここで,

$$q_2 = \left(\frac{n_{\text{eff}}}{n_g}\right)^2 + \left(\frac{n_{\text{eff}}}{n_s}\right)^2 - 1 \tag{10.30a}$$

$$q_3 = \left(\frac{n_{\text{eff}}}{n_g}\right)^2 + \left(\frac{n_{\text{eff}}}{n_t}\right)^2 - 1 \tag{10.30b}$$

で $1/(q_2 \xi_2)$, $1/(q_3 \xi_3)$, はそれぞれ基板, 上部層への実効的なしみ出し深さである.

10.4 モードの直交性

以上,平面光導波路の導波モードが得られた.固有方程式を解くことにより,固有値(位相定数,あるいは,等価屈折率)が得られ,界分布なども確定する.TE, TM モードが,それぞれ, M_{TE} 個, M_{TM} 個存在し,それらの等価屈折率, n_{eff}, は, $n_s < n_{\text{eff}} < n_g$, の範囲にある.導波層と基板及び上部層との界面で,光波は全反射され,導波層内に閉じ込められたまま z 方向に伝搬する.導波モードの界は,導波層中で面に垂直な y 方向で定在波となり,基板や上部層ではエバネッセント波である.導波層中の定在波の波形は,基板,上部層の,エバネッセント波しみ出し深さの位置に完全反射面を置いたと仮定した場合の波形に等しい.

与えられた導波路に対して,電磁界の境界条件などから導かれる固有方程式の解を,固有モードと呼ぶ.固有方程式から,複数の固有値が得られる場合には,各固有値は,それぞれ異なる次数のモードに対応する.複数のモードの固有値の値が等しい場合,それらのモードは縮退していると表現するが,本書ではそのような状態を議論しない.

導波路が,電磁波の伝搬方向(z 方向)に一様で無限に長く,また,導波路を構成する媒質が無損失の場合に,一つの周波数に対する複数の固有モードの間の重要な特性として,直交性がある.

直交関係は次式で表される．

$$\int_{Sc} \boldsymbol{e}_\mu \times \boldsymbol{h}_\nu^* \cdot \boldsymbol{da} = \delta_{\mu,\nu} \tag{10.31}$$

ただし，$\boldsymbol{e}_\mu$ 及び $\boldsymbol{h}_\nu$ は，それぞれ，次数 μ のモードの複素電界ベクトル，及び次数 ν のモードの複素磁界ベクトルである．* は複素共役を示し，また，$\delta_{\mu,\nu}$ はクロネッカーの δ で，$\mu=\nu$ の場合に 1，それ以外では 0 を取る．

単位平均伝送電力で正規化された μ 次モードの複素電磁界，$\boldsymbol{E}_\mu$，$\boldsymbol{H}_\mu$ は，それぞれ，$\boldsymbol{E}_\mu = \boldsymbol{e}_\mu \exp[-j\beta_\mu z]$，$\boldsymbol{H}_\mu = \boldsymbol{h}_\mu \exp[-j\beta_\mu z]$ で与えられる．導波路の xy 断面，Sc，内で両者のベクトル積を積分するが，ここで考えている誘電体平面光導波路の断面領域は，境界面に垂直な方向には無限にまで広がり，x 方向には変化がなく一様としているので，Sc を，x 方向には単位幅，y 方向には $-\infty < y < \infty$ と取ることとする．なお，$\boldsymbol{da}$ は z 方向の面積要素ベクトルである．

導波路に複数の固有モードが伝搬する場合，導波路における電磁界 $\boldsymbol{E}$ 及び $\boldsymbol{H}$ は，固有モードの和として，次式で表される（フェーザ表示（時間関数，$\exp[j\omega t]$）を用いる）．

$$\boldsymbol{E} = \sum_\mu c_\mu \boldsymbol{E}_\mu = \sum_\mu c_\mu \boldsymbol{e}_\mu \exp[-j\beta_\mu z] \tag{10.32a}$$

$$\boldsymbol{H} = \sum_\mu c_\mu \boldsymbol{H}_\mu = \sum_\mu c_\mu \boldsymbol{h}_\mu \exp[-j\beta_\mu z] \tag{10.32b}$$

ただし，c_μ は展開係数（μ 次モードの振幅係数）である．

導波路が無損失で一様であるので，断面，Sc，における，z 方向の電力流（時間平均値）は z によらず一定である．したがって，

$$\frac{d}{dz}\left[\int_{Sc} \frac{1}{2}\mathrm{Re}(\boldsymbol{E}\times \boldsymbol{H}^*) \cdot \boldsymbol{da}\right] = \frac{1}{4}\frac{d}{dz}\left[\int_{Sc}(\boldsymbol{E}\times \boldsymbol{H}^* + \boldsymbol{E}^*\times \boldsymbol{H}) \cdot \boldsymbol{da}\right] = 0$$

(10.32a, b) を代入して整理すると，

$$\sum_{\mu\nu}(\beta_\mu - \beta_\nu{}^2)c_\mu c_\nu{}^*\left[\int_{Sc}(e_\mu \times h_\nu{}^* + e_\nu{}^* \times h_\mu)\cdot da\right] = 0 \tag{10.33}$$

これより，$\beta_\mu - \beta_\nu{}^* \neq 0$，であれば，

$$\int_{Sc}(e_\mu \times h_\nu{}^* + e_\nu{}^* \times h_\mu)\cdot da = 0 \tag{10.34}$$

次に，第3章に述べた相反性原理を，ここで考えている系に適用する．相反関係は，同じ領域に存在する同一周波数の二つの電磁界の組 ($E(a)$, $H(a)$) と ($E(b)$, $H(b)$) に対して，次式が成り立つというものであった．

$$\nabla \cdot (E(a) \times H(b) - E(b) \times H(a)) = 0 \tag{10.35}$$

ここで，

$$(E(a),\ H(a)) \to (E_\mu,\ H_\mu),$$
$$(E(b),\ H(b)) \to (E_\nu{}^*,\ H_\nu{}^*)$$

と置き換え，xy 断面が先と同じ Sc, z 方向長さが ℓ の筒状領域において体積積分すると，(10.35) は，

$$\exp[-j(\beta_\mu - \beta_\nu{}^*)\ell]\left[\int_{Sc}(e_\mu \times h_\nu{}^* - e_\nu{}^* \times h_\mu)\cdot da\right] = 0$$

したがって，

$$\int_{Sc}(e_\mu \times h_\nu{}^* - e_\nu{}^* \times h_\mu)\cdot da = 0 \tag{10.36}$$

導波路が無損失で，断面内における電力流の時間平均が z によらず一定，との条件から得られる (10.34) と，導波路が相反性を有する，との条件下で導かれる (10.36) とを組み合わせることで，$\mu \neq \nu$ の場合に，

$$\int_{Sc} e_\mu \times h_\nu{}^* \cdot da = 0 \qquad (\mu \neq \nu) \tag{10.37}$$

の満たされることが示された．

ところで，ここで考えている次数 μ のモードの複素電磁界，$\boldsymbol{E}_\mu$, $\boldsymbol{H}_\mu$ は，単位平均伝送電力で正規化されていると考えているので，μ 次モードの運ぶ平均伝送電力 $P_{av\mu}$ は，モード振幅係数を c_μ とすると，

$$P_{av\mu} = \frac{c_\mu c_\mu^*}{2} \tag{10.38}$$

ただし，

$$\mathrm{Re}\int_{Sc}(\boldsymbol{E}_\mu \times \boldsymbol{H}_\mu^*) \cdot d\boldsymbol{a} = 1 \tag{10.39}$$

である．相反関係が成り立つとしているので，(10.36) を用いて，

$$\mathrm{Re}\int_{Sc}(\boldsymbol{E}_\mu \times \boldsymbol{H}_\mu^*) \cdot d\boldsymbol{a} = \int_{Sc}(\boldsymbol{e}_\mu \times \boldsymbol{h}_\mu^*) \cdot d\boldsymbol{a} = 1 \tag{10.40}$$

先の (10.37) とともにまとめて表示すれば，

$$\int_{Sc} \boldsymbol{e}_\mu \times \boldsymbol{h}_\nu^* \cdot d\boldsymbol{a} = \delta_{\mu,\nu} \tag{10.31}$$

以上により，固有導波モードの直交関係が示された．

第11章

放射モード，その他のモード

 以上のように，TE 及び TM 導波モードは互いに直交関係にあることが示され，また，(10.6) 及び (10.22) で与えた界分布では，$AA^*/2$ が伝送電力を表すように正規化されている．したがって，前節で示された，平面光導波路の導波モードは，正規化された直交関数系を形成していることが分かる．ただし，完全系ではない．導波モードは有限個しかないので，任意の断面内（y 軸方向）波面分布が与えられた場合，導波モードだけでは，完全には展開できない．すなわち，平面光導波路には，導波モードに加えて，他にも考慮すべきモードが存在するはずである．この章では，誘電体導波路に存在するその他のモードについて述べる．

11.1 放射モード

 図 11.1 に示すように，平面光導波路の導波層内に点光源（正確には x 方向に無限長の線光源）が置かれているとする．放射される光波の一部は基板あるいは上部層との界面で全反射され，その中で特定の位相定数をもつ光波成分は導波層内に閉じ込められ，導波モードとして伝搬するが，それ以外の光波成分は，干渉により自ら打ち消し合って伝搬できない．一方，界面への入射角度が全反射臨界角に達しない光波成分は，一部が透過光となって基板あるいは上部層中に放射される．このような光波の実効屈折率，$n_{eff} = \beta/k_0$，は，導波モードの存在範囲，$n_s < n_{eff} < n_g$，を超えて，$n_{eff} < n_s$，の領域にある．この領域では，界面における全反射条件が満たされず，光

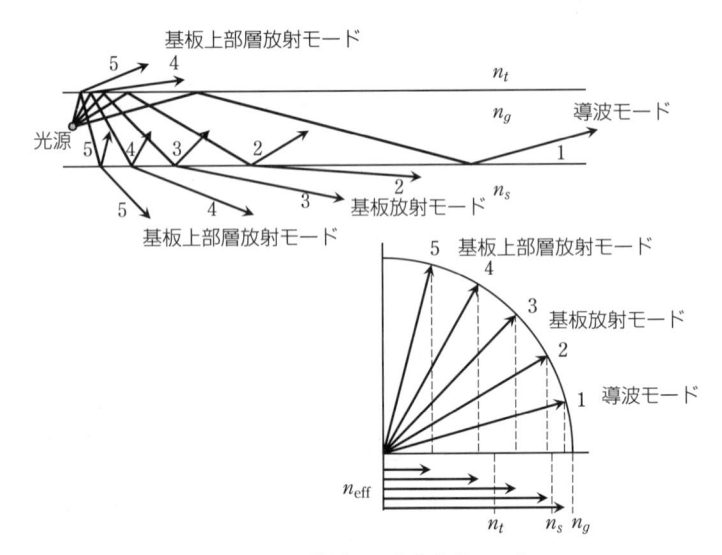

図 11.1 導波モードと放射モード

波は導波層の外側でも y 方向に伝搬波となる．このような波を表すモードを，放射モード（radiation modes）と呼ぶ．非対称導波路（$n_s \neq n_t$，ただし，$n_s > n_t$ とする）では，**図 11.2a** に示す基板放射モード（$n_t < n_\mathrm{eff} < n_s$）と図 11.2b の基板上部層放射モード（$0 < n_\mathrm{eff} < n_t$）とに分類できる．

損失のない伝送路の固有モードは，通常，線路を伝搬する間の平均電力流は一定，すなわち，複素振幅や界分布が一定に保たれる．しかし，上述のような，線光源によって生じる光波では，導波層に垂直な y 方向にも電力流が生じ，他に光源がなければ進行方向（z 方向）電力流は伝搬と共に減少する．したがって，固有モードとしての放射モードを導入する場合，層面に垂直方向の電力流を生じさせない工夫の必要がある．

放射モードでは，導波モードと異なり，基板，あるいは，基板と上部層において，界はエバネッセント波でなく，y 方向伝搬定数が実数となるので，そのままでは電力流が生じる．そこで，y 方向に電力流が生じないように，基板，あるいは，基板と上部層における界が，y 方向に定在波であるとする．言い換えれば，導波層から流れ出す電力流に加えて，流れ込む電力流を考

える.

以下では,TE モードのみについて示すが,TM モードも同様に導くことができる.

(1) 基板放射モード

y 方向界分布は,基板及び導波層では定在波,上部層ではエバネッセント波であるとして,界分布関数を以下のように設定する.

$$f(y) = \begin{cases} N\cos\phi_g \exp[\xi_t y] & y < 0 \text{ (上部層)} \\ N\cos(\kappa y - \phi_g) & 0 < y < d \text{ (導波層)} \\ N\left(\dfrac{\cos(\kappa d - \phi_g)}{\cos(\zeta_s d - \phi_s)}\right)\cos(\zeta_s y - \phi_s) & y > d \text{ (基板)} \end{cases} \quad (11.1)$$

ただし,N は振幅定数,$\xi_s = j\xi_s'$,各層における位相定数,減衰定数の間には,次の関係がある.

$$\kappa = \sqrt{n_g{}^2 k_0{}^2 - \beta^2} \tag{11.2a}$$

$$\zeta_s = \sqrt{n_s{}^2 k_0{}^2 - \beta^2} \tag{11.2b}$$

$$\xi_t = \sqrt{\beta^2 - n_t{}^2 k_0{}^2} \tag{11.2c}$$

また,界面における界の境界条件より,固有方程式は,

$$\tan\phi_g = \frac{\xi_t}{\kappa}, \quad \kappa\tan[\kappa d - \phi_g] = \zeta_s \tan[\zeta_s d - \phi_s] \tag{11.3}$$

これより,$n_i (i = g, s, t)$ 及び d が与えられれば,$n_t < n_{\text{eff}} < n_s$ の範囲で,任意の $\beta = n_{\text{eff}} k_0$ に対して,κ,ζ_s,ξ_t 及び ϕ_g,ϕ_s が定まる.すなわち放射モードが決まることが分かる.

(2) 基板上部層放射モード

y 方向界分布が,基板,導波層,上部層のすべてで定在波であるとして,界分布関数を以下のように仮定する.

$$f(y) = \begin{cases} M\left(\dfrac{\cos\psi_g}{\cos\psi_t}\right)\cos(\zeta_t y - \psi_t) & y<0 \text{ (上部層)} \\ M\cos(\kappa y - \psi_g) & 0<y<d \text{ (導波層)} \\ M\left(\dfrac{\cos(\kappa d - \psi_g)}{\cos(\zeta_s d - \psi_s)}\right)\cos(\zeta_s y - \psi_s) & y>d \text{ (基板)} \end{cases} \quad (11.4)$$

ただし，Mは振幅定数，$\zeta_t = j\xi_t$．また，各層における横方向位相定数の間には，次の関係がある．

$$\kappa = \sqrt{n_g^2 k_0^2 - \beta^2} \tag{11.5a}$$

$$\zeta_s = \sqrt{n_s^2 k_0^2 - \beta^2} \tag{11.5b}$$

$$\zeta_t = \sqrt{n_t^2 k_0^2 - \beta^2} \tag{11.5c}$$

境界条件より得られる固有方程式は，

$$\begin{aligned}&\kappa\tan\psi_g = \zeta_t\tan\psi_t, \\ &\kappa\tan(\kappa d - \psi_g) = \zeta_s\tan(\zeta_s d - \psi_s)\end{aligned} \tag{11.6}$$

$0 < n_{\text{eff}} < n_t$ の領域で，任意の β に対して一意的に κ, ζ_s, ζ_t が決まり，更に，ψ_g, ψ_s, ψ_g の内の一つを任意に与えると，他の二つが決まる．通常は，ψ_g を，$n_s = n_t$（対称型）の極限において界分布が偶あるいは奇関数となるように選ぶ．

放射モードでは，導波モードのように，モード次数によって特定の実効屈折率が決まる訳ではなく，$0 < n_{\text{eff}} < n_t$ の範囲で，任意の実効屈折率，n_{eff}, をもつ放射モードが必ず存在する．つまり，この範囲では，実効屈折率（固有値）が連続的に分布している．これを，放射モードは連続固有値をもつ，と表現する．

（3）放射モードの直交性

放射モードを考慮に入れると，導波路における電磁界 E 及び H は，導波モードに加えて放射モードの和として，次式で表される（(10.32a, b) と同様，フェーザ表示（時間関数，$\exp[j\omega t]$）を用いる）．

第11章 放射モード，その他のモード

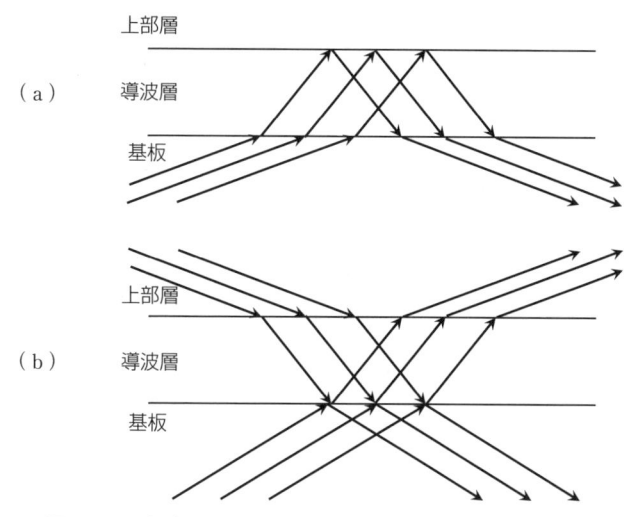

図11.2 （a）基板放射モード，（b）基板上部層放射モード

$$E = \sum_\mu c_\mu e_\mu \exp[-j\beta_\mu z] + \int_\rho c_\rho e_\rho \exp[-j\beta_\rho z] d\rho \tag{11.7a}$$

$$H = \sum_\mu c_\mu h_\mu \exp[-j\beta_\mu z] + \int_\rho c_\rho h_\rho \exp[-j\beta_\rho z] d\rho \tag{11.7b}$$

ただし，c_μ，c_ρ は，それぞれ，導波モード，放射モードに関する展開係数である．

電磁界を固有モードの足し合わせとして表す場合，導波モードに対しては，異なるモード次数についての和で与えられるが，放射モードは連続固有値をもつので，放射モードの存在する実効屈折率，$0 < n_{\text{eff}} < n_s$，に対応する位相定数 β についての積分となる．

前節の直交性に関する議論がほとんどそのまま適用できて，位相定数 β_ρ 及び β_σ をもつ放射モードに関する直交関係は，以下のように表されることが分かる．

$$\int_{Sc} e_\rho \times h_\sigma^* \cdot da = \delta(\rho - \sigma) \tag{11.8}$$

ただしここでは，δ は δ 関数（インパルス関数）である．これより，(11.1)

あるいは (11.4) における放射モードの振幅定数 N あるいは M を導くことができるが，詳細は他を参照することとし，ここでは立ち入らない．

放射モードでは，基板あるいは基板・上部層において，層に垂直な方向に界が定在波となっていることから，(11.8) において単純に $\rho=\sigma$ とすると，(11.8) は無限大に発散する．実際には，単一の位相定数 β_ρ を有する放射モードだけを励振することはできず，必ず，β_ρ を中心とする位相定数スペクトル成分を励振することとなる．放射モードの位相定数スペクトル分布を考慮することによって，導波層から外部への放射，あるいは，導波層に収斂する波動が記述できる．

11.2　表面波モード，遮断モード，漏洩波

(1) 表面波モード

導波モード，放射モードについて述べた．それらの実効屈折率 n_{eff} の値は，図 11.3 に示すとおり，以下の範囲にある．

　　基板上部層放射モード；　　$0 < n_{\text{eff}} < n_t$
　　基板放射モード；　　　　　$n_t < n_{\text{eff}} < n_s$
　　導波モード；　　　　　　　$n_s < n_{\text{eff}} < n_g$

ここでは，残る，$n_{\text{eff}} > n_g$ の領域での光波の振舞いについて考察する．

この領域では，位相定数が導波層媒質中の光波の位相定数より大きく，横方向位相定数，$\kappa = \sqrt{n_g{}^2 k_0{}^2 - \beta^2}$，が純虚数となる．基板・上部層においても横方向位相定数は純虚数である．これより，y 方向界分布としては，導波層中で偶あるいは奇の双曲線関数 (cosh，あるいは，sinh 関数)，基板及び上部層 (クラッド層) で指数関数となることが分かる．ただし，層

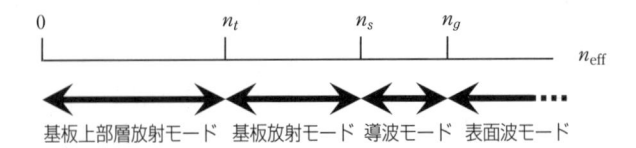

図 11.3　放射モード，導波モード，表面波モードの実効屈折率範囲．ただし，導波モードの固有値は飛び飛びの値を取る．

境界における境界条件から，クラッド層では，界は無限遠に向かって発散する．したがって，このような偶，奇，二つのモードは，伝送電力も無限大となるので，物理的に存在不能ということで，通常は考慮しない．

ただし，導波層とクラッド層の誘電率が異符号であれば，クラッド層で無限に向かって界が減衰し，境界面に電磁界が集中するモードが存在できる．負屈折率をもつ左手系材料などのメタマテリアル，あるいは，損失が不可避ではあるが複素誘電率（誘電率の実部が負）をもつ金属材料，などを用いる場合には重要となる．図 11.4 にその様子を示す．

金属と誘電体との境界面には，面の両側で，面に垂直な方向にエバネッセント波となる表面波を励起して，境界面上を伝搬させることができる．光波を極めて狭い領域に閉じ込めて伝送するプラズモン光導波路として注目を集めている．

（2） 遮断モード

平面光導波路では導波モード，放射モード，表面波モード（ただし，通常は物理的に存在不能）の 3 種のモードによって，位相定数が 0 から無限

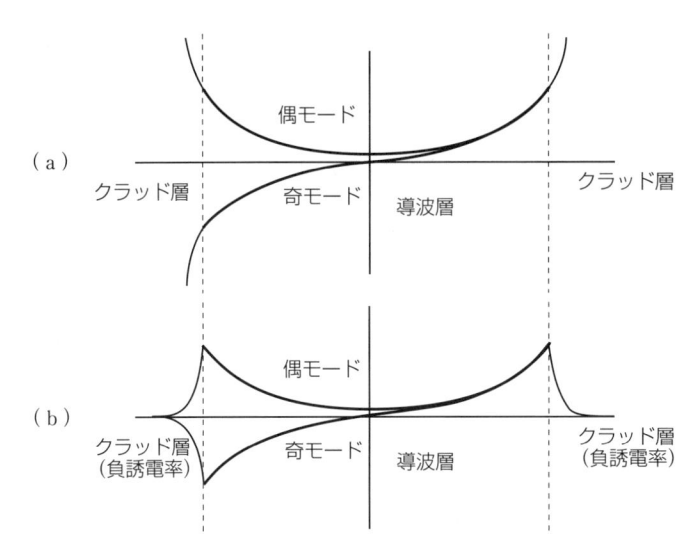

図 11.4 表面波モードの界分布例（簡単のため対称導波路の場合を示している）（a）は通常の場合，（b）はクラッドの誘電率が負の場合

大までをカバーしている．任意の位相定数をもつ光波が導波路に結合されると，互いに直交するこれらのモードに，適宜，電力が分配されて，導波路を伝搬することになる．

ところで，導波路に光波が結合される場合，まず，界分布が与えられることも多い．界分布には横方向位相定数が結びついているので，横方向位相定数とモードとの関係を考察する必要がある．これまでに扱った各モードの，実効屈折率 n_{eff} と，導波層中の横方向位相定数 κ が取ることのできる値をまとめると，以下のとおりである．

表面波モード：$n_{\text{eff}} > n_g$, 　　κ；純虚数
導波モード：$n_g > n_{\text{eff}} > n_s$, $0 < \kappa < \sqrt{[n_g{}^2 - n_s{}^2]}k_0$
基板放射モード：$n_s > n_{\text{eff}} > n_t$, $\sqrt{[n_g{}^2 - n_s{}^2]}k_0 < \kappa < \sqrt{[n_g{}^2 - n_t{}^2]}k_0$
基板上部層放射モード：$n_t > n_{\text{eff}} > 0$, $\sqrt{[n_g{}^2 - n_t{}^2]}k_0 < \kappa < n_g k_0$

これより，界分布を横方向位相定数 κ をもとに記述する上で，$\kappa > n_g k_0$ の場合について未考察であることが分かる．

κ と β との関係

$$\kappa = \sqrt{n_g{}^2 k_0{}^2 - \beta^2} \tag{10.7a}$$

より，$\kappa > n_g k_0$ では，位相定数 β が純虚数となる．すなわち，進行方向にエバネッセント波である．層面に垂直な y 方向の界分布は，基板上部層放射モードと同じく，導波層，基板，上部層とも，正弦波関数であり，かつ，連続固有値をもつ．このようなモードを遮断モード（cutoff mode）と呼ぶ．

2枚の完全導体板が間隔 s で置かれている場合，その間を z 方向に進行する電磁波には，導体面に垂直（y 方向）で一様な電界成分をもつ TEM 波に加えて，進行方向に磁界成分をもつ（E_x, H_y, H_z 成分からなる）TE 波と，電界成分をもつ（H_x, E_y, E_z 成分からなる）TM 波が伝搬する．ただし，TE 波，TM 波では，導体板の間隔 s が半波長（$\lambda/2$, λ は導体板間の媒質における波長）以下になると，伝搬することができず，z 方向にエバネッセント波となって，指数関数的に減衰する．これを，遮断（カット

オフ，cutoff）と呼ぶ．誘電体平面光導波路において，導波モードから放射モードに切り換わることを，カットオフと呼ぶが，遮断，カットオフ，の本来の意味は，位相定数が虚数となって，進行方向にエバネッセント波となることをいう．

誘電体平面光導波路は，**図11.5**のように，平行な完全導体板の間に置かれた，3層の誘電体に対して，完全導体板の間隔 s が無限大にまで広げられたものと考えると，放射モードや遮断モードを理解する一助になる．s が有限の場合，界が高屈折率の導波層に閉じ込められる導波モードでは，クラッドにおける界分布は，完全導体面上で 0 となる sinh 関数である．放射モードでは，クラッド層においても y 方向に界は定在波型（正弦関数）の分布関数となる．完全導体板上で界は 0 であり，固有値はとびとびの値となる．s を無限大に広げると固有値の間隔が無限に小さくなり，s が無限大にまで広がると，放射モードは連続固有値をもつ場合に収束する．

横方向位相定数，κ，が導波層の波数，$n_g k_0$，より更に大きくなると，位相定数 β は純虚数，すなわち遮断モードとなる．先に述べた間隔 s の平行な 2 枚の完全導体板間の TE，TM 波では，$s < \lambda/2$ で遮断となり，位相実

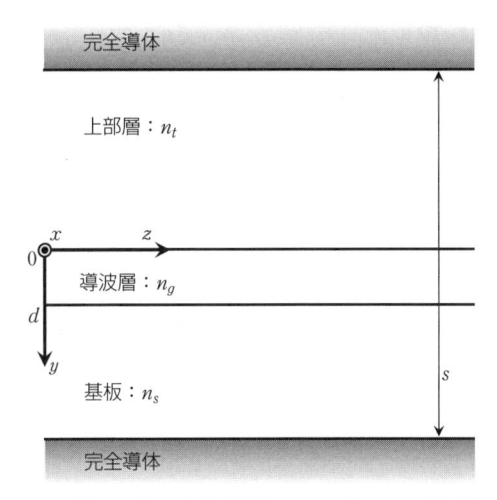

図11.5 2 枚の平行な完全導体板の間に置かれた誘電体平面導波路

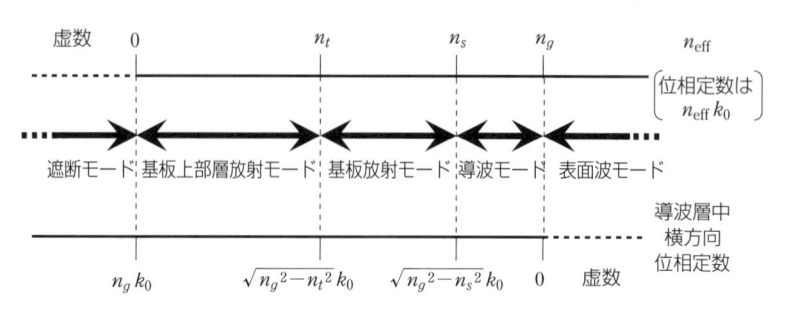

図 11.6 位相定数の範囲とモード種別の関係

数の伝搬モードは存在できなくなる．ただし，遮断モードそのものは，横方向位相定数が媒質で決まる波数より大きくなって位相定数が純虚数となるものなので，s と λ の大きさには関係なくどのような s に対しても生じ得る．

図11.6 に遮断モードとその他のモードの透過屈折率及び横方向波数の関係を示す．波長より小さな導波路不連続や，微細開口では，遮断モードの生じる可能性があるので，解析に含めることもあるが，遮断モードへの結合は非常に小さいとして無視されることも多い．遮断モードは，近接界と同種の波動であり，微小領域に光波を閉じ込める，などへの応用から注目される．

（3）漏 洩 波

誘電体光導波路では，取り扱いの難しい放射モードの代わりに，漏洩波 (leaky wave) を用いて光波の振舞いを考察することも多い．漏洩波は，(1) 進行に伴い界分布関数が変化する，(2) 正規化できない，(3) 互いに直交関係がない，など，モードとしての基本条件を満たしていないので，従来，モードとは呼ばれていなかった．しかし，漏洩波の伝搬定数が，分散方程式の根（ただし，複素根）であることは確かであり，近年では，モードの一種に含め，漏洩モード (leaky mode) と呼ばれることも多くなっている．

平面光導波路における漏洩波の特性は，第3章で議論した多層構造における反射と透過の議論をほとんどそのまま適用できる．ファブリペローエタロンに平面波が斜め入射した場合の反射・透過特性と漏洩波とに類似性

がある.すなわち,無損失誘電体からなる3層の平面光導波路の上部層側から平面波を入射すると,一定の入射角に対して,基板層側に完全透過となる.導波層の厚さ,各層の屈折率,波長などの関係によっては,いくつかの入射角に対して完全透過が得られる.このような状態は,以下に述べる基板上部層漏洩波に対応している.ただし,漏洩波では,**図11.7**(a)に示すように,導波層内から基板や上部層への放射を考えていて,z方向に進行するとともに界は指数関数的に減衰する.導波層の$z<0$の領域だけに,上述の完全透過の角度に平面波を照射した場合の,$z>0$における過渡的な界が,基板上部層漏洩波であると考えることができる.

漏洩波は,放射モードと同じく,基盤漏洩波と基盤上部層漏洩波の2種に分類できる.漏洩波は損失を伴うので,漏洩波の伝搬定数γは,位相定数βと,減衰定数αを用いて,$\gamma=\alpha+j\beta$,と書ける.ここで,βの存在範囲は,

　基板漏洩波:$n_t k_0 < \beta < n_s k_0$

　基板上部層漏洩波:$0 < \beta < n_t k_0$

である.境界面で全反射とならない場合,グースヘンシェンシフトが起こらず,反射係数が実数となる.これを考慮して,放射モードでの議論を参

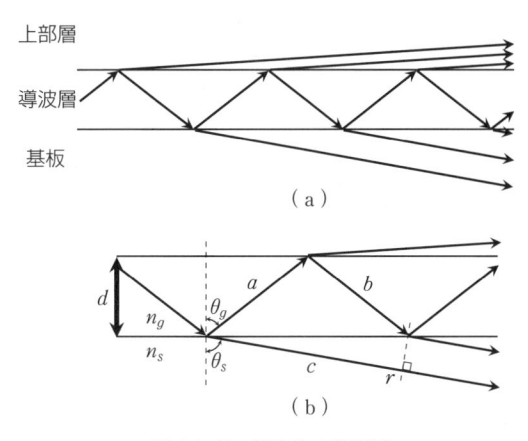

図11.7 漏洩波の説明図

照すると，TE漏洩波の位相定数に対する固有方程式は，

基板漏洩波：$\kappa d = m\pi + \mathrm{atan}\dfrac{\xi_t}{\kappa}$ (11.9a)

基板上部層漏洩波：$\kappa d = m\pi$ (11.9b)

　図11.7（b）は，基盤上部層漏洩波の場合，(11.9b)，の図による説明である．光路 a, b を通過した光波と，c を通った光波との，参照面 r における位相差 $\Delta\phi$ が，$k_0(n_g a + n_g b - n_s c) = 2\kappa d$，となることは容易に導かれるが，$\Delta\phi = 2m\pi$，の条件が満たされる場合に，漏洩波が生じる．基板漏洩波の場合には，基板と上部層との境界におけるグースヘンシェンシフトを考慮して，固有方程式は (11.9a) となる．何れの場合も，z 方向への位相定数 β は，

$$\beta = \sqrt{n_g{}^2 - \kappa^2}$$

　一方，減衰定数 α は，導波層から，基板及び上部層への単位長さ当り電力透過係数から見積もることができる．導出の詳細は他を参照することとし，結果のみを示せば，

基板漏洩波：$\alpha d = \dfrac{\dfrac{\zeta_s}{\beta}}{1 + \left(\dfrac{\zeta_s}{\kappa}\right)^2}$ (11.10a)

基板上部層漏洩波：$\alpha d = \dfrac{\dfrac{\zeta_s}{\beta}}{1 + \left(\dfrac{\zeta_s}{\kappa}\right)^2} + \dfrac{\dfrac{\zeta_t}{\beta}}{1 + \left(\dfrac{\zeta_t}{\kappa}\right)^2}$ (11.10b)

　このような，幾何光学的な考察に基づいた漏洩波伝搬定数の見積りも，α がある程度小さければ，十分な精度をもっているものと期待される．例えば，導波層とクラッドとの屈折率差が数パーセントの平面光導波路において，$\alpha d \simeq 10^{-3} \sim 10^{-4}$ 以下のような領域では，$\beta - \alpha$ 平面上で，γ の軌跡は β 軸にほぼ垂直であり，αd は ζ_s にほぼ比例し，上式により得られる減

衰定数は良い近似値となる．

　屈折率や導波層厚などのより広い範囲で，漏洩波を議論するには，導波モードの固有方程式，(10.10) あるいは (10.24) の，$n_{\mathrm{eff}} < n_s$, n_t の領域における複素根を数値的に求める必要がある．これにより，特定の ω に対して離散的に $\gamma = \alpha + j\beta$ が得られる．更に，数値解析法を用いれば，導波路に励起される光波電磁界の分布や時間変化を，容易に高精度に求めることができる．ただし，数値解析によって，導波層外部への放射界を含む電磁界分布を求める場合，励起波源の設定によって，回折波と漏洩波とが混ざり合うことも多い．漏洩波は伝搬距離と共に指数関数的に減衰するが，回折波は平面導波路では伝搬距離，あるいは，後述のチャネル導波路では距離の2乗に反比例して減衰するので，波源からの距離によっては，放射界はほとんど回折波のみとなり，漏洩波を抽出することが困難となるので注意が必要である．

11.3　導波路材料とモード

　低屈折率材料，更には，自由空間，すなわち空洞，をコア（導波層）とすることで，クラッド層（基板，上部層）の屈折率がコアの屈折率より大きな，ホロー導波路（空洞導波路）が有用とされる場合がある．医用や加工に用いるために大電力の光波を導波する場合や，炭酸ガスレーザなど，光ビームを回折限界を超えた長い距離にわたってガス中に絞り込む場合など，ホロー導波路構造が活用される．

　ホロー導波路ではコアとクラッドの間で全反射条件が満たされず，通常の導波モードは存在しない．漏洩波によって光波を伝送することになるので，減衰が不可避である．そこで，減衰定数を十分小さく抑えられるよう，通常は，導波層（空洞）の厚さを波長に比べ十分大きく取り，伝送光は低次のモードとなるように設定される．ホロー導波路の伝搬特性解析法は，基本的には，漏洩波に対する場合と同様である．

　導波路を構成する材料（の一部）が複屈折性をもつ複屈折性導波路を用いる場合も多い．複屈折性導波路では，屈折率楕円体の主軸が導波路座標軸と一致している場合には比較的容易に導波特性を把握することができ

る．平面光導波路の TE モードの場合では，電界成分は x 方向のみであるので，屈折率として，各層，x 軸方向に対する屈折率 $n_{ix}(i=g,s,t)$ を用いて界の連続条件式 (10.9)，及び分散関係式 (10.10) を考えればよい．また，TM モードでは，(10.2) に立ち返って考察すると，$k_i = (2\pi/\lambda)n_i$ において用いるべき屈折率は y 方向成分 n_{iy} であることが分かるので，(10.7) より，各層の横方向波数が得られる．また，分散方程式 (10.24) は，境界面における E_z 成分（接線成分）の連続条件 (10.23) より導かれるので，屈折率としては，同じく y 方向成分 n_{iy} を用いることになる．

　一般に，導波路の構造的な座標軸と導波路材料の対称軸（結晶軸）の方向が一致していない場合，光波の進行に伴って偏波面が回転したり外部に放射されたりと，伝搬特性は極めて複雑である．導波路の座標系と光学軸とがわずかに異なっている場合には，光導波路の屈折率に微少な摂動が加わったものと考え，導波路に摂動が加わっていない場合の固有モードが，複数個，摂動によって互いに結合するとして解析することもできる．導波路が光学活性材料で構成されている場合にも，導波路中で波面を回転させようとする作用が生じるので，効果が小さい場合には複数モードの結合として摂動によって取り扱うことができる．材料の対称軸と導波路の座標軸とが大きく異なり，屈折率楕円体の非対角項が，対角項に比較して摂動として取り扱うには大きすぎる場合には，もっぱら数値解析法が用いることになる．

　導波路が磁気光学材料によって構成されている場合，外部からの印加磁界によって誘電率が変化する．印加磁界の方向と光波の伝搬方向が一致している場合，6.4 節に述べたとおり，ファラデー効果によって光波の波面を回転させようとする作用が生じる．導波路モードによってこの作用を説明すると，TE モードと TM モードとの結合が生じるということになる．ファラデー効果は非相反なので，光波が磁界と同じ向きに進むか逆方向に進むかによって，モード変換の際に生じる両モードの位相関係が非相反となる．

　磁気光学光導波路では，光波の進行方向に直交する方向に磁界を掛けることで，非相反性を得ることもできる．基板と上部層の屈折率が異なる非対称な平面光導波路を用いれば，x 方向に磁界を印加することで，y, z 方向に電界成分をもつ TM モードに対して，非相反な移相量が得られている．

第 12 章

種々の光導波路

　光導波路には，第10章，第11章で考察した屈折率の異なる3層の誘電体からなる平面導波路だけでなく，様々な構造のものがある．ここでは，まず，光波を一つの軸方向に閉じ込めて伝搬させる，チャネル光導波路の特性をどのように解析するかについて考察し，次に，そのような導波路の曲がりについて考える．また，これまで光導波路は屈折率の異なる媒質が積み重ねられ，界面で屈折率が階段状に変化している場合を取り扱ってきたが，実際には，連続的な屈折率変化をもつ導波路も多いので，そのような導波路の特性解析法について考察する．

12.1　チャネル光導波路

　光波を y 方向だけでなく x 方向にも閉じ込めて導波するチャネル光導波路（3次元導波路と呼ばれることもある）が実用上極めて重要である．図12.1にいくつかの例を示す．チャネル光導波路を導波される光波は，通常，TEとTMの2種に分離することはできず，電磁界の六つの成分をすべてもつ，混成モード（ハイブリッドモード）となる．第10章で述べた平面光導波路では，x 方向に構造変化がなく，マクスウェルの方程式において，$\partial/\partial x = 0$ とおくことができるとしたので，(E_x, H_y, H_z) の3成分からなるTEモードと，(H_x, E_y, E_z) からなるTMモードとに分離できた．しかし，チャネル光導波路では，x 方向にも y 方向にも構造変化があって，モードはTEとTMに分離されず，それらが混ざり合って，混成モードとなる．

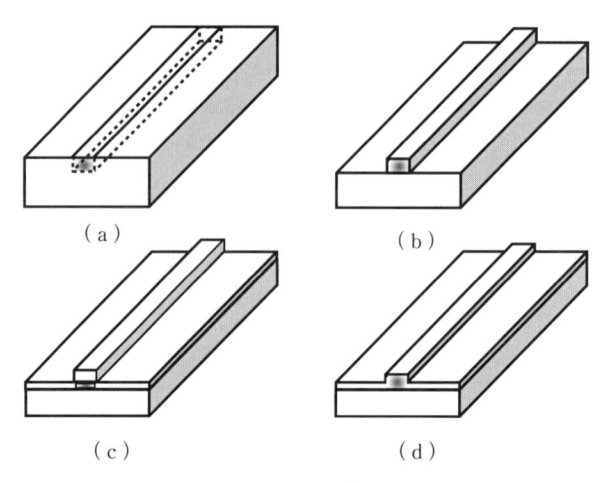

図 12.1 チャネル光導波路の構成例

　チャネル光導波路のモードは，これまで平面光導波路で行ったように解析的に導くことは困難である場合が多い．ただし，導波路幅が，y 方向に比べて x 方向に十分広く，構造の変化が緩やかで，x 方向の界分布変化が y 方向変化に比べ十分小さければ，あるいは，導波路部とその周り（クラッド部）との屈折率差が十分小さければ，E_x と H_y を主成分とする E_x モード（TE-like モード）と，E_y と H_x を主成分とする E_y モード（TM-like モード）に分けることができる．E_x モード，E_y モード，それぞれを，平面光導波路の TE モード，TM モードで代用し，界分布としては，x 方向に緩やかな変化を仮定して重ね合わせた形を利用する．
　x 方向と y 方向の導波路幅の違いがそれほどなくて，上記のような簡便な近似が利用できない場合には，以下に述べる，Marcatili の方法と等価屈折率法がチャネル光導波路の近似解析法としてしばしば利用される．更に精度良い特性解析が必要な場合の近似解析法として，偏分法，フーリエ変換法，等価回路法などもあるが，数値解析プログラムの進歩が著しく，実際にはそのような計算機シミュレータも多用されている．

（1）**Marcatili の方法**

　図 12.2 のように導波部（領域 I）を厚さ a，幅 b の方形とし，屈折率を

第12章 種々の光導波路

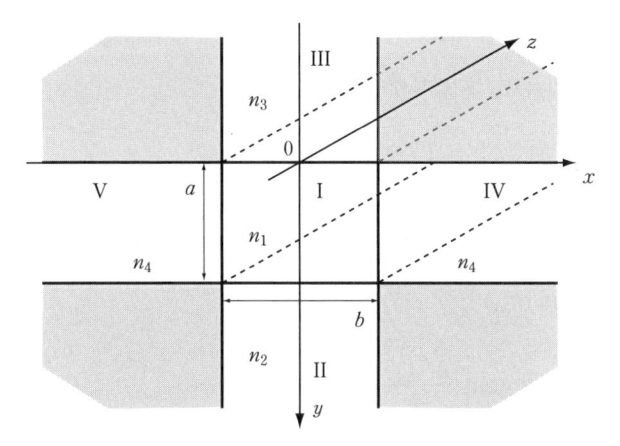

図 12.2 マルカッティーリの方法，説明図

n_1 とする．下部層（領域 II）と上部層（領域 III）の屈折率はそれぞれ n_2，n_3，両側部（領域 IV，V）では n_4 とする．一例として x 方向（幅方向）に偶対称な E_x モードを例に取り，各領域における界が下記のように表されるとする．

領域 I $\quad N\cos(k_{x1}x)\cos(k_{y1}y - \phi)$ (12.1a)

II $\quad N\cos(k_{x1}x)\cos(k_{y1}a - \phi)\exp[-\gamma_2(y-a)]$ (12.1b)

III $\quad N\cos(k_{x1}x)\cos\phi\,\exp(\gamma_3 y)$ (12.1c)

IV $\quad N\cos\left(\dfrac{k_{x1}b}{2}\right)\exp\left[-\zeta_4\left(x - \dfrac{b}{2}\right)\right]\cos(k_{y1}y - \phi)$ (12.1d)

V $\quad N\cos\left(\dfrac{k_{x1}b}{2}\right)\exp\left[\zeta_4\left(x + \dfrac{b}{2}\right)\right]\cos(k_{y1}y - \phi)$ (12.1e)

ただし，N は振幅定数，ϕ は y 方向分布に関する定数，k_{x1}, ζ_4 は x 方向の，k_{y1}, γ_2, γ_3 は y 方向の位相あるいは伝搬定数で，β と以下の関係がある．

$n_1{}^2 k_0{}^2 = \beta^2 + k_{x1}{}^2 + k_{y1}{}^2$ (12.2a)

$n_2{}^2 k_0{}^2 = \beta^2 + k_{x1}{}^2 - \gamma_2{}^2$ (12.2b)

$n_3{}^2 k_0{}^2 = \beta^2 + k_{x1}{}^2 - \gamma_3{}^2$ (12.2c)

$$n_4{}^2 k_0{}^2 = \beta^2 - \zeta_4{}^2 + k_{y1}{}^2 \tag{12.2d}$$

$y = 0$ 及び a における境界条件から,

$$k_{y1}a - q\pi = \operatorname{atan}\left[\frac{\gamma_2}{k_{y1}}\right] + \operatorname{atan}\left[\frac{\gamma_3}{k_{y1}}\right] \tag{12.3a}$$

$x = \pm b/2$ における境界条件から,奇対称モード (領域 I, II, III における x の関数型が $\sin(k_{x1}x)$) を含めて,

$$k_{x1}b - p\pi = 2\operatorname{atan}\left[\frac{n_1{}^2 \zeta_4}{n_4{}^2 k_{x1}}\right] \tag{12.3b}$$

ただし,p, q は x 及び y 方向のモード次数である.

(2) 等価屈折率法

屈折率 n_g の導波層が屈折率 n_s の基板上に形成されている.上部層は屈折率 n_t である.導波層の一部は,厚さが t_2 と,その両側,厚さそれぞれ t_1

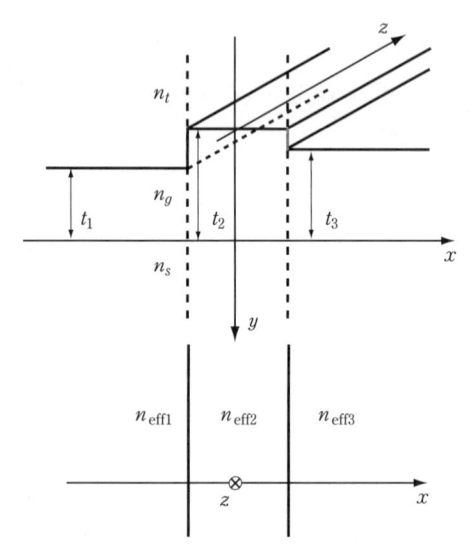

図 12.3 等価屈折率法説明図

及び t_2 より大きく，チャネル導波路が形成されている．このようなチャネル光導波路を，**図 12.3** のように，互いに直交する 2 組の平面光導波路の組合せと考える．例えば，まず，y 方向に導波路部厚さの異なる 3 層の平面光導波路を考え，それぞれの等価屈折率 $n_{\text{eff}i}$ $(i = 1, 2, 3)$ を求める．次に，x 方向に 3 層平面光導波路を考えるが，このとき，各層の屈折率として，先に求めた $n_{\text{eff}i}$ を使用して，最終的な等価屈折率 n_{eff} を導く．

等価屈折率法は，後に述べるグレーデッド型 3 次元導波路や，装荷型，リブ型のように導波路側方の屈折率分布が，Marcatili の方法では算定が難しい場合にも利用できて便利である．ただし，導波路断面内で位相定数が一致していない部分がある，等価屈折率が求められない形状の導波路では適用が困難である，Marcatili の方法のように簡単には界分布が得られない，などの弱点もある．

いずれの方法も，チャネル光導波路の特性を簡便に見積もるものとして，適宜，使い分けられている．

誘電体光導波路の仲間である光ファイバも，光波を，伝搬方向に垂直な断面内で 2 次元的にに閉じ込めて伝送する．極めて重要な光伝送路であるが，多くの専門書が出されているので，それらを参照することとし，ここでは立ち入らない．

12.2 曲がり導波路

導波路の円形曲がりを伝搬する電磁波の解析に，等角写像が利用できる．2 次元におけるヘルムホルツの方程式

$$\frac{\partial^2 \psi}{\partial x^2} + \frac{\partial^2 \psi}{\partial y^2} + k^2 \psi = 0$$

に対して，$Z = x + jy$ 平面から，$W = u + jv$ 平面への写像を考える．$W = f(Z)$ が正則，すなわち，W が等角写像であるとすると，コーシーリーマンの関係，

$$\frac{\partial u}{\partial x} = \frac{\partial v}{\partial y}, \quad \frac{\partial v}{\partial x} = -\frac{\partial u}{\partial y} \tag{12.4}$$

が成立し，次式が得られる．

$$\frac{\partial^2 \psi}{\partial x^2} + \frac{\partial^2 \psi}{\partial y^2} = \left[\left(\frac{\partial u}{\partial x}\right)^2 + \left(\frac{\partial v}{\partial x}\right)^2 \right] \left(\frac{\partial^2 \psi}{\partial u^2} + \frac{\partial^2 \psi}{\partial v^2} \right)$$

すなわち，

$$\nabla_{xy}^2 \psi = \left| \frac{dW}{dz} \right|^2 \nabla_{uv}^2 \psi \tag{12.5}$$

ただし，∇_{xy}^2, ∇_{uv}^2, は 2 次元 (xy 平面及び uv 平面) のラプラシアンである．また，$W = f(Z)$ は正則なので，微係数は，微分の方向によらない．したがって，

$$\frac{dW}{dZ} = \frac{\partial W}{\partial x} = \frac{\partial (u+jv)}{\partial x} = \frac{\partial u}{\partial x} + j\frac{\partial v}{\partial x},$$

$$= \frac{\partial W}{\partial jy} = -j\frac{\partial (u+jv)}{\partial y} = \frac{\partial v}{\partial y} - j\frac{\partial u}{\partial y}$$

これより，

$$\left| \frac{dW}{dZ} \right|^2 = \left(\frac{\partial u}{\partial x}\right)^2 + \left(\frac{\partial v}{\partial x}\right)^2 \tag{12.6}$$

$|dW/dZ|$ は等角写像における測度係数 (scale factor) であり，Z 平面における座標上の微少変化 $|dZ|$ と，W 平面の対応する座標における微小変化 $|dW|$ との比である．

図 12.4 に示すように，これらを用いれば，Z 平面上におけるヘルムホルツの方程式，

$$\nabla_{xy}^2 \psi + k^2 \psi = 0 \tag{12.7}$$

第 12 章　種々の光導波路

$$\nabla_{xy}^2 \psi + k^2 \psi = 0 \qquad \nabla_{uv}^2 \psi + \left|\frac{dZ}{dW}\right|^2 k^2 \psi = 0$$

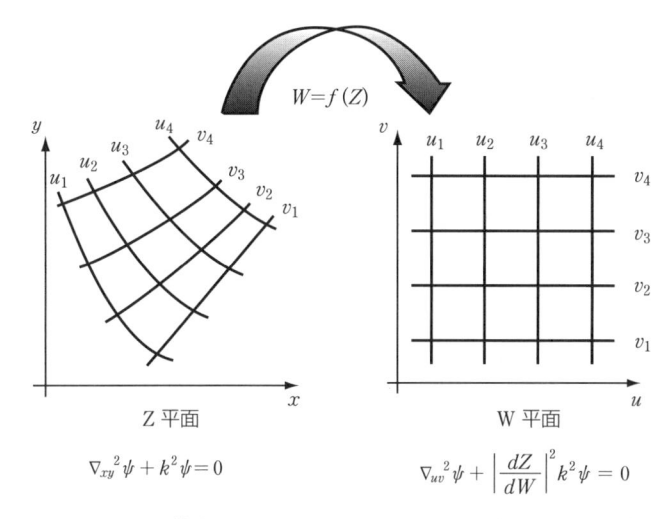

図 12.4　等角写像による 2 次元ヘルムホルツ方程式の座標変換

の W 平面上への写像は以下のようになる．

$$\nabla_{uv}^2 \psi + \left|\frac{dZ}{dW}\right|^2 k^2 \psi = 0 \tag{12.8}$$

つまり，写像前の定数 k が，写像によって $|dZ/dW|k$ に置き換えられる．屈折率 n を用いていえば，$k = nk_0$（k_0 は自由空間における波数）であるので，写像によって，屈折率が，n から $|dZ/dW|n$，に変化されると考えることができる．$|dZ/dW|$ は u，v の関数であるので，変換前には，屈折率が（区分的に）一定値（例えば，xy 座標系では，屈折率が階段状に変化するなど）であっても，uv 座標系に等角写像されると，$|dZ/dW|n$ は u，v の関数となり，(12.8) は，不均質媒質におけるヘルムホルツ方程式となる（図 12.5 参照）．

　境界条件に関してみると，境界における ψ の値，$\psi|_b$，が与えられるディリクレ型条件では，写像の前後で $\psi|_b$ の値は不変である．一方，境界に垂直な $d\psi/dn|_b$ が与えられるノイマン型の境界条件においては，$d\psi/dn|_b$ が 0 ならそのままでよいが，$d\psi/dn|_b$ が 0 でなければ，両平面における勾配

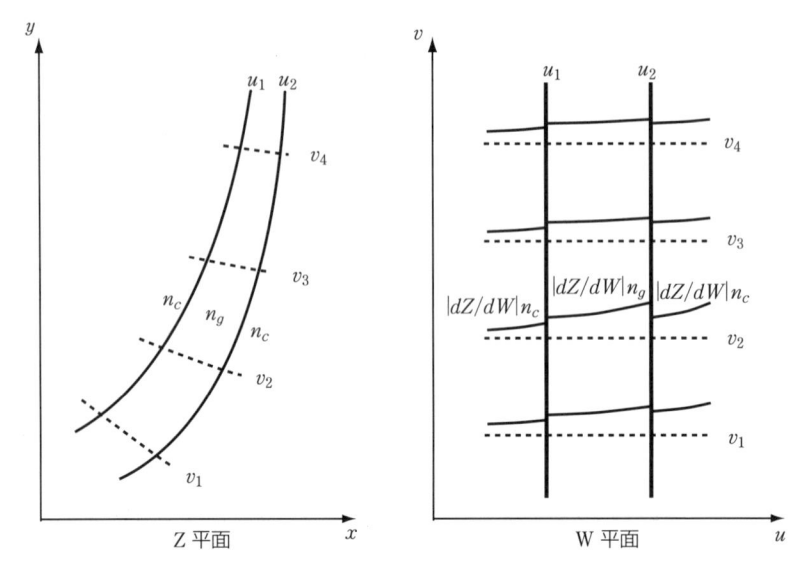

図 12.5 曲がり導波路の直線導波路への変換

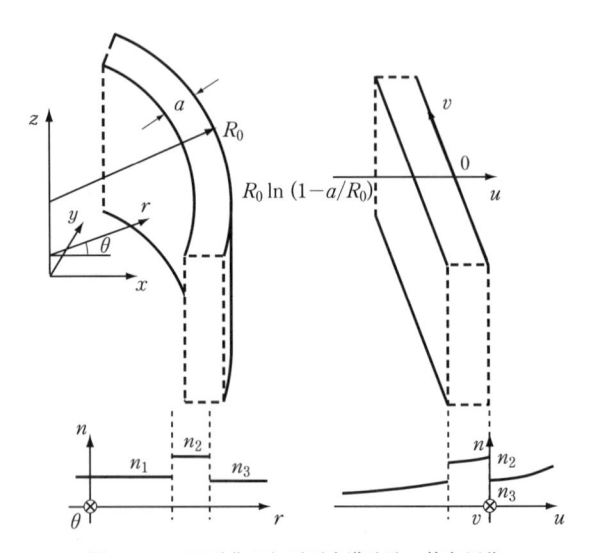

図 12.6 円形曲がり平面光導波路の等角写像

(gradient) の関係，$|\nabla_{uv}\psi| = |dZ/dW||\nabla_{xy}\psi|$ を用いて，値を変換する必要がある．

等角写像法を用いて，導波路が円形に曲がっている場合の光波の伝搬について考察する．**図 12.6** に示すように，厚さ a の誘電体板が，外径 R_0 の円筒状（軸は z 方向）に曲げられているとする．円筒の内側，誘電体板，円筒外部の屈折率は，それぞれ n_1, n_2, n_3 である．簡単のため，z 方向に変化がなく，電磁波は周方向（θ 方向）に進行し，また，電界が z 方向を向く TE モードを考えることとする．

円筒は，写像，

$$W = R_0 \ln \frac{Z}{R_0} \tag{12.9}$$

によって u 方向に 3 層構造の平板スラブに写像される（図 12.6 参照）．ただし，

$$u = R_0 \ln \frac{r}{R_0}, \quad v = R_0 \theta, \quad \left|\frac{dZ}{dW}\right| = \exp \frac{u}{R_0} \tag{12.10a-c}$$

である．

xy 座標系におけるヘルムホルツ方程式

$$\nabla_{xy}^2 E_z(x, y) + n_i^2 k_0^2 E_z(x, y) = 0 \tag{12.11}$$

ただし，$i = 1, 2, 3,$ を，uv 座標系に変換すると，

$$\nabla_{uv}^2 E_z(u, v) + n_i^2 k_0^2 \exp\left(\frac{2u}{R_0}\right) E_z(u, v) = 0 \tag{12.12}$$

すなわち，屈折率，n_i が，$n_{ci} = n_i \exp(u/R_0)$，に変化したことになる．すなわち，

$$n_{c1} = n_1 \exp\left(\frac{u}{R_0}\right) \qquad u < R_0 \ln\left(1 - \frac{a}{R_0}\right)$$

$$n_{c2} = n_2 \exp\left(\frac{u}{R_0}\right) \qquad R_0 \ln\left(1 - \frac{a}{R_0}\right) < u < 0$$

$$n_{c3} = n_3 \exp\left(\frac{u}{R_0}\right) \qquad u > 0$$

である．n_i と n_{ci} の関係も図 12.6 に示している．

円筒座標系（$r\theta$ 座標系）から直角座標系（uv 座標系）に等角写像されたヘルムホルツ方程式，

$$\nabla_{uv}^2 E_z(u, v) + k^2 \exp\left(\frac{2u}{R_0}\right) E_z(u, v) = 0 \tag{12.13}$$

について考察する（ただし，ここでは，添字 i を省略している）．まず，u, v を，$u = R_0 p$, $v = R_0 q$, によって p, q 座標に変換し，E_z が p のみの関数 P と，q のみの関数 Q との積に変数分離できるとする．分離定数を ν^2 とおくと，上式は以下の 2 式に分離できる．

$$P'' + \left(k^2 R_0^2 \exp(2p) - \nu^2\right) P = 0 \tag{12.14a}$$

$$Q'' + \nu^2 Q = 0 \tag{12.14b}$$

第 1 式の解はベッセル関数で与えられる．解の 1 例は以下のとおりである．

$$P = A J_\nu \left[k R_0 \exp\left(\frac{u}{R_0}\right)\right] + B N_\nu \left[k R_0 \exp\left(\frac{u}{R_0}\right)\right] = A J_\nu(kr) + B N_\nu(kr) \tag{12.15a}$$

ただし，$J_\nu(z)$, $N_\nu(z)$ は ν 次のベッセル関数である．また，第 2 式の解は指数関数で与えられる．Q を例示すると，以下のように書ける．

$$Q = C \exp\left(\frac{-j\nu v}{R_0}\right) + D \exp\left(\frac{j\nu v}{R_0}\right) = C \exp(-j\nu\theta) + D \exp(j\nu\theta) \tag{12.15b}$$

ここで，A, B, C, D は複素係数である．これらの積 PQ は，通常の，

第12章 種々の光導波路

円筒座標系におけるヘルムホルツ方程式の解，そのものとなっている．

r 方向にベッセル関数，θ 方向に正弦（指数）関数で与えられる電磁波を円筒波と呼ぶが，xy 座標系における円筒波を，等角写像により uv 直角座標系に変換すると，屈折率が指数関数的に変化する空間における電磁波に置き換えられることになる．

円形曲がり誘電体平板導波路における光波は，uv 座標系で考えると理解しやすい．図 12.7 は，u 軸に対する屈折率 $n_{ci}(i=1,2,3)$ の変化の一例である（ただし，$n_{c1}=n_{c3}$ としている）．光波は v 方向に進行する．電界が z 方向成分，E_z，のみからなる TE モードである．

u が大きくなるに従って，屈折率は指数関数的に増大するので，このような光導波路に，導波モードは存在できず，すべて，漏洩波となる．ただし，ここでは，漏洩による電力損失が小さい場合のみに注目する．伝搬定数の虚数部分，すなわち減衰定数は十分小さく，無視できるとする．

(12.14a) を一般化して以下のように表現してみる．

$$P'' + \lambda(p)P = 0 \tag{12.16}$$

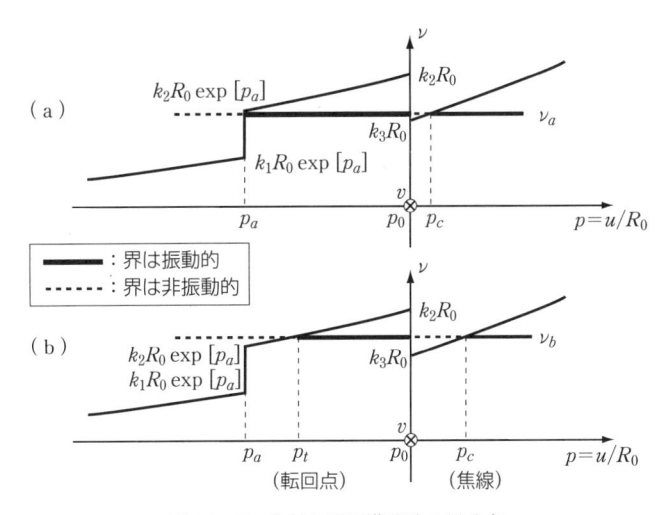

図 12.7 曲がり平面導波路の界分布

λ が定数の場合，$\lambda>0$ では P は振動的な正弦波関数，$\lambda<0$ では非振動的な指数関数であるが，λ が p の緩やかな関数（$\lambda(p_0)=0$ が 1 位の零点）である場合にも，同じことがいえる．λ が正の部分では，P は振動的な関数形となり，λ が負の部分では非振動的である．これを，(12.14a) に当てはめてみると，

$$\lambda(p) = (k^2 R_0^2 \exp(2p) - \nu^2) \tag{12.17}$$

であるので，関数 P は，

振動的　　：$k^2 R_0^2 \exp(2p) > \nu^2$
非振動的：$k^2 R_0^2 \exp(2p) < \nu^2$

となる．

曲がり導波路は，内側の境界 p_a 及び外側の境界 p_o，それぞれ，

$$p_a = \frac{u_a}{R_0} = \ln\left[\frac{R_0 - a}{R_0}\right] \tag{12.18a}$$

$$p_o = \frac{u_o}{R_0} = 0 \tag{12.18b}$$

によって，三つの領域 1, 2, 3（それぞれ，内側，導波部，外側）に分かれている．電磁界は $v = R_0 \theta$ 方向に進行するので，境界における連続条件から，三つの領域で ν は同一である．一方，$p = u/R_0 = \ln(r/R_0)$ に関しては，界はベッセル関数で表され，二つの境界 p_o, p_a では，通常の電磁界の連続条件を満たす必要がある．が，曲がり導波路で興味深いのは，各領域の中でも，$\lambda(p)$ の正負が反転すると，振動解と非振動解とが入れ換わる点である．特に，$k_3 < \nu/R_0 < k_1(R_0-a)/R_0$ の場合には，図 12.7（a）における $\nu = \nu_a$ のように，$p>0$ の曲がり外部においてそのような点 p_c が現れる．p と界の性質をまとめると以下のようになる．

　　$p > p_c$：界は振動的（放射波）
　　$p_o < p < p_c$：界は非振動的（エバネッセント波）

$p_a < p < p_o$：界は振動的（定在波）

$p < p_a$：界は非振動的（エバネッセント波）

$p = p_c$ を xy 面上で見ると，$r = R_0 \exp(p_c)$ の円弧である．これを焦線（coustic）と呼ぶ．

また，図 12.7（b）における $\nu = \nu_b$ のように，$k_1(R_0 - a)/R_0 < \nu < k^2$ であれば，$p_t (p_a < p_t < 0)$ で，再び $\lambda(p)$ の符号が反転する焦線が生じる．$p_a < p < p_t$ でも，界は非振動的なエバネッセント波となり，$p_t < p < 0$ で界が振動的な定在波となる．このような焦線 p_t を，特に転回点（turning point）と呼ぶ．また，このように，内側に転回点の生じながら，$p = 0$ の屈折率障壁に沿って導かれる波動をウィスパリングギャラリモードと呼ぶ．

いずれにしても，曲がり導波路外部の，$p > p_c$ の領域では，界は放射波となって，曲がり導波路から外部に電力が漏洩する．誘電体平板光導波路を曲げると，外部に光波が放射されるが，放射は表面からではなく，少し離れた焦線から生じ，導波層と焦線の間はエバネッセント波となる．一種のトンネル効果である．

以上，導波路の円形曲がりにおける光波の伝搬について考察した．同じ写像を，光波が u 軸方向（r 方向）に進行する場合に適用すれば，導波路のテーパー広がりにおける光波伝搬を議論できる．また，2次元導波路では，この他，楕円曲がりや双曲線，放物線曲がりなども，他の適当な関数による等角写像を行うことで解析することができる．更に，これらは，言い換えれば，直交曲線座標における波動を取り扱っているので，3次元空間においても楕円体座標などの直交曲線座標において，軸の一つを伝搬軸に取ることで，様々な曲がり導波路を扱うことができる．ただし，チャネル光導波路など断面構造をもつ開放型導波路では，解析界を得るのが極めて困難なので，伝搬軸に垂直な面内で，マルカティーリの方法によって変数分離するなどの近似，あるいは数値解析が必要となる．

12.3　屈折率分布型光導波路

　実際の光導波路では屈折率変化が必ずしも階段状でなく，連続的に緩やかに変化する場合も多い．このような導波路を屈折率分布型光導波路（グレーデッドインデックス型光導波路）と呼ぶ．前節の曲がり導波路に関する考察では，座標系の変換により，屈折率変化が指数関数となり，ベッセル関数型の界分布が導かれた．

　前章と同じく2次元構造の光導波路を考える．光波は位相定数 β で z 方向に伝搬するが，その際，y 方向の屈折率分布 $n(y)$ により導波作用が生じる．x 方向に導波路は十分広く，界の変化は考えない．漏洩損が存在する場合でも，損失が小さく無視できる場合を対象とする．簡単のため，電界が x 方向成分 E_x のみの TE モードを考え，以下のように表されるとする．

$$E_x = NF(y)\exp[-j\beta z] \tag{12.19}$$

E_x に対するヘルムホルツ方程式は，以下のようになる．

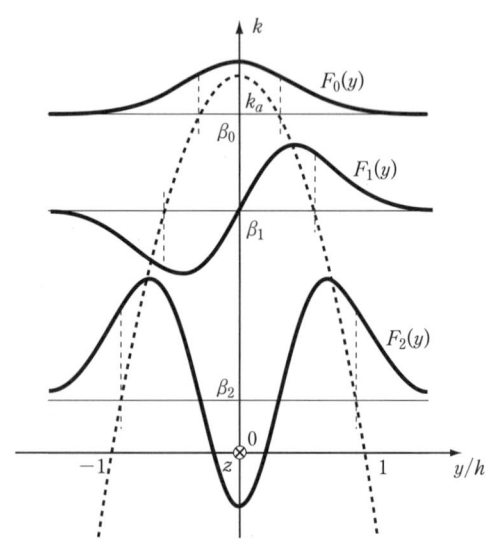

図 12.8　放物型屈折率分布媒質におけるモード

第12章　種々の光導波路

$$\frac{d^2 F}{dy^2} + (n^2(y)k_0{}^2 - \beta^2)F = 0 \tag{12.20}$$

ただし，N は複素振幅，$F(y)$ は界の分布関数である．

具体例として，まず，**図 12.8** に示すように，比誘電率（屈折率の 2 乗）が，$y=0$ において極大値をもち，$|y|$ の増加とともに放物線状に減少するパラボリック型の場合を考える．

$$n^2(y) = n_a{}^2\left(1 - \frac{y^2}{h^2}\right) \tag{12.21}$$

比誘電率は，$y=0$ において極大値 $n_a{}^2$，$y=0$ から離れるに従って距離の 2 乗で減少する．

$$\xi = \sqrt{\left(\frac{k_a}{h}\right)} y \tag{12.22}$$

ただし，$k_a = n_a k_0$，とおくと，ヘルムホルツ方程式 (12.20) は以下のように変形される．

$$F'' - (\zeta^2 - \zeta)F = 0 \tag{12.23}$$

ただし，

$$\zeta = \frac{(k_a{}^2 - \beta^2)h}{k_a} \tag{12.24}$$

この方程式の解として，$\zeta = \zeta_m = 2m + 1$，($m \geqq 0$ は整数) に対して，次のエルミートガウス関数が知られている．

$$F_m(\xi) = H_m(\xi)\exp\left(\frac{-\xi^2}{2}\right) \tag{12.25}$$

ただし，$H_m(\zeta)$ は m 次のエルミート多項式である．

次数 m のモードの位相定数 β_m は，

$$\beta_m{}^2 = k_a{}^2\left(1 - \frac{2m+1}{k_a h}\right) \tag{12.26}$$

β_m の値は，k_a よりも常に小さく，m の増加とともに更に減少する．$2m+1 > k_a h$ では $\beta_m{}^2 < 0$，m が $(k_a h - 1)/2$ より大きくなると β_m は虚数となる．ただし，このような結果となるのは，$|y| > h$ において，$n^2(y)$ が負となり，y の増加とともに，$n^2(y)$ は更に限りなく小さくなる，として $F(\zeta)$ が得られているからである．実際に放物型の屈折率分布を得ることができるのは，ほとんどの場合，$y/h \ll 1$ の領域のみなので，このような奇妙な状態を実現することは極めて困難である．

また，$(2m+1)/(k_a h) \ll 1$, では，

$$\beta_m \simeq k_a\left(1 - \frac{2m+1}{2k_a h}\right) = k_a - \frac{2m+1}{2h} \tag{12.27}$$

と近似できる．このような場合，m 次モードの群速度 v_{gm} は，

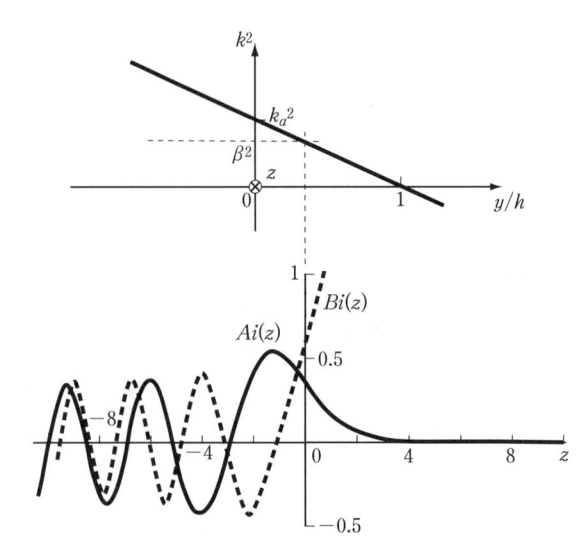

図 12.9　直線型屈折率分布媒質におけるモード

$$v_{gm} = \frac{\omega}{k_a} = \frac{c}{n_a} \tag{12.28}$$

つまり，モード次数に依らず一定となる．GI ファイバ（graded index fiber）のモード分散が小さいゆえんである．

次に，**図 12.9** のように，屈折率が 1 次関数変化する直線型を考える．

$$n^2(y) = n_a{}^2 \left(1 - \frac{y}{h}\right) \tag{12.29}$$

ここで，$\zeta = ([k_a{}^2/h]^{1/3})\, y$ とおくと，ヘルムホルツ方程式（12.20）は以下のように変形される．

$$F'' - (\zeta - \kappa) F = 0 \tag{12.30}$$

ただし，$\kappa = (k_a{}^2 - \beta^2)(h/k_a{}^2)^{2/3}$，である．この方程式の解として，以下の関数が知られている．

$$F(\zeta) = Ai(\zeta - \kappa),\ Bi(\zeta - \kappa) \tag{12.31}$$

$Ai(z)$，$Bi(z)$ はエアリ関数であり，$z<0$ では振動的，$z>0$ では非振動的な関数形とる．$z = \zeta - \kappa = 0$ が，転回点である．ただし，$z>0$ において，$Ai(z)$ は 0 に収束するのに対し，$Bi(z)$ は $z>0$ で急速に増大し，$z \to \infty$ において発散するので，通常は解とならない．

その他，$n^2(y)$ の様々な関数型に対して解析解を得ることができる．例えば，数学公式集によれば，$Z_\mu(z)$ を μ 次の円柱関数であるとして，

$$F'' - y^\nu F = 0 \tag{12.32}$$

の一般解として，

$$\sqrt{y}\, Z_{(1/(\nu+2))}\left\{\frac{2jy^{((\nu+2)/2)}}{\nu+2}\right\} \tag{12.33}$$

が与えられている．$n^2(y)$ が y のべき乗で表されれば，原理的には，解析解が導けることになる．

12.4 多層光導波路

図 12.10 に示すように,屈折率の異なる層が,複数,積層されている場合の光波の伝搬を考察する.図のように,(a) 複数の導波層が組み合わさった系,(b) 周期的に屈折利を変化させて光波を閉じ込める導波路(ブラッグ導波路),(c) 様々な断面内屈折率分布をもつ光導波路の特性を解析する手法の一つである,多層分割法,など,多層導波路の考え方を基礎として,様々な導波構造を取り扱うことができる.複雑な屈折率分布構造の導波路をいくつかの層に分割し,隣り合う層の境界条件を順次見積もることによって,導波路断面全体における光波を求める.一つの層の中の屈折率が一定の場合だけでなく,ここまでに解析解を示した,直線や放物線,あるいは指数関型の変化などとすることもできるが,以下では,図 12.10 のように,各層で屈折率は一定とし,全体として,屈折率は層ごとにステップ状に変化する場合を扱うこととする.

第 3 章では,誘電体平板が多層に重ねられた構造に垂直な方向(あるいは斜め方向)から平面波が入射する場合の,反射,透過について議論した.

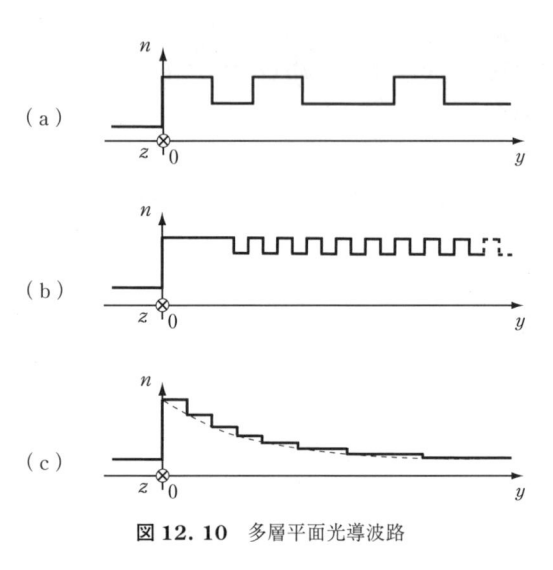

図 12.10 多層平面光導波路

第12章　種々の光導波路

それに対して，ここでは，光波が界面方向に進行する場合を考える．第10章，第11章で行ったように，波動方程式に境界条件を適用してそのまま解くのではなく，本節では，第3章で導入した，電圧伝達関数の考え方を利用することとする．波動インピーダンスや散乱行列も適用可能ではあるが，電圧伝達関数を用いると，系の界分布に関する考察が容易となる．

図 12.11 に示すような光導波路を考える．光波は位相定数 β で z 方向に伝搬する．y 方向には厚さ d_i，屈折率 n_i ($i=1, 2, \cdots, N$) の誘電体平板が N 枚積層しているとする．$y<0$ は上部層であり，屈折率は n_t，N 番目の層より下部は基板で，屈折率を n_s とする．導波路は x 方向に十分広く，2次元構造と見なすことができて，界の変化は考えない．簡単のため，まず，電界が x 方向成分，E_x，のみの TE モードを考えて，以下のように表されるとする．

$$E_x = KF(y)\exp[-j\beta z] \tag{12.34}$$

K は複素振幅，$F(y)$ は界分布関数であり，上部層 ($y<0$) では，

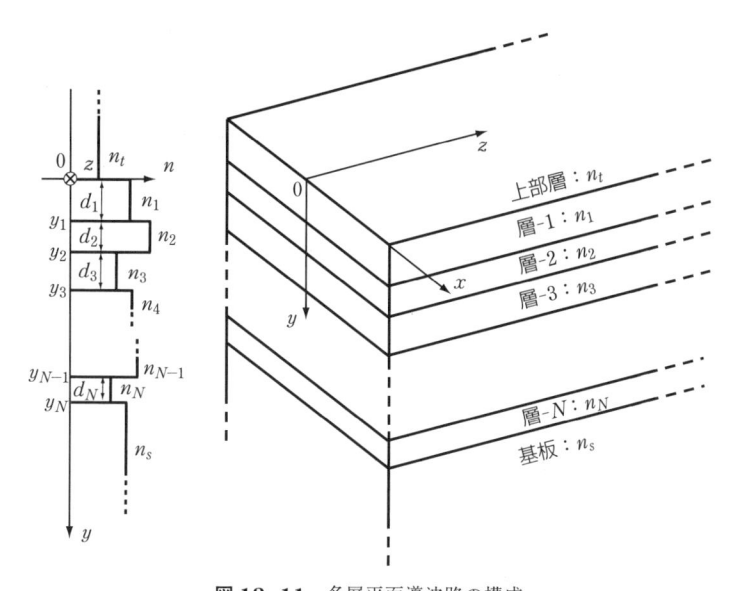

図 12.11　多層平面導波路の構成

$$F(y) = F_t(y) = B_t \exp[j\kappa_t y] \tag{12.35a}$$

i 番目 $(i=1, 2, \cdots, N)$ の層 $(y_{i-1} < y < y_i,$ ただし, $y_i = \sum_{k=1}^{i} d_k$ では,

$$F(y) = F_i(y) = A_i \exp[-j\kappa_i(y - y_{i-1})] + B_i \exp[j\kappa_i(y - y_{i-1})] \tag{12.35b}$$

基板 $(y > y_N)$ では,

$$F(y) = F_s(y) = A_s \exp[-j\kappa_s(y - y_N)] \tag{12.35c}$$

ただし,

$$\kappa_s = \sqrt{n_s^2 k_0^2 - \beta^2} \tag{12.36a}$$

$$\kappa_i = \sqrt{n_i^2 k_0^2 - \beta^2} \quad (i=1, 2, \cdots, N) \tag{12.36b}$$

$$\kappa_t = \sqrt{n_t^2 k_0^2 - \beta^2} \tag{12.36c}$$

である.
　$i-1$ 番目の層と i 番目の層との界面 $(y = y_{i-1})$ における電圧伝達行列 $\boldsymbol{D}_{i-1,i}$ は, (3.22) より,

$$\boldsymbol{D}_{i-1,i} = \left(\frac{1}{t_{i-1,i}}\right) \begin{pmatrix} 1 & r_{i-1,i} \\ r_{i-1,i} & 1 \end{pmatrix} \tag{12.37}$$

ここで, 反射係数 $r_{i-1,i}$ は, (3.13a) より,

$$r_{i-1,i} = \frac{\eta_i - \eta_{i-1}}{\eta_i + \eta_{i-1}} \tag{12.38}$$

ただし, TE 波に対しては, η_i として y 方向特性波動インピーダンス $\eta_{y\text{TE}}$ を用いる必要がある. (2.23b) における β_y を κ_i に置き換え, (12.38) を書き直せば,

第12章　種々の光導波路

$$r^{\text{TE}}{}_{i-1,i} = \frac{\kappa_{i-1} - \kappa_i}{\kappa_{i-1} + \kappa_i} \tag{12.39a}$$

同様に，TM波に対しては，(2.21b)で与えられる $\eta_{y\text{TM}}$ を用いると，

$$r^{\text{TM}}{}_{i-1,i} = \frac{\dfrac{\kappa_i}{n_i{}^2} - \dfrac{\kappa_{i-1}}{n_{i-1}{}^2}}{\dfrac{\kappa_i}{n_i{}^2} + \dfrac{\kappa_{i-1}}{n_{i-1}{}^2}} \tag{12.39b}$$

透過係数は，TE，TMともに，反射係数と以下の関係にある．

$$t_{i-1,i} = 1 + r_{i-1,i} \tag{12.40}$$

(12.37)，(12.39)，(12.40) より，$F_{i-1}(y_{i-1})$ を $F_i(y_{i-1})$ によって表すことができる．

$F_i(y_{i-1})$ と $F_i(y_i)$ の関係を与える電圧伝達行列は，(3.23) より，

$$\boldsymbol{P}_i = \begin{pmatrix} \exp[j\kappa_i d_i] & 0 \\ 0 & \exp[-j\kappa_i d_i] \end{pmatrix} \tag{12.41}$$

これらを用いれば，系全体として y 方向の電圧伝達関数 $\boldsymbol{M}$ は，

$$\boldsymbol{M} = \begin{pmatrix} m_{11} & m_{12} \\ m_{21} & m_{22} \end{pmatrix} = \left[\Pi^N{}_{i=1} \boldsymbol{D}_{i-1,i} \boldsymbol{P}_i \right] \boldsymbol{D}_{N,s} \tag{12.42}$$

ただし，$i=0$ を上部層 t としている．$\boldsymbol{M}$ を用いれば，上部層と基板の電界とが次式で結ばれる．

$$\begin{pmatrix} 0 \\ B_t \end{pmatrix} = \begin{pmatrix} m_{11} & m_{12} \\ m_{21} & m_{22} \end{pmatrix} \begin{pmatrix} A_s \\ 0 \end{pmatrix} \tag{12.43}$$

すなわち，

$$m_{11} = 0 \tag{12.44}$$

が，ここで考えている系において，z 方向に位相定数 β で伝搬する電磁界

が存在するための必要条件であり,分散方程式に対応する.

第10章で議論した3層の誘電体平面光導波路(図10.1)について,M を計算し,$m_{11}=0$ と置くと,固有方程式,TE モードでは (10.11), TM モードでは (10.25), が容易に導かれる.

図 12.12 は,二つの導波路が平行に近接しておかれた平行光導波路である.互いに導波特性に影響を及ぼしあって結合が生じている.簡単のため,平面構造とし,両導波層の屈折率 n_g,導波層幅 d は等しく,導波路の間隔を s とする.導波層外部の屈折率は n_o である.

導波層及び間隙層における横方向位相定数を,それぞれ,κ 及び $j\xi$,導波層外部から導波層に向かう反射係数を r_{og} とすると,$r_{og}=-r_{go}=r$. (12.42) にこれらを適用して電圧伝達行列 M を求めると,M の成分 m_{11} は以下のとおりとなる.

$$m_{11} = [\exp[j\kappa d] - r^2 \exp[-j\kappa d]]^2 \exp[\xi s]$$
$$- r^2 [\exp[j\kappa d] - \exp[-j\kappa d]]^2 \exp[-\xi s] \qquad (12.45)$$

TE モードを考えると,(12.39a) より,

$$r = \frac{j\xi - \kappa}{j\xi + \kappa} \qquad (12.46)$$

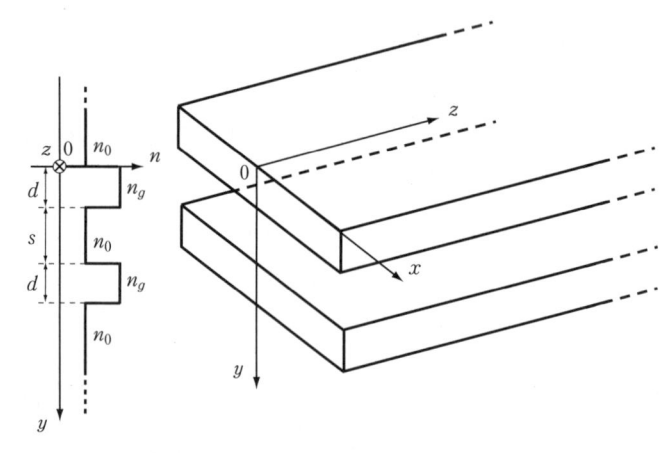

図 12.12 近接した二つの平行平面導波路

第 12 章　種々の光導波路

このrを (12.45) に代入し，$m_{11}=0$ と置いて整理すると，

$$\tan(\kappa d) = \frac{2\kappa\xi}{(\kappa^2-\xi^2)\pm(\kappa^2+\xi^2)\exp[-2\xi s]} \tag{12.47}$$

ちなみに，単独の導波層に対する固有方程式は，(10.11) より，

$$\tan(\kappa d) = \frac{2\kappa\xi}{\kappa^2-\xi^2} \tag{12.48}$$

であり，(12.47) において $s\to\infty$ とした場合に一致する．

　図 12.13 には，界分布の一例，及び，s に対する実効屈折率の変化の様子を示している．

　図 12.14 は N 個の同じ形状の導波層が等間隔で並んでいる場合である．先と同じく平面構造とし，各導波層の屈折率 n_r，導波層幅 w は等しく，導波路の間隔はすべて s とする．導波路外部の屈折率は n_o である．導波層及び間隙層における横方向位相定数を ξ 及び ζ，間隙部から導波層に向かう反射係数を r_{og} とすると，$r_{og}=-r_{go}=r$．

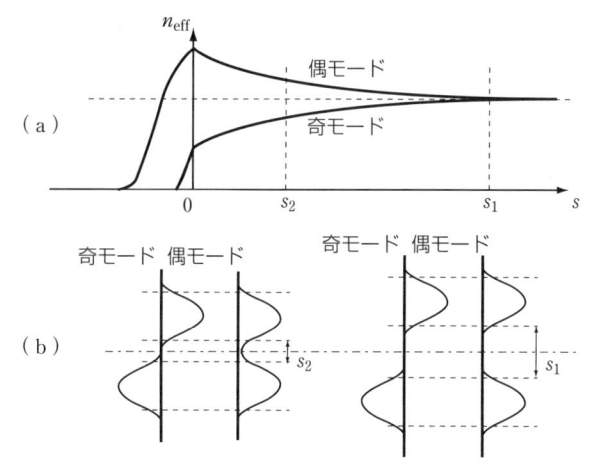

図 12.13　平行光導波路の s の変化に対する (a) 分散曲線，及び (b) 界分布

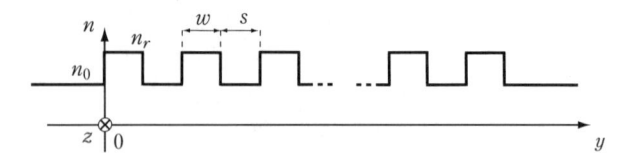

図 12.14 等間隔に並んだ N 個の平行導波路

図中に示すように，1 個の導波層と間隙部を 1 単位とすると，1 単位が N 個並んだ周期構造である．1 単位分の電圧伝達関数 M は，先と同様，(12.42) を用いて導くことができる．M の各成分，m_{ij} $(i, j = 1, 2)$，は，

$$m_{11} = \left[\frac{r}{1-r^2}\right]\left(\frac{\exp[j\phi_s]}{r} - r\exp[-j\phi_d]\right) \tag{12.49a}$$

$$m_{12} = \left[\frac{r}{1-r^2}\right](\exp[-j\phi_s] - \exp[j\phi_d]) \tag{12.49b}$$

$$m_{21} = \left[\frac{r}{1-r^2}\right](\exp[j\phi_s] - \exp[-j\phi_d]) \tag{12.49c}$$

$$m_{22} = \left[\frac{r}{1-r^2}\right]\left(\frac{\exp[-j\phi_s]}{r} - r\exp[j\phi_d]\right) \tag{12.49d}$$

ただし，

$$\phi_s = \zeta w + \zeta s, \quad \phi_d = \zeta w - \zeta s \tag{12.50}$$

である．
次に，この M が N 段縦続につながれた場合の，全体の伝達行列 M_t について考える．$M_t = M^N$ であるので，まず，2×2 行列の累乗について述べる．2×2 行列 R が以下で与えられているとする．

$$R = \begin{pmatrix} A & B \\ C & D \end{pmatrix} = (\det R)^{1/2} \begin{pmatrix} a & b \\ c & d \end{pmatrix} \tag{12.51}$$

ただし，a, b, c, d は，A, B, C, D の各項を $(\det R)^{1/2}$ で正規化したも

のである．これにより，

$$\det \begin{pmatrix} a & b \\ c & d \end{pmatrix} = 1$$

更に，以下の関係が得られる．

$$\begin{pmatrix} a & b \\ c & d \end{pmatrix}^N = \begin{pmatrix} aU_{N-1}(t) - U_{N-2}(t) & bU_{N-1}(t) \\ cU_{N-1}(t) & dU_{N-1}(t) - U_{N-2}(t) \end{pmatrix} \quad (12.52)$$

ただし，

$$t = \frac{a+d}{2} \quad (12.53)$$

また，$U_n(x)$ は，第2種チェビシェフ多項式で，以下の漸化式が成り立つ．

$$U_{n+1}(x) - 2xU_n(x) + U_{n-1}(x) = 0 \quad (12.54)$$

ただし，$U_0(x) = 1$，$U_1(x) = 2x$，である．(12.52) が成立することは，(12.53)，(12.54) を用いれば，容易に示すことができる．

なお，$U_n(x)$ は，ゲーゲンバウアー多項式 $C_n^\nu(x)$ において，$\nu = 1$ とした場合に対応し，以下のように表現されることも多い．

$$U_n(\cos\theta) = \frac{\sin[(n+1)\theta]}{\sin\theta} \quad (12.55)$$

(12.51)，(12.52) より，

$$\boldsymbol{R}^N = (\det \boldsymbol{R})^{N/2} \begin{pmatrix} aU_{N-1}(t) - U_{N-2}(t) & bU_{N-1}(t) \\ cU_{N-1}(t) & dU_{N-1}(t) - U_{N-2}(t) \end{pmatrix}$$

$$(12.56)$$

(12.49) より，$\det \boldsymbol{M} = 1$ が得られる．(12.56) あるいは (12.52) を用いれば，$\boldsymbol{M}_t = \boldsymbol{M}^N$ の各成分，m_{tij} ($i, j = 1, 2$)，は，

$$m_{t11} = m_{11}U_{N-1}(t) - U_{N-2}(t) \tag{12.57a}$$

$$m_{t12} = m_{12}U_{N-1}(t) \tag{12.57b}$$

$$m_{t21} = m_{21}U_{N-1}(t) \tag{12.57c}$$

$$m_{t22} = m_{22}U_{N-1}(t) - U_{N-2}(t) \tag{12.57d}$$

ただし，(12.53)，(12.49) より，

$$t = \frac{m_{11}+m_{22}}{2} = \frac{\cos\phi_s - r^2\sin\phi_d}{1-r^2} \tag{12.58}$$

であることが分かる．

このような系のモードに対する固有方程式は，(12.44) より，

$$m_{t11} = m_{11}U_{N-1}(t) - U_{N-2}(t) = 0 \tag{12.59}$$

であり，固有値，電界分布形状など，数値計算により求めることができるが，詳しくは他を参照することとし，ここでは立ち入らない．

　図 12.15 はブラッグ導波路の屈折率形状の例である．上部層と導波層との境界では，通常の導波路と同じく全反射が生じるが，基板側は，屈折率の周期変化によるブラッグ反射によって，光波を導波層内に閉じ込める．導波層幅を d，屈折率を n_g，上部層屈折率を n_t，更に，ブラッグ反射層を上述の図 12.13 と同じであるとすると，系の電圧伝達行列 M_B は，(12.57) などを用いることで，

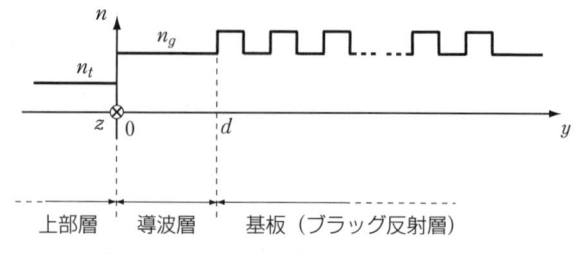

図 12. 15 ブラッグ導波路の屈折率分布例

第12章　種々の光導波路

$$M_B = \begin{pmatrix} \dfrac{1}{t_0} \end{pmatrix} \begin{pmatrix} 1 & r_0 \\ r_0 & 1 \end{pmatrix} \begin{pmatrix} \exp[j\kappa d] & 0 \\ 0 & \exp[-j\kappa d] \end{pmatrix} \begin{pmatrix} m_{t11} & m_{t12} \\ m_{t21} & m_{t22} \end{pmatrix} \quad (12.60)$$

ただし，κ は導波層における横方向位相定数，t_0, r_0 は上部層から導波層に向かう際の透過係数及び反射係数である．

M_B の11成分を0と置いて固有方程式を導くと，(12.57), (12.58) 及び (12.49) を用いて，

$$\exp[j2\kappa d] = \frac{-r_0 m_{t21}}{m_{t11}} = \frac{-r_0 m_{21} U_{N-1}(t)}{m_{11} U_{N-1}(t) - U_{N-2}(t)} \quad (12.61)$$

あるいは，

$$\tan(\kappa d) = \frac{j\{(m_{11} - r_0 m_{21}) U_{N-1}(t) - U_{N-2}(t)\}}{(m_{11} - r_0 m_{21}) U_{N-1}(t) - U_{N-2}(t)} \quad (12.62)$$

が得られる．

これにより，ブラッグ導波路の位相定数，界分布などを数値解析することが可能となる．ただし，先と同様，詳細は他を参照することとし，本書では具体的な数値計算には立ち入らない．

参考文献

　光波工学に関連する図書はかなりの数に上るが，ここでは，本書をまとめる上で著者が参考とした書籍を，本書で関連する章と共に以下に列挙する．

- [1] S. Ramo, J.R. Whinnery, and T. Van Duzer, Fields and Waves in Communication Electronics, 3rd ed., John Wiley, 1994. (第1～3章, 6章, 12章)
- [2] H.A. Haus, Waves and Fields in Optoelectronics, Prentice-Hall, 1984. (第1章, 第3章, 第8～11章)
- [3] R.N. Bracewell, The Fourier Transform and its Application, 2nd ed., McGraw Hill, 1986. (第3章)
- [4] 小澤孝夫, 電気回路II, 第4刷, 昭晃堂, 1985. (第4～5章)
- [5] J.F. Nye, Physical Properties of Crystals, Oxford University Press, 1985. (第7章)
- [6] D. Marcuse, Theory of Dielectric Optical Waveguides, 2nd ed., Academic Press, 1991. (第10～12章)
- [7] P. Yeh, Optical Waves in Layered Media, John Wiley, 1988. (第10～12章)
- [8] 森口繁一, 宇田川銈久, 一松 信, 岩波数学公式 I, II, III, 新装第1刷, 岩波書店, 1987.
- [9] M. Abramowitz and I.A. Stegun, ed., Handbook of Mathematical Functions, 9th ed., Dover, 1970.

　本書では，マクスウェルの方程式から出発して光波の様々の特性を考察し，光波モードの概念を導くまでを述べた．取り扱う範囲を敢えて限定し，光波モードとはどのようなものであるかを解析的に理解するための基礎に焦点を絞っている．実際の光デバイスやシステムを理解するには，更に，光モードを発生させたり，制御する際の考え方や，更には数値解析手法の理解も不可欠である．よく書かれた教科書，参考図書が数多く出版されているので，本書の読者が次の段階として，それらを参考に更に理解を深め，光波工学の更なる発展に寄与されんことを期待する．

索　引

あ

アレーファクタ ………………………… 157
アンチエイリアシング ………………… 74
アンペールの法則 ……………………… 2
イオン分極 ……………………………… 107
異常屈折率 ……………………………… 133
異常光線 ………………………………… 133
異常分散 …………………………… 95, 106
位相速度 …………………………… 6, 91, 93
位相定数 …………………………… 9, 30
1軸性媒質 ……………………………… 132
一様関数 ………………………………… 65
イミッタンス …………………………… 86
因果律 …………………………………… 83
インパルス応答 ………………………… 80
インパルス関数 ………………………… 65
ウィスパリングギャラリモード ……… 231
ウェイティング関数 …………………… 82
薄肉レンズ ……………………………… 146
薄膜導波路 ……………………………… 191
エアリ関数 ……………………………… 235
エアリディスク ………………………… 152
エアリービーム ………………………… 176
エネルギー進行方向 …………………… 128
エネルギー伝搬速度 …………………… 95
エバネッセント波 ……………………… 41
エリアシング ……………………… 74, 89
エルミートガウス関数 ……… 171, 233
エルミート行列 ………………………… 58

エルミート多項式 ……………………… 172
遠視野像 ………………………………… 155
円偏波 ……………………………… 17, 114
重み関数 ………………………………… 82
折返しひずみ …………………………… 74

か

開口関数 ………………………………… 152
開口数 …………………………………… 153
解析関数 ………………………………… 87
解析信号 ………………………………… 87
回　折 …………………………………… 137
回折広がり角 …………………………… 169
ガウス関数 ……………………… 67, 172
ガウスの法則 …………………………… 2
ガウスビーム …………………………… 166
可干渉性 ………………………………… 95
角波数 …………………………………… 140
カットオフ ……………………………… 197
　　──周波数 ………………………… 197
　　──波長 …………………………… 197
干　渉 …………………………………… 95
管状ベクトル界 ………………………… 13
完全導体 ………………………………… 111
奇関数 …………………………………… 67
基　板 …………………………………… 191
基板上部層放射モード ………………… 206
基板放射モード ………………………… 206
逆フーリエ変換 ………………………… 64
共焦点型 ………………………………… 179

共焦点パラメータ 167
共中心型 179
共役変換 68
局所電界 104
曲率半径 155
近軸近似 142
近軸波動方程式 146, 166
均質媒質 3
近視野像 155
近接界 158
グイ位相因子 170
空間コヒーレンス 96
空間周波数 140
空間周波数応答 145
偶関数 67
グースヘンシェンシフト 41, 195
空洞導波路 217
屈折角 34
屈折率 28, 103
屈折率楕円体 131
屈折率分布型光導波路 232
クラマース・クローニッヒの関係 86, 108
グリーン関数 83
グレーデッドインデックス型光導波路
 .... 192, 232
クロネッカーの δ 202
群速度 91, 93
群速度分散 95
群遅延時間 95
結晶点群 136
構成方程式 1
光線マトリックス 187
高速フーリエ変換 79
後退波 6, 44
後方散乱 117
コーシーの主値 85
コーシーリーマンの関係 223

コヒーレンス 95
　──時間 101
　──長 101
固有インピーダンス 6
固有値 201
固有方程式 195
固有モード 201
混成モード 219
コンセントリック型 179
コンフォーカル型 179
コンフォーカルパラメータ 167

さ

三斜晶 136
三方晶 136
散乱行列 54
散乱係数 55
時間コヒーレンス 95
磁気光学材料 111
自己相関関数 70, 99
指数関数 67
実効屈折率 195
実効波数 170
実効膜厚 199, 200
自発分極 102
遮断 197, 212
遮断周波数 197
遮断波長 197
遮断モード 211
斜方晶 136
従続接続 185
周波数 10
縮退 201
主誘電率 126
瞬時周波数 90
瞬時振幅 90
瞬時包絡線 90

索　　　引

249

準静電界項……………………163
準単色光………………………98
常屈折率………………………133
常光線…………………………133
焦　線…………………………231
上部層…………………………191
振動的…………………………229
振幅定数………………………194
垂直入射………………………20
スカラポテンシャル……13, 138
スキンデプス…………………110
ステップインデックス型光導波路…191
スネルの法則…………………34
スポットサイズ………………168
スミス図………………………47
スラブ導波路…………………191
正規化自己相関関数…………101
正規化複素振幅………………54
正弦関数………………………65
正実関数………………………86
正常分散…………………95, 106
正　則…………………………223
正の1軸性媒質………………133
正方晶…………………………136
漸化式…………………………172
線形媒質………………………3
前進波……………………6, 44
全反射…………………………39
鮮明度…………………………100
双一次変換……………………185
双曲線正割関数（ハイパボリックセカント関数）………………67
層状ベクトル界………………13
双対性…………………………164
相反関係………………………56
相反性…………………………56
測度係数………………………224

側波帯成分……………………90
側方散乱………………………117
損失正接………………………110
損失線路………………………95
損失媒質………………………3

た

対角化…………………………126
対称行列………………………58
第2種チェビシェフ多項式……243
楕円偏波………………………18
多層光導波路…………………236
畳込み積分……………………70
縦モード間隔…………………181
縦モード次数…………………180
単斜晶…………………………136
単色光…………………………97
チャネル光導波路……………219
直線型…………………………235
直線偏波………………………17
直角関数………………………87
直交関係………………………202
直交関数………………………87
定在波…………………………25
定在波比………………………27
ディリクレ型…………………225
電圧伝達関数…………………237
電圧伝達行列…………………49
転回点…………………………231
電気感受率……………………103
点　群…………………………136
電磁エネルギー………………11
電子スピン……………………111
電子分極………………………106
テンソル量……………………122
点対称性………………………135
伝達関数………………………83

点波源 …………………………… 158
電流連続の式 ……………………… 3
電力スペクトル …………………… 70
電力透過係数 ………………… 24, 182
電力反射係数 ……………………… 24
電力流 …………………………… 10, 11
透過角 …………………………… 34
等角写像 ………………………… 223
等価屈折率 ……………………… 195
等価屈折率法 …………………… 222
透過係数 ………………………… 22
透過波 ………………………… 20, 33
導電性 …………………………… 110
導波層 …………………………… 191
導波モード ……………………… 193
等方性媒質 ……………………… 132
等方媒質 ………………………… 3
特性波動インピーダンス ……… 6, 31, 44

な

ナイキスト周波数 ………………… 73
ナイキストの標本化周波数 ……… 73
斜め入射 ………………………… 29
2光束干渉計 …………………… 96
2軸性媒質 ……………………… 132
2次元導波路 …………………… 191
2次元フーリエ変換 …………… 140
入射角 …………………………… 33
入射波 ………………………… 20, 33
入射面 …………………………… 33
入出力端 ………………………… 54
ノイマン型 ……………………… 225

は

配向分極 ………………………… 107
ハイブリッドモード …………… 219
パーシバルの定理 ……………… 69

波数 ……………………………… 10
波長 ……………………………… 10
波動インピーダンス ……… 6, 42, 43
波面進行方向 …………………… 126
波面の曲率 ……………………… 155
波面の曲率半径 ………………… 169
パラボリック型 ………………… 233
パラレルプレーン型 …………… 179
反射角 …………………………… 34
反射係数 ………………… 22, 45, 109
反射波 ………………………… 20, 33
搬送波周波数 …………………… 90
反対称テンソル ………………… 116
半値全幅 ………………………… 183
半透過鏡 ………………………… 96
ビームウェスト ………………… 168
ビーム波 ………………………… 166
ビーム半径 ……………………… 168
非可逆素子 ……………………… 111
光ヴォーテックス ……………… 176
光渦 ……………………………… 176
光勾配力 ………………………… 177
光ピンセット …………………… 177
ビジビリティ …………………… 100
微小円環電流 …………………… 164
微少磁気双極子 ………………… 164
微小電気双極子 ………………… 161
非振動的 ………………………… 229
非線形媒質 ……………………… 2
比帯域 …………………………… 91
左円偏波 ………………………… 18
左手系材料 ……………………… 116
非等方媒質 ……………………… 2
比誘電率 ………………………… 103
表皮効果 ………………………… 111
表皮深さ ………………………… 110
標本化 …………………………… 70

標本化関数（sampling, shah 関数）··· 65
表面波 ··· 161
表面波モード ··· 210
ヒルベルト変換 ··· 85
ファブリペロー共振器 ··· 177
ファラデー効果 ··· 115
ファラデーの法則 ··· 2
フィネス ··· 183
フェーザ表示 ··· 9
負荷波動インピーダンス ··· 46
不均質媒質 ··· 2
複屈折 ··· 122
複屈折性導波路 ··· 217
複素屈折率 ··· 109
複素表示 ··· 9
負屈折率媒質 ··· 121
符号関数（signum, sgn 関数）··· 65
負の1軸性媒質 ··· 133
フラウンホーファー回折 ··· 153
プラズモン光導波路 ··· 211
ブラッグ導波路 ··· 244
フーリエ級数 ··· 63
フーリエ係数 ··· 64
フーリエ変換 ··· 64
フーリエ変換対 ··· 64
ブルースタ角 ··· 39
フレネル回折 ··· 142
フレネル積分核 ··· 144
フレネルの位相速度の公式 ··· 129
フレネルの回折積分 ··· 144
分極電荷 ··· 103
分　散 ··· 104
分散関係式 ··· 83
分散式 ··· 86
平行光導波路 ··· 240
平行平面型 ··· 179
並進対称性 ··· 135

平面波 ··· 3
平面波展開 ··· 137
ベクトルポテンシャル ··· 13, 137
ベクトル量 ··· 122
ベッセルビーム ··· 176
ヘルムホルツの定理 ··· 13
変換行列 ··· 124
偏　波 ··· 15
ポアンカレ球 ··· 19
ポインティングの定理 ··· 11
ポインティングベクトル ··· 10
方形関数 ··· 65
方向余弦 ··· 124
放射項 ··· 163
放射モード ··· 206
母関数 ··· 173
ホロー導波路 ··· 217

ま

マイケルソン干渉計 ··· 96
マイスナー効果 ··· 111
曲がり導波路 ··· 223
マクスウェルの方程式 ··· 1
マッハツェンダ干渉計 ··· 96
右円偏波 ··· 18
無損失 ··· 3, 58
無反射コーティング ··· 49
メタマテリアル ··· 116
モードの直交性 ··· 201
モードマッチング ··· 188

や

誘電損失 ··· 110
誘電体平面光導波路 ··· 191
誘電分極 ··· 102, 103
誘電率テンソル ··· 122
ユニタリー ··· 58

横方向の位相定数 ・・・・・・・・・・・・・・・・・・ 194
横モード間隔 ・・・・・・・・・・・・・・・・・・・・・・・・ 181
横モード次数 ・・・・・・・・・・・・・・・・・・・・・・・・ 180

ら

ラゲールガウスビーム ・・・・・・・・・・・・・・・ 175
ラゲール多項式 ・・・・・・・・・・・・・・・・・・・・・・ 175
ラプラス方程式 ・・・・・・・・・・・・・・・・・・・・・・ 118
リアクティブ項 ・・・・・・・・・・・・・・・・・・・・・・ 163
離散フーリエ変換 ・・・・・・・・・・・・・・・・・・・・ 74
立方晶 ・・・・・・・・・・・・・・・・・・・・・・・・・・・・・・ 136
良導体 ・・・・・・・・・・・・・・・・・・・・・・・・・・・・・・ 110
レイリー長 ・・・・・・・・・・・・・・・・・・・・・・・・・・ 168
レイリー散乱 ・・・・・・・・・・・・・・・・・・・・・・・・ 117
レンズ ・・・・・・・・・・・・・・・・・・・・・・・・・・・・・・ 146
連続固有値 ・・・・・・・・・・・・・・・・・・・・・・・・・・ 208
連続条件 ・・・・・・・・・・・・・・・・・・・・・・・・ 22, 35
漏洩波 ・・・・・・・・・・・・・・・・・・・・・・・・・・・・・・ 214
漏洩モード ・・・・・・・・・・・・・・・・・・・・・・・・・・ 214
ロスタンジェント ・・・・・・・・・・・・・・・・・・・・ 110
六方晶 ・・・・・・・・・・・・・・・・・・・・・・・・・・・・・・ 136
ローレンツ関数 ・・・・・・・・・・・・・・・・・・・・・・ 67
ローレンツゲージ ・・・・・・・・・・・・・・・ 15, 138
ローレンツモデル ・・・・・・・・・・・・・・・・・・・・ 104
ローレンツ力 ・・・・・・・・・・・・・・・・・・・・・・・・ 112

A

$ABCD$ 行列 ・・・・・・・・・・・・・・・・・・・・・・・・・ 184

E

E_x モード ・・・・・・・・・・・・・・・・・・・・・・・・・・・ 220
E_y モード ・・・・・・・・・・・・・・・・・・・・・・・・・・・ 220

F

FFT ・・・・・・・・・・・・・・・・・・・・・・・・・・・・・・・・・ 79
FSR ・・・・・・・・・・・・・・・・・・・・・・・・・・・・・・・・ 183
F 数 ・・・・・・・・・・・・・・・・・・・・・・・・・・・・・・・ 153

G

GI ファイバ ・・・・・・・・・・・・・・・・・・・・・・・・・ 235

M

Marcatili の方法 ・・・・・・・・・・・・・・・・・・・・・ 220

P

p 偏光 ・・・・・・・・・・・・・・・・・・・・・・・・・・・・・・・ 31

Q

q パラメータ ・・・・・・・・・・・・・・・・・・・・・・・・ 167

S

sinc 関数 ・・・・・・・・・・・・・・・・・・・・・・・・・・・・ 67
s 偏光 ・・・・・・・・・・・・・・・・・・・・・・・・・・・・・・・ 31

T

TE-like モード ・・・・・・・・・・・・・・・・・・・・・・ 220
TE 導波モード ・・・・・・・・・・・・・・・・・・・・・・ 194
TE 波 ・・・・・・・・・・・・・・・・・・・・・・・・・・・ 31, 193
TM-like モード ・・・・・・・・・・・・・・・・・・・・・ 220
TM 導波モード ・・・・・・・・・・・・・・・・・・・・・・ 199
TM 波 ・・・・・・・・・・・・・・・・・・・・・・・・・・ 31, 193

δ 関数 ・・・・・・・・・・・・・・・・・・・・・・・・・・・・・・ 209
ω-β ダイアグラム ・・・・・・・・・・・・・・・・・・・ 94

著者略歴

井筒　雅之（いづつ　まさゆき）

1970 阪大・基礎工・電気卒．1975 同大大学院博士課程了．工博．引き続き，同学科助手，助教授．1996 郵政省・通信総合研究所入所（現独立行政法人・情報通信研究機構），研究室長，上席研究員，高級研究員を経て，2008 定年退職．引き続き，東京工業大学特任教授（総合理工学研究科）．1983 年より 1 年間グラスゴー大学上級客員研究員．2006 より早稲田大学客員教授．この間，光エレクトロニクス，特に導波形光デバイス，超高速光デバイス関連研究を進めてきた．

光波工学の基礎
Fundamentals of Light Wave Engineering

平成 24 年 3 月 25 日　初版第 1 刷発行	編　　者	（社）電子情報通信学会
	発　行　者	木　暮　賢　司
	印　刷　者	山　岡　景　仁
	印　刷　所	三美印刷株式会社
	〒 116-0013	東京都荒川区西日暮里 5-9-8
	制　　作	（有）編集室なるにあ
	〒 113-0033	東京都文京区本郷 3-3-11

© 社団法人　電子情報通信学会　2012

発行所　社団法人　電子情報通信学会
〒 105-0011　東京都港区芝公園 3 丁目 5 番 8 号　機械振興会館内
電話 03-3433-6691（代）　振替口座 00120-0-35300
ホームページ　http://www.ieice.org/

取次販売所　株式会社コロナ社
〒 112-0011　東京都文京区千石 4 丁目 46 番 10 号
電話 03-3941-3131（代）　振替口座 00140-8-14844
ホームページ　http://www.coronasha.co.jp

ISBN 978-4-88552-261-1　　　　　　　　　　　　　　Printed in Japan

無断複写・転載を禁ずる